JavaScript 學習手冊 第三版

Learning JavaScript

THIRD EDITION

Ethan Brown 著
賴屹民 譯

獻給 *Mark*，一位真正的朋友與創作夥伴。

目錄

前言

即使這是我的第二本 JavaScript 書籍，我還是會對自己扮演 JavaScript 專家與傳道者的角色感到有點驚訝。與許多程式員一樣，我在 2012 年之前仍然對 JavaScript 抱著強烈的偏見，現在我對自己有 180 度大改變仍然覺得很驚奇。

我的偏見與許多人一樣：當時，我認為 JavaScript 只是一種玩具語言（因為沒有真正瞭解，所以無知），它是危險、邋遢、未受過訓練的程式員才會使用的語言。其實大家的想法是有一些道理的，首先，ES6 的開發速度很快，就連它的創造者 Brendan Eich 都承認，剛開始的時候，有一些東西是不正確的，但是當他發現時，已經有許多人開始使用有問題的功能了，所以他沒辦法有效率地修正（不過，哪個語言沒有這種問題？）。其次，大家很容易就會用到 JavaScript 程式，這是因為大家都有瀏覽器，除此之外，他們只要隨便做一些事情，就可以讓 JavaScript 快速地在網路上散播。大家都會透過試誤法來學習，他們會閱讀彼此的程式碼，所以很容易就抄襲因為沒有充分理解語言而寫出的爛程式。

我很開心自己已充分瞭解 JavaScript，知道它不是一種玩具語言，而是具備非常雄厚的基礎，並且強大、有彈性，且富有表現力的語言。我也很開心自己可以擁抱 JavaScript 帶來的易用性。我對業餘者沒有偏見：每個人都必須從某個地方開始，編寫程式是一種可以賺錢的技術，而且將寫程式當成職業有很多好處。

對於程式設計新手、業餘者，我必須說：身為業餘玩家，並不可恥。**持續**當一個業餘玩家並不可恥。如果你想要練習編寫程式，就去**練習**它。盡可能地使用所有資源來學習一切事物。保持開放的心態，且最重要的，或許是質疑每一件事，質疑每一位專家、質疑每一個有經驗的程式員，不斷地問“為什麼？”。

在多數情況下，我會試著讓本書忠於 JavaScript，但不可能完全沒有自己的意見。當我發表意見時，你就當它們只是個意見，你當然可以不同意，我也鼓勵你尋求其他有經驗的開發者的意見。

你正處於一個令人振奮的 JavaScript 時期學習。Web 已經離開初期階段了（技術上來說），且 Web 已經不再是 5 或 10 年前的那個令人困惑、複雜的蠻荒時代了。HTML5 與 ES6 等標準，可讓你更輕鬆地學習 web 開發，也更容易開發高品質的應用程式。Node.js 已將 JavaScript 延伸到瀏覽器之外，現在已經是系統指令碼、桌上型應用程式開發、後端 web 開發，甚至嵌入式應用程式的選擇。自從我在 1980 年代開始寫程式以來，從來沒有感覺這麼有趣過。

JavaScript 簡史

JavaScript 是 Brendan Eich 在 1995 年開發的，當時他是 Netscape Communications Corporation 的開發者。它的初期發展得十分快速，所以大部分的批評，都是來自它缺乏遠程的規劃。但是，Brendan Eich 不是一個半調子的人－他有很雄厚的電腦科學基礎，所以將非常複雜且有遠見的想法加入 JavaScript，它有許多領先的技術，其他的主流開發者花了 15 年才追上這個語言所提供的精密性。

JavaScript 一開始叫做 Mocha，有一小段時間稱為 LiveScript，1995 年版的 Netscape Navigator 將它正式命名為 JavaScript。JavaScript 的 Java 字眼不是偶然，但很容易讓人誤解：它與 Java 都繼承同一個語法祖先，但是它與 Self（一種 Xerox PARC 在 80 年代中期開發的原型（prototype-based）語言）及 Scheme（Guy Steele 與 Gerald Sussman 在 1970 年代開發的語言，它深深地受到 Lisp 與 ALGOL 的影響）的相似程度都比 Java 還要高。Eich 很熟悉 Self 以及 Scheme，所以使用它們的一些前瞻性思維來開發 JavaScript。之所以使用 JavaScript 這個名稱，部分的原因是基於市場考量，想搭上當時很成功的 Java 的順風車[1]。

在 1996 年 11 月， Netscape 宣佈它們已經將 JavaScript 提交至 Ecma，Ecma 是個私人、國際性的非營利標準組織，可對科技與通訊產業產生重大的影響。Ecma International 發表第一版的 ECMA-26 規格其實就是 JavaScript。

Ecma 的規格描述的是一種稱為 ECMAScript 的語言，它與 JavaScript 的關係主要是學術性的。技術上來說，JavaScript 是 ECMAScript 的作品，但就實際的目的而言，你可以交互使用 JavaScript 與 ECMAScript。

1 在 2014 年，Eich 在一場面談中承認這件事，來對討厭 JavaScript 的 Sun Microsystems 表達他的不屑。

ECMAScript 的最後一個主要版本是 5.1（通常稱為 ES5），在 2011 年 6 月發表。市面上不支援 ECMAScript 5.1 的老舊瀏覽器已經少之又少，所以我們可以放心地說，目前 ECMAScript 5.1 已經是 Web 通用語言了。

本書討論的 ECMAScript 6 (ES6) 是 Ecma International 在 2015 年 6 月發表的。在發表前，規格使用的名稱是 Harmony，所以你會聽到有人將 ES6 稱為 Harmony、ES6 Harmony、ES6、ES2015 與 ECMAScript 2015。這本書會單純將它稱為 ES6。

ES6

既然 ES5 是目前的 Web 通用語言，細心的讀者或許會想，為什麼這本書要把重心放在 ES6？

ES6 代表 JavaScript 語言一個很重要的進步，有一些 ES5 的主要缺失都已被 ES6 解決了。我想，你將會發現 ES6 用起來更令人開心，而且功能更加強大（不過對初學使用者來說，ES5 已經是種令人愉快的語言了）。另外，拜轉譯器之賜，你也可以使用 ES6 來編寫程式，再將它轉譯成與 web 相容的 ES5。

當 ES6 發表時，支援它的瀏覽器將會快速地成長，屆時，你就不需要為了迎合廣大的觀眾而使用轉譯器（我不會傻到隨便預測這會在什麼時候發生）。

我們可以確定的是，ES6 代表 JavaScript 未來的發展，如果你現在投資時間來學習，就可以為將來預做準備，何況現在有轉譯器可用，讓我們免於犧牲相容性。

但是，並不是每一位開發者都可以奢侈地編寫 ES6。很有可能你目前正在處理既有的龐大 ES5 程式群，將它轉換成 ES6 需要付出十分昂貴的代價。有一些開發者並不想要付出額外的成本來轉換程式。

本書除了第一章之外，都會討論 ES6，而不是 ES5。在適當的情況下，我會指出 ES6 與 ES5 不同的地方，但是如果 ES6 的方法比較好，我不會使用範例程式或大篇幅的文字，來說明如何使用 ES5 來做同樣的事情。無論什麼原因，如果你必須持續使用 ES5，這本書應該不適合你（但我希望你將來可以閱讀這本書！）。

我們費盡心思地將重心放在 ES6。因為 ES6 的改善很多，我們很難維持一個明確的教學框架。總之，一本同時想要討論 ES5 與 ES6 的書籍，將無法兩全其美。

本書適用對象

這本書的主要對象是已經具備一些程式設計經驗的讀者（即使只參加過介紹性的程式設計課程，或線上教學）。如果你是程式設計新手，也可以從這本書受益，但你可能還要參考一些基本文章或課程。

對已經有一些 JavaScript 經驗的讀者來說（特別是僅止於 ES5 的），你會看到實際且深入的重要觀念。

來自其他語言的讀者，在閱讀這本書時，應該會感到如沐春風。

這本書的目的，是全面討論語言功能、相關工具、技術，與驅動現代 JavaScript 發展的典範。因此，這本書會從簡單的部分（變數、控制流程、函式）討論到複雜且深入的主題（非同步編程、正規表達式）。按照你的經驗，你可能會發現有些章節比其他章節有挑戰性：初學者當然需要多次閱讀其中的一些內容。

不適合本書的對象

這本書不是全面性的 JavaScript 或相關程式庫的參考書籍。Mozilla Developer Network（MDN）維護一個傑出、詳盡、隨時更新且免費的 JavaScript 參考網站（*https://developer.mozilla.org/en-US/docs/Web/JavaScript*），本書會大幅地引用它。如果你比較喜歡閱讀實體書本，David Flanagan 的 *JavaScript: The Definitive Guide* 相當完整（不過當我寫到這裡時，它還沒有討論 ES6）。

本書編排慣例

本書使用的字型、字體慣例，如下所示：

斜體字（*Italic*）

  用來表示檔名、副檔名、路徑、網址和電子郵件。對於初次提到或重要的詞彙，中文以楷體字呈現，其對應的英文則以斜體表示。

定寬字（`Constant width`）

  用來表示程式列表，也用在文章段落中表示程式元素，例如變數或函式的名稱、資料庫、資料類型、環境變數、敘述，以及關鍵字。

定寬粗體字（**`Constant width bold`**）

用來顯示指令，或其他應該由使用者逐字輸入的文字。

定寬斜體字（*`Constant width italic`*）

表示應該以使用者提供的數值來取代，或者應該由上下文所決定的數值來取代的文字。

這個圖示代表提示或建議。

這個圖示代表一般注意事項。

這個圖示代表警告或小心。

致謝

能為 O'Reilly 寫這本書是很大的榮譽，我對 Simon St 充滿感激。Laurent 看到我的潛力，將我帶入這個領域。我的主編 Meg Foley 不斷支持我、鼓勵我，並協助我。編寫 O'Reilly 書籍需要依賴團隊合作，我的版本編輯 Rachel Monaghan、產品編輯 Kristen Brown 與校對者 Jasmine Kwityn 都行動快速、徹底且有見地：謝謝你們的努力！

我的技術校閱 Matt Inman、Shelley Powers、Nick Pinkham 與 Cody Lindley，感謝你們很棒的想法，以及成就這本書的偉大。說“沒有你們，我沒辦法做到”是不夠的。每個人的回饋都很有幫助，但我特別想要感謝 Matt：他從身為一位教育家的經驗，為教學方法提供寶貴的見解，而且他在回饋中使用 Stephen Colbert 的印象，讓我可以保持我的理智！

我要特別感謝本書前一版的作者 Shelley Powers，他不但讓我使用這個書名，也提供他的經驗，來讓這本書更好（並引發一些熱烈的討論！）。

我想要感謝我的前一本書的所有讀者（*Web Development with Node and Express*）。如果不是因為你們購買那一本書，並且提供正面的回饋，我或許沒有機會寫這本書。特別感謝花時間提供回饋與校正的讀者們：我從你們的回應中學到很多東西！

很榮幸能與所有 Pop Art 同仁一起工作：你們太棒了。你們的支持讓我感到謙卑，你們的熱情激勵了我，你們的敬業精神與奉獻精神，讓我在早晨就跳下床。我想特別感謝 Tom Paul，他堅定的原則，創新的經營理念，與卓越的領導，不但激勵我每天都要做到最好，甚至明天還要更好。感謝創辦 Pop Art、安定人心、薪火相傳給 Tom 的 Steve Rosenbaum。當我花時間完成這本書時，Colwyn Fritze-Moor 與 Eric Buchmann 特別努力地工作，來協助我通常自己處理的工作：感謝你們兩位。感謝可靠性的絕佳典範 Dylan Hallstrom。感謝 Liz Tom 與 Sam Wilskey 加入 Team Pop Art ！感謝 Carole Hardy、Nikki Brovold、Jennifer Erts、Randy Keener、Patrick Wu 與 Lisa Melogue 的協助。最後，感謝我的前輩，我從他們身上學到很多東西：Tony Alferez、Paul Inman 與 Del Olds。

我對這本書，以及程式語言的熱情，是受到 Virginia Commonwealth University 的副教授 Dan Resler 啟發的。我原本選修他的編譯器理論課程時，是興趣缺缺的，但是當我修完那堂課時，反而對語言理論充滿熱情。感謝你傳遞你的熱情，以及一小部分的深刻理解給我。

感謝 PSU 兼修 MBA 的所有朋友，可以認識你們是很開心的事情。特別感謝 Cathy、Amanda、Miska、Sahar、Paul S.、Cathy、John R.、Laurie、Joel、Tyler P.、Tyler S. 與 Jess，你們都豐富我的生命。

如果說 Pop Art 的同事激勵我在白天做得更好，那麼我的朋友們則是點亮我的夜生活，讓它更有深度。Mark Booth：沒有其他朋友比你更瞭解我，也沒有人像你一樣，很快就可以跟你訴說心裡深處的秘密。你的創造力與天賦讓我感到害羞，我甚至不敢讓你看到這本拙著。感謝可靠又美麗的 Katy Roberts，謝謝你深厚且長遠的體貼與友誼。Sarah Lewis：我喜歡你的容貌。Byron 與 Amber Clayton 都是真誠的朋友，總是對我抱持笑容。Lorraine，多年來，你總是讓我做到最好。給 Kate Nahas：很開心經過多年之後，我們可以再次有所連結。給 Desember：感謝你的信任、溫暖與友誼。最後，感謝我的新朋友 Chris Onstad 與 Jessica Rowe：你們為我過去兩年的人生帶來許多歡樂與笑聲，沒有你們的話，我不知道該怎麼辦。

給我的母親，Ann：感謝你堅定不移的支持、愛與耐心。我的父親，Tom，讓我保持好奇、創新與奉獻，如果沒有他，我只是個差勁的工程師（或許根本不會成為工程師）。我的姐妹 Meris 在我的人生中總是扮演穩定的角色，象徵著忠誠與信念。

第一章

你的第一個應用程式

通常最好的學習方式，就是直接動手做，所以我們會先編寫一個簡單的應用程式。這一章的重點，不是解釋每一個地方發生的事情，所以你會對一些地方感到陌生與困惑，建議你先放輕鬆，不要逼自己瞭解每一件事。第一章的目的，是讓你開始練習。你只要享受這個過程，當你讀完這本書時，就可以充分瞭解這一章的所有內容了。

如果你沒有很多程式設計經驗，一開始會讓你感到挫折的事情，就是電腦這個東西。我們的頭腦可以輕鬆地處理不準確的輸入訊號，但電腦很不擅長處理這件事。如果我犯了一個語法錯誤，你或許會對我的編寫能力產生質疑，但你應該可以理解我的意思。JavaScript 與所有程式語言一樣，無法處理模糊的輸入，所以大小寫、拼寫與單字的順序，都相當重要。如果你遇到問題，請確保你已經正確地複製所有東西：你沒有把分號打成冒號，或把逗點打成句點，你沒有混合使用單引號與雙引號，而且程式都使用正確的大小寫。當你具備一些經驗之後，你就可以知道哪邊可以用自己的方式來做事，哪邊必須完全符合規則，但現在，你遇到的挫折比較少，只要輸入完全一致的範例就可以了。

根據慣例，程式書籍一開始都會有一個範例，稱為 Hello, World，它會在你的終端機上面印出 hello world 這句話。或許你有興趣知道，這個傳統源自 1972 年的 Brian Kernighan，他是 Bell Labs 的電腦科學家。這個例子第一次出現在書中，是在 1978 年的 *C Programming Language*，由 Brian Kernighan 與 Dennis Ritchie 所著。直到今日，*The C Programming Language* 仍然被普遍認為是最好的，也是最有影響力的程式語言書籍，我在寫這本書時，也使用一些來自那本書的靈感。

雖然 Hello, World 對愈來愈成熟的程式設計學生世代來說有點老套，但時至今日，這句話隱含的意義仍然與 1978 年一樣強大：它們是你準備投入精力的對象說的第一句話，它證明你是普羅米修斯，偷取諸神的火種，將神的名字刻到泥偶的神士，如同 Frankenstein 博士（科學怪人的創造者）將精力投入它的創作[1]。我之所以投入程式設計領域，就是因為這種創造力。或許有一天，你會讓某個人造物種具有生命，他說的第一句話，很可能就是 hello world。

在這一章，我們會平衡 Brian Kernighan 在 44 年前開創的傳統文化，與今日程式員的成熟。我們會在螢幕上看到 hello world，但與原本的大相徑庭，不是在 1972 年，用螢光粉顯示的文字。

要從哪裡開始

在這本書，我們將會討論 JavaScript 的各種變化的應用（伺服端、指令碼、桌上、瀏覽器，與其他），但出於歷史與實際的原因，我們會先從瀏覽器程式開始。

其中一種從瀏覽器範例開始的原因，就是我們可以透過它來輕鬆地操作圖形程式庫。人類是視覺動物，將程式概念與視覺元素結合起來，是一種強大的學習工具。在這本書的開頭，我們會花很多時間從許多行文字開始，但在那之前，我們先來看一些比較有趣的視覺化物件。我選擇這個範例還有一個原因，就是它可以介紹一些相當重要的概念，例如事件驅動程式設計，這可以讓你更容易理解接下來的章節。

工具

木匠沒有鋸子就很難做出桌子，我們沒有工具也無法寫出軟體。幸運的是，我們這一章需要的工具很少，只有瀏覽器與文字編輯器。

我很開心地宣布，當我寫到這裡時，世上沒有瀏覽器無法支援你手上的工作。就連程式員長久以來的眼中釘—Internet Explorer 都已經有所改善，現在已經不亞於 Chrome、Firefox、Safari 與 Opera 了。不過，我選擇的瀏覽器是 Firefox，我會在內容說明可以在程式設計旅程中協助你的 Firefox 功能。其他的瀏覽器也有那些功能，但我會用 Firefox 的功能來說明它們，所以當你讀完這本書之後，最順暢的路徑，就是使用 Firefox。

1 我希望你對作品的同情心比 Dr. Frankenstein 還要好，並做出更好的作品。

你需要一個文字編輯器來編寫程式。文字編輯器的選擇，幾乎與選擇宗教一樣。廣義來說，文字編輯器的種類有文字模式編輯器與視窗型編輯器。最受歡迎的兩種文字模式編輯器是 vi/vim 與 Emacs。文字編輯器有一個很大的優點，就是你除了可以在自己的電腦使用它們之外，也可以透過 SSH，也就是遠端連結到某台電腦，用你熟悉的編輯器來編輯你的檔案。視窗式編輯器感覺上比較現代，會加入一些有用（你也比較熟悉）的使用者介面元素。但是，畢竟你編輯的是文字，所以視窗式編輯器並沒有比文字模式編輯器還要好。目前熱門的視窗式編輯器有 Atom、Sublime Text、Coda、Visual Studio、Notepad++、TextPad 與 Xcode。如果你已經熟悉其中一種編輯器，就沒必要改用其他的編輯器。但是，如果你目前還在 Windows 上使用 Notepad，我強烈建議你升級為較先進的編輯器（對 Windows 使用者來說，Notepad++ 是簡便且免費的選擇）。

本書不會說明編輯器的所有功能，但你得學會一些功能：

語法醒目提示

語法醒目提示會使用顏色來分辨程式中的語法元素。例如，它可能會用一種顏色來表示常值，另一種顏色表示變數（你很快就會知道這些名詞的意思！）。這個功能可以讓你更容易看到程式中的問題。大部分的現代文字編譯器都預設啟用語法醒目提示功能，如果你的程式碼不是彩色的，請參考編輯器的文件，來瞭解如何啟用它。

括弧配對

大部分的程式語言都會大量使用括弧、大括弧與方括弧（以下統稱為括弧）。有時括弧的內容有好幾行，甚至超出螢幕範圍，而且括弧裡面通常有其他的括弧，通常是其他的類型。括弧的配對非常重要，如果沒有配對好，你的程式就無法正確地運作。括弧配對功能可以讓你看到括弧開始與結束的地方，並且協助你看到沒有成對的括弧所造成的問題。不同的編輯器會用不同的方法來處理括弧配對，從很細微的線索，到很明顯的提示。沒有成對的括弧，經常是初學者感受挫折的原因，所以我強烈建議你學會使用編輯器的括弧配對功能。

程式碼折疊

折疊與括弧配對有一些關係。程式碼折疊的意思是暫時隱藏與你目前處理的地方沒有關係的程式碼，可讓你把重心放在手上的工作。這個概念，來自將一部分的紙張折起來，以隱藏不重要的部分。如同括弧配對，各種編輯器會用不同的方式來處理程式碼折疊。

自動完成

自動完成（也稱為**文字完成**（*word completion*）或**智慧感知**（*IntelliSense*）[2]）是一種方便的功能，它會試著在你完成打字之前，先猜出你要打的字。它有兩個目的，第一個是節省打字時間，例如，你可以打出 **enc**，接著從清單中選擇 encodeURIComponent，而不需要打完 **encodeURIComponent**。第二個是**發現**其他項目，例如，如果你想要使用 encodeURIComponent 而打出 **enc**，會發現還有一個函式稱為 encodeURI。依編輯器而定，你甚至有可能會看到一些註解，來區分這兩種選項。在 JavaScript，自動完成比其他語言還難做，因為它是寬鬆型態語言（loosely typed language），另一個原因是它的範圍規則（稍後你會看到）。如果自動完成對你來說是很重要的功能，可能得自己去尋找符合需求的編輯器，有一些編輯器絕對是其中的佼佼者，有些其他的編輯器（例如 vim）也提供很強大的自動完成功能，但需要先做一些設定。

註解的註解

JavaScript 與大部分的程式語言一樣，都有可在程式碼中標示**註解**的語法。註解會完全被 JavaScript 忽略，它們是讓你或同事使用的。它們可讓你用自然語言來解釋某些難懂的地方發生什麼事情。在這本書中，我們會廣泛地在範例程式中使用註解來解釋發生的事情。

JavaScript 有兩種註解：行內註解與區塊註解。行內註解的開頭是兩個斜線（//），它的範圍到該行結束的地方為止。區塊註解的開頭是一個斜線與一個星號（/*），結尾是一個星號與一個斜線（*/），它的範圍可達很多行。以下這個範例說明這兩種註解：

```
console.log("echo");    // 在主控台印出 "echo"
/*
   在上一行中，雙斜線之前的都是 JavaScript 程式，
   它必須是有效的語法。雙斜線會開始一個註解，
   它會被 JavaScript 忽略。

   這段文字在一個區塊註解裡面，
   它也會被 JavaScript 忽略。我們將這一段註解縮排，來方便你閱讀，
   但你不一定要使用縮排。
*/
/* 媽，你看，沒有縮排！ */
```

2　Microsoft 的說法。

我們即將看到的階層式樣式表（Cascading Style Sheets，CSS）也使用 JavaScript 的區塊註解語法（CSS 不提供行內註解）。HTML（與 CSS 一樣）沒有行內註解，它的區塊註解與 JavaScript 不一樣，是用笨拙的 <!-- 與 --> 來包住註解：

```
<head>
   <title>HTML and CSS Example</title>
   <!-- 這是 HTML 註解 ...
         它可以延伸好幾行。 -->
   <style>
      body: { color: red; }
      /* 這是 CSS 註解 ...
         它可以延伸好幾行。. */
   </style>
   <script>
      console.log("echo"); // 回到 JavaScript...
      /* ... 行內與區塊註解
         都可以使用。 */
   </script>
</head>
```

動工

首先，我們要建立三個檔案：一個 HTML 檔，一個 CSS 檔，與一個 JavaScript 原始檔。我們可以在 HTML 檔案裡面做任何事情（HTML 裡面可以嵌入 JavaScript 與 CSS），但將它們分開有一些好處。如果你是程式新手，強烈建議你遵循接下來的步驟，我們將會在這一章採取相當有探索性、漸進式的做法，這將有助於你的學習過程。

或許乍看之下，我們做了很多事情，只是為了完成一個很簡單的工作，但過程中有許多道理。我當然可以創造一個範例，用很少的步驟來做相同的事情，但這種做法是在**教你壞習慣**。你即將看到的步驟，將會重複出現，或許你現在覺得它太過複雜，但至少你可以確保自己正在學習**正確**的做事方式。

這一章最後一件重要的事情：這是本書唯一使用 ES5 語法，而不是 ES6（Harmony）來編寫範例程式的章節。這是為了確保範例程式可以執行，即使你使用未支援 ES6 的瀏覽器也可以。在接下來的章節，我們會討論如何用 ES6 來寫程式，以及轉譯它，讓它可以在舊版的瀏覽器上執行。探討這個主題後，本書其餘的內容將會使用 ES6 語法。本章的範例程式很簡單，所以使用 ES5 沒有任何問題。

在這個練習中，你必須確保所建立的檔案都在同一個資料夾或目錄裡面。我建議你建立一個新資料夾或目錄來供這個範例使用，以免將它們混入其他檔案，而無法找到。

我們從 JavaScript 檔案開始。使用文字編輯器，建立一個名為 *main.js* 的檔案。我們先在檔案裡面加入一行程式就好：

```
console.log('main.js loaded');
```

接著建立 CSS 檔，*main.css*。目前還沒有東西需要放入這個檔案，所以我們先加入一個註解，讓它不是一個空檔案：

```
/* 以下是樣式。 */
```

接著建立一個檔案，稱為 *index.html*：

```
<!doctype html>
<html>
   <head>
      <link rel="stylesheet" href="main.css">
   </head>
   <body>
      <h1>My first application!</h1>
      <p>Welcome to <i>Learning JavaScript, 3rd Edition</i>.</p>

      <script src="main.js"></script>
   </body>
</html>
```

雖然這本書不討論 HTML 與 web 應用程式開發，但有很多人是為了它們而學習 JavaScript 的，所以我們會指出一些與 JavaScript 開發有關的 HTML 內容。HTML 文件有兩個主要的部分：**標頭**與**內文**。標頭裡面的資訊不會**直接在你的瀏覽器上顯示**（不過它會影響瀏覽器顯示的東西）。內文包含會被顯示在瀏覽器的網頁內容。重點是，標頭內的元素永遠不會被顯示在瀏覽器上，但內文的元素會（有一些元素類型不會被顯示，例如 `<script>`，而且有些 CSS 可以隱藏內文元素）。

在標頭中，我們有一行 `<link rel="stylesheet" href="main.css">`；它會將目前空的 CSS 檔連結到你的文件。接著，在內文結尾，有一行 `<script src="main.js"></script>`，它也會將 JavaScript 檔連結到你的文件。或許你會對標頭有一行程式，內文的結尾也有一行程式覺得奇怪。我們也可以在標頭放入 `<script>` 標籤，但將它放在內文結尾，是出於效能與複雜度的考量。

在內文中，有 `<h1>My first application!</h1>`，它是第一級標題文字（代表網頁中最大、最重要的文字），之後是一個 `<p>`（段落）標籤，它裡面有一些文字，其中的一些文字是斜體（以 `<i>` 標籤來標記）。

接著在你的瀏覽器中載入 *index.html*。在大部分的系統中，最簡單的做法是在檔案瀏覽器中，按兩下檔案（你也可以將檔案拉到瀏覽器視窗裡面）。你將會看到 HTML 檔案的內文內容。

本書有許多範例程式。因為 HTML 與 JavaScript 檔案都有可能變大，我不會每次都展示整個檔案，我會解釋範例程式該放到檔案的哪個地方。這可能會造成初學者的麻煩，但瞭解程式組合的方式很重要，這是必要的過程。

JavaScript 主控台

我們已經寫了一些 JavaScript 了：`console.log('main.js loaded')`。它會做什麼事？*console*（**主控台**）是一種純文字工具，可協助程式員診斷他們的作品。這本書將會大量地使用主控台。

不同的瀏覽器會用不同的方式來打開主控台。因為你以後會經常做這件事，我建議你瞭解一下鍵盤快速鍵。Firefox 是 Ctrl-Shift-K（Windows 與 Linux）或 Command-Option-K（Mac）。

在載入 *index.html* 後的網頁，開啟 JavaScript 主控台，你會看到"main.js loaded"文字（如果你沒有看到它，請試著重新載入網頁）。`console.log` 是一種方法[3]，它會在主控台印出你要的東西，它是有益於除錯與學習的工具。

主控台有許多好用的功能，其中，你除了可以看到程式的輸出之外，也可以**直接在主控台輸入** ***JavaScript***，來做測試、學習 JavaScript 功能，甚至暫時修改程式。

3 你將會在第九章學到函式與方法之間的差異。

jQuery

我們將要在網頁中加入一種極受歡迎的用戶端指令碼程式庫，稱為 *jQuery*。雖然這不是必要的，甚至與目前的工作無關，但它是一種無處不在的程式庫，通常是你在網頁程式中第一個加入的程式庫。就算這個範例也可以不使用它，但你愈早習慣看到 jQuery，就對你愈有利。

在內文的結尾加入我們自己的 *main.js* 之前，我們要將 jQuery 連結進來：

```
<script src="https://code.jquery.com/jquery-2.1.1.min.js"></script>

<script src="main.js"></script>
```

你可以看到，我們使用一個 Internet URL，代表你的網頁如果沒有連上 Internet，就無法正確工作。我們從一個公開的**內容傳遞網路**（*content delivery network*，CDN）連入 jQuery，它有效能上的優點。如果你之後會離線編寫專案，就必須下載檔案，並且連結電腦裡面的版本。現在我們要來修改 *main.js* 檔，以使用其中一種 jQuery 的功能：

```
$(document).ready(function() {
   'use strict';
   console.log('main.js loaded');
});
```

如果你沒有 jQuery 的經驗，這看起來有點像胡言亂語。有一些東西要到後面你才會明白。jQuery 在這裡為我們做的，就是確保瀏覽器在執行我們的 JavaScript 之前（它目前只是一個 `console.log`），已載入所有的 HTML。當我們編寫瀏覽器 JavaScript 時，會用這種做法：任何我們編寫的 JavaScript 都會位於 `$(document).ready(function() {` 與 `});` 之間。請注意 `'use strict';` 這一行是之後會學到的東西，但基本上，它會要求 JavaScript 解譯器更嚴格地看待你的程式。雖然這乍聽之下不是件好事，但它確實可以幫助你寫出更好的 JavaScript，避免常見且難以偵測的問題。我們當然想在這本書中學習編寫相當嚴謹的 JavaScript。

繪製圖形元件

HTML5 有許多好處，其中一種是標準圖形介面。HTML5 *canvas* 可讓你繪製圖形元件，例如正方形、圓形與多邊形。直接使用 canvas 是件痛苦的事情，所以我們要使用一種圖形程式庫，稱為 Paper.js（*http://paperjs.org*），來使用 HTML5 canvas。

Paper.js 並不是唯一的 canvas 圖形程式庫：KineticJS（*http://kineticjs.com*）、Fabric.js（*http://fabricjs.com*） 與 EaselJS（*http://www.createjs.com/#!/EaselJS*）都是相當熱門且強大的替代方案。我用過以上所有程式庫，它們都有很高的品質。

在我們開始使用 Paper.js 來繪製東西之前，需要一個 HTML canvas 元素，才可在上面畫圖。在內文中加入以下的程式（你可以將它放在任何一個地方，例如在簡介的段落之後）：

```
<canvas id="mainCanvas"></canvas>
```

留意，我們指派一個 id 屬性給 canvas：所以之後可以在 JavaScript 與 CSS 裡面輕鬆地參考它。如果我們現在就載入網頁，將不會看到任何不同，我們不但還沒有在 canvas 裡面畫任何東西，它在空白的網頁裡面，也只是個空白的 canvas，沒有寬度與高度，所以你很難看到它。

每一個 HTML 元素都可以擁有一個 ID，為了讓 HTML 是有效的（格式是正確的），每個 ID 都必須是獨一無二的。因為我們已經建立一個 canvas，它的 id 是 mainCanvas，我們就不能重複使用那個 ID。所以，建議你謹慎地使用 ID。我們之所以在這裡使用它，是因為對初學者來說，一次處理一件事情比較容易，一個 ID 只代表網頁中的一個東西。

我們來修改 *main.css*，讓 canvas 在網頁中浮現。如果你還不熟悉 CSS，不用擔心－這個 CSS 只會設定 HTML 元素的寬與高，並讓它有一個黑邊[4]：

```
#mainCanvas {
   width: 400px;
   height: 400px;
   border: solid 1px black;
}
```

現在載入網頁就可以看到 canvas 了。

現在要在上面畫一些圖案，我們會連結 Paper.js 來協助我們畫圖。在連結 jQuery 的程式後面，在連結我們自己的 *main.js* 程式前面，加入這一行：

```
<script src="https://cdnjs.cloudflare.com/ajax/libs/paper.js/0.9.24/ ↩
paper-full.min.js"></script>
```

4 如果你想進一步瞭解 CSS 與 HTML，我推薦 Codecademy 免費的 HTML & CSS track（*https://www.codecademy.com/tracks/web*）。

留意，與 jQuery 一樣，我們使用一個 CDN 來將 Paper.js 加入專案。

你可能已經開始發現，連結東西的順序很重要。我們之後會在 *main.js* 裡面使用 jQuery 與 Paper.js，所以必須先連結它們。它們彼此之間沒有依賴關係，所以將哪一個放在前面都沒有關係，但我習慣先加入 jQuery，因為在 web 開發領域中，很多東西都與它有關。

現在我們已經連結 Paper.js 了，我們必須稍微設定一下 Paper.js。這種在做事情之前需要重複編寫的程式稱為**樣板**（*boilerplate*）。在 *main.js* 裡面的 `'use strict'` 之後加入以下程式（如果你想要的話，可以移除 `console.log`）：

```
paper.install(window);
paper.setup(document.getElementById('mainCanvas'));

// TODO

paper.view.draw();
```

第一行程式會在全域範圍（第七章會介紹）安裝 Paper.js。第二行程式會將 Paper.js 指派給 canvas，準備 Paper.js 來繪圖。中間的 `TODO` 是實際做些有趣的事情的地方。最後一行會要求 Paper.js 在螢幕上實際畫一些東西。

現在可以放下樣板，我們來畫些東西！我們要先在 canvas 中間畫出一個綠色的圓圈。將 “TODO” 註解換成以下幾行：

```
var c = Shape.Circle(200, 200, 50);
c.fillColor = 'green';
```

重新整理瀏覽器，不出所料，你會看到一個綠色的圓圈。我們已經寫出第一個真正的 JavaScript 了。其實這兩行程式做了許多事情，但現在你只需要知道幾件重要的事情。第一行會建立一個圓圈**物件**，它是用三個**引數**來做這件事的：圓心的 *x* 與 *y* 座標，與圓的半徑。我們的 canvas 有 400 像素寬與 400 像素高，所以 canvas 的中心點是 (200, 200)。半徑 50 讓圓是 canvas 的寬高的八分之一。第二行程式會設定**填充**顏色，它與輪廓顏色不同（Paper.js 的說法稱之為 *stroke*）。你可以任意修改這些引數來試試。

自動執行重複的工作

假如你不是只想要加入一個圓，而是想用它們來填滿 canvas，以格狀來排列它們，要怎麼做？如果你讓每個圓小一些，直徑是 50 個像素，就可以在 canvas 放入 64 個。當然你可以複製已經寫好的程式 63 次，並且親自修改所有座標，讓它們以格狀排列，但這聽起來是項繁複的工作，不是嗎？幸運的是，電腦的專長正是這種重複的工作。我們來看一下，如何畫出均勻排列的 64 個圓。將畫出一個圓的程式換成：

```
var c;
for(var x=25; x<400; x+=50) {
   for(var y=25; y<400; y+=50) {
      c = Shape.Circle(x, y, 20);
      c.fillColor = 'green';
   }
}
```

重新整理瀏覽器之後，你就會看到 64 個綠色的圓了！如果你是程式新手，可能不瞭解剛才寫的程式，但你可以看到它比親手寫 128 行程式來做同樣的事情還要好。

我們剛才使用所謂的 for 迴圈，它是一種控制流程語法，第四章會詳細說明。你可以在 for 迴圈指定一個初始條件（25），一個結束條件（少於 400），與一個遞增值（50）。我們在一個迴圈裡面加入另一個迴圈，來完成 x 軸與 y 軸。

我們可以用很多種方式來編寫這個範例。我們編寫的方式，是讓 *x* 與 *y* 座標變成最重要的資訊：我們明確地指定圓開始的地方，以及它們之間的間隔。我們可以用另一種做法來解決這個問題：我們可以指明我們要的圓圈數目（64），讓程式計算如何排列它們，將它們放在 canvas 上。之所以採用這種做法，是因為它比較可以與剪下貼上圓圈程式 64 次，並親自找出排列方法的做法比較。

處理使用者輸入

到目前為止，我們寫的程式並沒有要求使用者輸入任何東西。使用者可以按下圓圈，但它不會有任何效果，試著拖曳圓圈也沒有效果。我們來加入一些互動性，讓**使用者**可以選擇繪製圓圈的位置。

熟悉使用者輸入的**非同步**性質是很重要的。**非同步事件**是你完全無法控制發生時機的事件。使用者按下滑鼠是一種非同步事件：你無法知道他們何時按下按鍵。當然你可以提示他們按下滑鼠，但他們實際按下滑鼠的時機，以及是否按下，都是他們自己決定的。

使用者輸入產生的非同步事件是很直觀的，但之後的章節會討論較不直觀的非同步事件。

Paper.js 使用一種稱為 *tool* 的專案來處理使用者輸入。如果你不明白它為什麼要使用這個名字，你是對的：我同意，也不明白為何 Paper.js 的開發者要使用這個名字[5]。或許你可以在心中將“工具”換成“使用者輸入工具”。將畫出格狀排列圓圈的程式換成以下程式：

```
var tool = new Tool();

tool.onMouseDown = function(event) {
   var c = Shape.Circle(event.point.x, event.point.y, 20);
   c.fillColor = 'green';
};
```

這段程式的第一個步驟是建立 tool 專案。完成後，我們可以指派一個**事件處理器**給它。這裡的事件處理器稱為 onMouseDown。當使用者按下滑鼠時，**就會呼叫我們指派給這個處理器的函式**，這是很重要的地方，你一定要瞭解。在之前的程式中，這段程式會馬上執行：當我們重新整理瀏覽器時，綠圓就會自動出現。但這個範例不會出現這種事情，它不會在螢幕的某處畫出一個綠色圓圈。在 function 後面的大括號裡面的程式，**只會在使用者在 *canvas* 上按下滑鼠時執行**。

事件處理器會為你做兩件事：它會在滑鼠被按下時執行你的程式，並告訴你滑鼠被按下的**地方**。滑鼠位置會被存在一個引數的屬性：event.point，它有兩個屬性：x 與 y，說明滑鼠被按下的地方。

我們可以稍微節省一點打字數，直接將 point 傳給圓（而不是分別傳遞 *x* 與 *y* 座標）：

```
var c = Shape.Circle(event.point, 20);
```

5 技術校閱 Matt Inman 認為 Paper.js 的開發者或許曾經用過 Photoshop，並熟悉“hand tool”、“direct selection tool”等等。

這說明一個非常重要的 JavaScript 觀念：它可以知道被傳入的變數的資訊。在之前的案例中，如果它看到三個連續的數字，就會知道它們分別代表 *x*、*y* 座標與半徑。如果它看到兩個引數，就會知道第一個是 point 物件，第二個是半徑。我們會在第六章與第九章進一步學習這個部分。

Hello, World

最後，我們來重現 Brian Kernighan 在 1972 年的範例。我們已經完成所有粗重的工作了，接下來只要加入文字。在你的 onMouseDown 處理器之前，加入：

```
var c = Shape.Circle(200, 200, 80);
c.fillColor = 'black';
var text = new PointText(200, 200);
text.justification = 'center';
text.fillColor = 'white';
text.fontSize = 20;
text.content = 'hello world';
```

我們建立另一個圓，它是文字的背景，接著創造文字物件（PointText），指定繪製它的地方（螢幕中央），與一些其他的屬性（對齊、顏色與大小），最後，指定實際的文字內容（“hello world”）。

這不是我們第一次用 JavaScript 來發送文字，我們之前曾經用 console.log 第一次做這件事。我們當然可以將那個文字改成“hello world”。這種做法有許多地方比較像 1972 年的做法，但這個範例的目的，不在文字或它的呈現方式，而是要讓你建立一種自動化、有明顯效果的東西。

使用這段程式，重新整理瀏覽器之後，你就會看到歷史悠久的“Hello, World”範例。如果這是你的第一個“Hello, World”，歡迎你加入俱樂部。如果不是，希望這個範例可以讓你稍微瞭解 JavaScript。

第二章

JavaScript 開發工具

雖然我們只需要編輯器與瀏覽器就可以編寫 JavaScript 了（如同在前一章看到的），但 JavaScript 開發者會使用一些好用的開發工具。此外，因為本書接下來的部分會把焦點放在 ES6，我們需要將 ES6 程式轉成可攜的 ES5 程式。本章討論的工具很常見，你應該可以在任何開放原始碼的專案，或軟體開發團隊中看到它們，包括：

- Git，這是一種版本控制系統，可協助你管理專案的成長，並且與其他開發人員合作。
- Node，它可以讓你在瀏覽器之外的地方執行 JavaScript（附帶 npm，可讓你使用以下的工具）。
- Gulp，一種*組建工具*，可將常做的開發工作自動化（Grunt 是另一種常見的替代方案）。
- Babel，將 ES6 程式轉成 ES5 程式的*轉譯器*。
- ESLint，一種 *linter*，可協助你避免常見的錯誤，並讓你成為更好的程式員！

不要將這一章視為偏離主題（JavaScript）的一章，請將它當成“介紹 JavaScript 開發過程中常用的重要工具與技術”的一章。

在現今編寫 ES6

我有一些好消息，也有一些壞消息。好消息是，ES6（亦稱為 Harmony、JavaScript 2015）在 JavaScript 的歷史中，是一次令人振奮、愉快的革新。壞消息是，這個世界還沒有準備好擁抱它。但這不代表你現在無法使用它，因為你得做一些額外的事情，將 ES6 程式轉換成安全的 ES5，才可以確保它能夠到處執行。

資深的程式員可能會想“沒甚麼了不起！但想當年，沒有一種語言不需要編譯與連結！”我寫程式的資歷很長，還記得那段歲月，但我不會懷念它：我喜歡直譯語言的簡單，例如 JavaScript[1]。

JavaScript 一直以來有一個優點，就是它的無處不在：它幾乎在一夜之間，就變成瀏覽器的標準指令碼語言，而且隨著 Node 的出現，它的應用已超出瀏覽器的範圍。所以當你知道可能還要幾年之後，才不用擔心有不支援 ES6 程式碼的瀏覽器時，可能會有點痛苦。如果你是 Node 開發者，或許比較不用擔心這種情形，因為你只需要關心一種 JavaScript 引擎，可以持續關注 Node 支援 ES6 的進度。

本書的 ES6 範例可在 Firefox，或 ES6 Fiddle（*http://www.es6fiddle.net/*）之類的網站執行。但是，要處理“真實世界的程式碼”，你需要知道本章介紹的工具與技術。

關於 JavaScript 從 ES5 演化至 ES6 的過程，有一個有趣的地方在於，與之前發表的語言不同，它的功能是**逐漸採納**的。也就是說，你目前使用的瀏覽器可能已經有一些 ES6 的功能，但不是全部。之所以可以逐漸轉換，部分原因是 JavaScript 的動態性質，部分是因為瀏覽器更新的特性。你可能聽過有人用**常青**（*evergreen*）來描述瀏覽器：瀏覽器製造商已經拋棄使用“更新版本”的概念了。他們認為，瀏覽器應該與時俱進，因為它們一直都與 Internet 保持連結（至少能夠派上用場）。瀏覽器仍然有版本，但你可以合理地假設使用者用的是**最新**的版本，因為常青的瀏覽器不會讓使用者有選擇**不**升級的機會。

但是，就算使用常青瀏覽器，你還要等一段時間，才可以使用用戶端所有的 ES6 優良功能。所以就現在而言，轉譯（也稱為 *transpilation*）是必要的。

ES6 功能

因為 ES6 有太多新功能，所以我們即將介紹的轉譯器都還沒有完全支援它們。為了協助控制混亂的局面，New York 開發者 kangax（*https://twitter.com/kangax*）做了一個很棒的 ES6（與 ES7）功能相容性表格（*https://kangax.github.io/compat-table/es6/*）。在 2015 年 8 月時，最完整的作品（Babel）只有 72%。雖然這看起來令人失望，但它會先完成最重要的功能，且 Babel 可支援本書討論的所有功能。

1 有些 JavaScript 引擎（例如 Node）會編譯你的 JavaScript，但它是透明的過程。

在開始轉譯之前，我們要先做一些準備工作。我們必須確保擁有必要的工具，並學習如何設定一個新的專案來使用它們－當你做同樣的事情好幾次之後，它會變成自動化的習慣。同時，當你開始新的專案時，或許會回來參考這一章。

安裝 Git

如果你的系統還沒有安裝 Git，可以在 Git 首頁（*https://git-scm.com/*）找到下載連結與關於你的作業系統的說明。

終端機

在這一章，我們都會在**終端機**裡面工作（亦稱為**指令列**或**指令提示字元**）。終端機可讓你用文字來與電腦互動，程式員經常使用它。雖然你有可能成為一位有效率的程式員，而不使用終端機，但我相信這是一種很重要的技術：許多教學與書籍都會假設你使用的是終端機，而且有許多工具是設計在終端機上使用的。

最普遍的終端機是一種稱為 *bash* 的殼層（終端機介面），Linux 與 OS X 機器都預設使用它。雖然 Windows 有它自己的指令列工具，但 Git（我們接下來會來安裝）提供一個 bash 指令列，我建議你使用它。本書都會使用 bash。

在 Linux 與 OS X，在你的程式中尋找 *Terminal* 程式。在 Windows 中，當你安裝 Git 之後，尋找“Git Bash”。

啟動終端機之後，你會看到**提示符號**，那是你輸入指令的地方。預設的提示符號可能會包含你的電腦名稱或你的所在目錄，它的結尾通常是錢號（$）。因此，在本章的範例程式中，我會使用錢號來代表提示符號。提示符號的後面，是你要打入的東西。例如，要查看目前目錄的檔案列表，你可以在提示符號下輸入 **`ls`**：

```
$ ls
```

在 Unix 中，也就是 bash 中，目錄名稱是用正斜線來分隔的（`/`）。在 Windows 中，目錄通常用反斜線來分隔（`\`），但 Git Bash 會將反斜線換成正斜線。bash 也使用波狀符號（`~`）來作為主目錄的簡寫（你通常會用來儲存檔案的地方）。

你需要的基本技術，就是更改目前的目錄（`cd`）與製作新的目錄（`mkdir`）。例如，要前往你的主目錄，輸入：

```
$ cd ~
```

pwd 指令（印出工作目錄）會告訴你目前在哪一個目錄：

```
$ pwd
```

要建立一個稱為 *test* 的子目錄，輸入：

```
$ mkdir test
```

要切換到這個新建的目錄，輸入：

```
$ cd test
```

兩個句點（..）是“上層目錄”的簡寫。所以要前往“上一層”目錄（如果你一直跟著操作，這會讓你回到你的主目錄），輸入：

```
$ cd ..
```

終端機還有許多可以學習的地方，但你只要會這些基本的指令，就可以進行這一章的內容了。如果你想要進一步學習，我推薦 Treehouse 的 Console Foundations（*http://teamtreehouse.com/library/console-foundations*）。

專案的根目錄

你以後會為各個專案建立一個目錄。我們將這種目錄稱為**專案根目錄**（*project root*）。例如，如果你一直都跟隨本書的範例實作，你會建立一個 *lj* 目錄，它就是你的專案目錄。本書所有的指令列範例都會假設你的位置在專案根目錄裡面。如果你試著執行一個範例，但它無法動作，要檢查的第一件事，就是你有沒有在專案根目錄裡面。我們建立的檔案都與那個專案根目錄有關。例如，如果你的專案根目錄是 */home/joe/work/lj*，當我請你建立一個檔案 *public/js/test.js* 時，該檔案的完整路徑就是 */home/joe/work/lj/public/js/test.js*。

版本控制：Git

這本書不會討論版本控制，但如果你還沒有使用它，應該要使用它。如果你不熟悉 Git，建議你將這本書當成練習的機會。

首先，在你的專案根目錄，初始化一個存放區：

```
$ git init
```

這會為你建立一個專案存放區（在你的專案根目錄有一個隱形的目錄，稱為 *.git*）。

你一定不想用版本控制來追蹤某些檔案：組建結果、暫時性檔案等等。你可以在一個名為 *.gitignore* 的檔案中明確地排除這些檔案。建立一個 *.gitignore* 檔，讓它的內容為：

```
# npm 除錯記錄檔
npm-debug.log*

# 專案依賴關係
node_modules

# OSX 資料夾屬性
.DS_Store

# 暫時性檔案
*.tmp
*~
```

如果你知道其他的垃圾檔案，也可以將它們加入這裡（例如，如果你知道編輯器會建立 *.bak* 檔，可以在這個清單中加入 **.bak*）。

你會經常執行 `git status` 這個指令，它會告訴你目前存放區的狀態。執行它之後，你應該會看到：

```
$ git status
On branch master

Initial commit

Untracked files:
  (use "git add <file>..." to include in what will be committed)

        .gitignore

nothing added to commit but untracked files present (use "git add" to track)
```

Git 告訴你的重點，就是目錄中有一個新檔案（*.gitignore*），但它是**未被追蹤**（*untracked*）的，代表 Git 不認識它。

Git 存放區的基本工作單位是 *commit*（**提交**）。目前你的存放區沒有任何 commit（你只是將它初始化並建立一個檔案，但還沒有用 Git 註冊任何工作）。Git 不會預設你要追蹤哪些檔案，所以你必須明確地在存放區加入 *.gitignore*：

```
$ git add .gitignore
```

我們仍然沒有建立 commit，只是在**準備** *.gitignore* 檔，在接下來的 commit 中使用。再次執行 `git status`，將會看到：

```
$ git status
On branch master

Initial commit

Changes to be committed:
  (use "git rm --cached <file>..." to unstage)

        new file:   .gitignore
```

現在我們**要提交** *.gitignore* 了。我們還沒有提交，但是當我們提交後，*.gitignore* 被修改的地方將會出現在那裡。我們也可以加入更多檔案，不過現在先來建立一個 commit：

```
$ git commit -m "Initial commit: added .gitignore."
```

`-m` 之後的字串是提交**訊息**：簡單地說明你在這次 commit 中做了什麼事。這可讓你回顧 commit，瞭解專案的歷史。

你可以將 commit 視為專案在某個時刻的快照。現在我們已經拍出一張專案快照了（裡面只有 *.gitignore* 檔），你可以隨時回到那個時刻。現在執行 `git status`，Git 會告訴你：

```
On branch master
nothing to commit, working directory clean
```

我們來進一步更改專案。在 *.gitignore* 檔案裡面，我們已忽略所有名為 *npm-debug.log* 的檔案，但如果我們想要忽略所有副檔名為 *.log* 的檔案（這是標準的做法），就必須編輯 *.gitignore* 檔，將那一行改成 `*.log`。我們也加入一個 *README.md* 檔案，它是一個標準檔案，會用受歡迎的 *Markdown* 格式來解釋專案：

```
= Learning JavaScript, 3rd Edition
== Chapter 2: JavaScript Development Tools

In this chapter we're learning about Git and other
development tools.
```

現在輸入 **`git status`**：

```
$ git status
On branch master
Changes not staged for commit:
  (use "git add <file>..." to update what will be committed)
  (use "git checkout -- <file>..." to discard changes in working directory)
```

```
        modified:   .gitignore

Untracked files:
  (use "git add <file>..." to include in what will be committed)

        README.md
```

現在我們做了兩個改變：一個針對被追蹤的檔案（*.gitignore*），一個針對新檔案（*README.md*）。我們可以像之前一樣加入修改：

```
$ git add .gitignore
$ git add README.md
```

但現在我們要使用一個簡便的方式來加入所有的修改，接著提交所有的修改：

```
$ git add -A
$ git commit -m "Ignored all .log files and added README.md."
```

你將會重複做這個事情（加入改變，接著提交它們）。試著 commit 小規模的東西，並且讓它們在邏輯上有一致性：將它們想像成說故事，解釋你的思維過程。當你更改存放區時，也會使用同樣的模式：加入一或多個改變，接著建立 commit：

```
$ git add -A
$ git commit -m "<brief description of the changes you just made>"
```

初學者通常不太能理解 `git add`，它的名字看起來就像在存放區裡面加入檔案。你的更改可能是加入新檔案，但也有可能是改變存放區既有的檔案。換句話說，你是添加*更改*，而不是檔案（添加新檔案只是一種特殊的更改形式）。

這是最簡單的 Git 工作流程，如果你想要進一步學習 Git，我推薦 GitHub 的 Git Tutorial（*https://try.github.io/levels/1/challenges/1*）與 Jon Loeliger 與 Matthew McCullough 的書籍 *Version Control with Git* 第二版（*http://bit.ly/versionControlGit_2e*）。

套件管理：npm

在 JavaScript 開發中，你不一定要瞭解 npm，但它已經逐漸變成套件管理工具的一時之選。在使用 Node 來開發時，它幾乎不可或缺。無論你是真的在編寫 Node app，或只是開發瀏覽器程式，你都會發現 npm 能夠讓你輕鬆許多。特別是，我們會使用 npm 來安裝組建工具與轉譯器。

Node 附有 npm，所以如果你還尚未 Node，可前往 Node.js 首頁（*https://nodejs.org/*）並按下綠色的“INSTALL”大按鈕。

當你安裝 Node 之後，先確認 npm 與 Node 都可在你的系統運行。在指令列輸入：

```
$ node -v
v4.2.2
$ npm -v
2.14.7
```

你的版本號碼可能會因為 Node 與 npm 的更新而有所不同。大致來說，npm 可管理已安裝的套件，這些套件可能是完整應用程式的任何東西、範例程式，或你要在專案中使用的模組或程式庫。

npm 可讓你使用兩種等級來安裝套件：全域性與區域性。全域套件通常是你會在開發過程中使用的指令列工具。區域套件是專案專用的。安裝套件要使用 `npm install` 指令。我們來安裝熱門的 *Underscore* 套件，看看它如何工作。在你的專案根目錄執行：

```
$ npm install underscore
underscore@1.8.3 node_modules\underscore
```

npm 告訴你：它安裝的是最新版的 Underscore（當我寫到這裡時，是 1.8.3，你的版本可能會不一樣）。 Underscore 是一個沒有依賴關係的模組，所以 npm 的輸出很簡短；在一些複雜的模組，你會看到一整頁的文字！如果我們想要安裝特定的 Underscore 版本，可以明確地指定版本號碼：

```
$ npm install underscore@1.8.0
underscore@1.8.0 node_modules\underscore
```

那麼，這個模組會被安裝在哪裡？當你查看目錄時，會看到一個新的子目錄，稱為 *node_modules*，你安裝的所有本地模組都會被放在這個目錄裡面。現在先刪除 *node_modules* 目錄，我們很快就會重新建立它。

當你安裝模組時，應該想要以某種方式來追蹤它們；你安裝（與使用）的模組，稱為你的專案的**依賴物**（*dependencies*）。隨著專案的成熟，你會想要透過一種簡單的方式來知道專案依賴哪些套件，npm 藉由一個名為 *package.json* 的檔案來做這件事。你不需要自行建立這個檔案，只要執行 `npm init`，並以對話的方式回答一些問題（你可以在每個問題直接按下 Enter 來接受預設值；你之後可以隨時編輯檔案，來更改答案）。現在來做這件事，看一下它產生的 *package.json* 檔。

依賴物分成一般依賴物與 *dev* **依賴物**。Dev 依賴物是 app 不一定需要就可以執行的套件，但是它有助於（或必要）組建專案（我們很快就會看到案例）。從現在起，當你安裝本地套件時，也要添加 `--save` 或 `--saveDev` 旗標；如果你沒有添加，仍然可安裝套件，但它不會被列在 *package.json* 檔案裡面。我們來使用 `--save` 旗標重新安裝 Underscore：

```
$ npm install --save underscore
npm WARN package.json lj@1.0.0 No description
npm WARN package.json lj@1.0.0 No repository field.
underscore@1.8.3 node_modules\underscore
```

或許你不知道這些警告訊息的意思。npm 是在告訴你，你的套件找不到一些元件。在使用這本書的程式時，你可以忽略這些警告，當你使用 npm 來公開自己的套件時才需要擔心它們，這不在本書討論的範圍。

當你查看 *package.json* 檔案時，可以看到 Underscore 已被列為依賴物。依賴物管理的概念是，當你重新創建（下載與安裝）依賴物本身時，就需要使用 *package.json* 裡面參考的依賴物版本。我們來試一下，刪除 *node_modules*，接著執行 `npm install`（注意，我們並未指定任何特定的套件名稱）。npm 會安裝 *package.json* 檔案列舉的所有套件。你可以查看新建立的 *node_modules* 目錄來確認這一點。

組建工具：Gulp 與 Grunt

在大部分的開發過程中，你可能需要一種**組建工具**，它會自動重複執行開發程序的部分工作。目前最受歡迎的 JavaScript 組建工具是 Grunt（*http://gruntjs.com/*）與 Gulp（*http://gulpjs.com/*）。它們都有能力組建系統。Grunt 的歷史比 Gulp 還要悠久，所以社群比較大，但 Gulp 正快速地迎頭趕上。因為愈來愈多新的 JavaScript 程式員會選擇 Gulp，這本書將會使用它，不過我的意思不是 Gulp 比 Grunt 好（或相反）。

首先，全域安裝 Gulp：

```
$ npm install -g gulp
```

如果你使用 Linux 或 OS X，就需要較高的權限，在執行 npm 時切換 `-g`（全域）：`sudo install -g gulp`。電腦會要求你輸入密碼，並給你超級使用者權限（只限那一個指令）。如果你的系統是別人管理的，或許要請他將它放入 *sudoers* 檔案。

你只需要在每個用來進行開發的系統中全域安裝 Gulp 一次。接下來，在進行每次專案時，你需要一個區域 Gulp，在你的專案根目錄，執行 `npm install --save-dev gulp`（Gulp 是一種 dev 依賴物的案例：你的 app 在執行時不需要它，但你會使用它來協助開發）。現在我們已經安裝 Gulp 了，建立一個 *Gulpfile*（*gulpfile.js*）：

```
const gulp = require('gulp');
// Gulp 依賴物從這裡開始

gulp.task('default', function() {
    // Gulp 工作從這裡開始
});
```

我們目前還沒有實際設定 Gulp 來做任何事情，但現在可以確認 Gulp 可成功執行：

```
$ gulp
[16:16:28] Using gulpfile /home/joe/work/lj/gulpfile.js
[16:16:28] Starting 'default'...
[16:16:28] Finished 'default' after 68 μs
```

如果你使用的是 Windows，可能會看到錯誤 "The build tools for Visual Studio 2010 (Platform Toolset = *v100*) cannot be found." 許多 npm 套件都與 Visual Studio 組建工具有依賴關係。你可以在產品下載網頁取得免費版的 Visual Studio（*https://www.visualstudio.com/en-us/visual-studiohomepage-vs.aspx*）。安裝 Visual Studio 之後，在程式檔案裡面尋找 "Developer Command Prompt"。在指令提示符號底下，前往你的專案根目錄，並試著再次安裝 Gulp，此時你應該會比較好運。你不需要持續使用 Visual Studio Developer Command Prompt，但是要安裝與 Visual Studio 有依賴關係的 npm 模組，這是最簡單的方式。

專案結構

在我們使用 Gulp 與 Babel 來將 ES6 程式碼轉換成 ES5 之前，需要先思考該將專案的程式放在哪裡。在 JavaScript 的開發中，沒有統一的專案配置標準：它的生態系統太多樣了。你會經常看到原始程式被放在 *src* 或 *js* 目錄。我們會將原始程式放在 *es6* 目錄，來讓大家清楚知道我們編寫的是 ES6 程式。

因為許多專案都含有伺服器端（Node）程式與用戶端（瀏覽器）程式，我們也會將它分成兩個種類。伺服器端的程式碼會放在專案根目錄的 *es6* 目錄，瀏覽器的程式會放在 *public/es6*（定義上，所有被送到瀏覽器的 JavaScript 都是公用的，所以這是很常見的定義）。

在下一節，我們要將 ES6 程式轉換成 ES5，所以需要一個放置那個 ES5 程式的地方（我們不想將它與 ES6 程式混在一起）。常見的做法，是將那個程式放在稱為 *dist* 的目錄裡面（來發布）。

將它們放在一起之後，你的專案根目錄會長得像：

```
.git              # Git
.gitignore

package.json      # npm
node_modules

es6               # Node source
dist

public/           # browser source
    es6/
    dist/
```

轉譯器

當我寫到這裡時，Babel（*https://babeljs.io/*）與 Traceur（*https://github.com/google/traceur-compiler*）是兩種最重要的熱門轉換器。我用過這兩種，它們都有很好的能力，且很容易使用。目前我比較傾向使用 Babel，所以我會在這本書中使用這種轉譯器。我們開始吧！

Babel 一開始是 ES5 到 ES6 的轉譯器，後來變成通用的轉譯器，可以處理許多不同的轉換，包括 ES6、React，甚至 ES7。從第 6 版的 Babel 開始，Babel 已經不再含有轉換功能了。要執行 ES5 到 ES6 的轉換，我們需要安裝 ES6 轉換，並設定 Babel 來使用它們。我們將這些設定設為專案區域性使用的，因為我們會在一個專案使用 ES6，另一個使用 React，另一個 ES7（或其他的變種），這樣比較方便。首先，我們安裝 ES6（亦稱為 ES2015）preset：

```
$ npm install --save-dev babel-preset-es2015
```

接著在專案根目錄建立一個檔案，稱為 *.babelrc*（開頭的句點代表這個檔案通常是隱形的）。這個檔案的內容是：

```
{ "presets": ["es2015"] }
```

有這個檔案之後，在這個專案使用 Babel 時，它都知道你在使用 ES6。

使用 Gulp 來執行 Babel

現在我們可以使用 Gulp 來做一些有用的事情：將我們即將編寫的 ES6 程式轉換成可攜的 ES5 程式。我們會將 *es6* 與 *public/es6* 裡面的所有程式轉換成 *dist* 與 *public/dist* 裡面的 ES5 程式。我們會使用一種稱為 `gulp-babel` 的套件，所以先用 `npm install --save-dev gulp-babel` 來安裝它，接著編輯 *gulpfile.js*：

```
const gulp = require('gulp');
const babel = require('gulp-babel');

gulp.task('default', function() {
  // Node 來源
  gulp.src("es6/**/*.js")
    .pipe(babel())
    .pipe(gulp.dest("dist"));
  // 瀏覽器來源
  gulp.src("public/es6/**/*.js")
    .pipe(babel())
    .pipe(gulp.dest("public/dist"));
});
```

Gulp 使用**管道**的概念來做事。我們一開始先告訴 Gulp 我們有興趣的檔案有哪些：`src("es6/**/*.js")`。你或許不知道 ** 是什麼意思，它是"所有目錄，包括子目錄"的萬用字元。所以這個來源過濾器會選擇 *es6* 內的所有 *.js* 檔，以及所有子目錄的，無論有多深。接著我們將這些原始檔案**傳送**至 Babel，Babel 是將它們由 ES6 轉換 ES5 的東西。最後一步是將編譯後的 ES5 傳送到它的目的地，*dist* 目錄。Gulp 會保留原始檔案的名稱與目錄結構。例如，*es6/a.js* 檔案會被編譯到 *dist/a.js*，而 *es6/a/b/c.js* 會被編譯到 *dist/a/b/c.js*。我們對 *public/es6* 目錄裡面的檔案做同樣的程序。

目前我們還沒有學到任何 ES6，但我們來建立一個 ES6 樣本檔案，並確認 Gulp 的設定是有效的。建立檔案 *es6/test.js*，它有一些 ES6 的新功能（不用擔心你不瞭解這個檔案；當你完成這本書時，你會懂的！）：

```
'use strict';
// es6 功能：區塊範圍的 "let" 宣告
const sentences = [
    { subject: 'JavaScript', verb: 'is', object: 'great' },
    { subject: 'Elephants', verb: 'are', object: 'large' },
];
// es6 功能：物件解構
function say({ subject, verb, object }) {
    // es6 功能：範本字串
    console.log(`${subject} ${verb} ${object}`);
}
// es6 功能：for..of
for(let s of sentences) {
    say(s);
}
```

接著在 *public/es6* 裡面建立這個檔案的複本（如果你想要確定你的檔案是不同的，可以更改 *sentences* 陣列的內容）。現在輸入 **gulp**。完成後，查看 *dist* 與 *public/dist* 目錄，你會在這兩個地方看到 *test.js* 檔。

先去查看那個檔案，留意它與 ES6 版不一樣。

現在我們來試著直接執行 ES6 程式：

```
$ node es6/test.js
/home/ethan/lje3/es6/test.js:8
function say({ subject, verb, object }) {
             ^

SyntaxError: Unexpected token {
    at exports.runInThisContext (vm.js:53:16)
    at Module._compile (module.js:374:25)
    at Object.Module._extensions..js (module.js:417:10)
    at Module.load (module.js:344:32)
    at Function.Module._load (module.js:301:12)
    at Function.Module.runMain (module.js:442:10)
    at startup (node.js:136:18)
    at node.js:966:3
```

Node 給你的錯誤訊息可能不一樣，因為 Node 還在實作 ES6 的過程中（如果你在很久之後才閱讀這本書，或許它已經可以完整動作了！）。現在來執行 ES5 版本：

```
$ node dist\test.js
JavaScript is great
Elephants are large
```

我們已經成功將 ES6 程式轉成可攜的 ES5 程式了，它可以到處執行！最後，在你的 *.gitignore* 檔案裡面加入 *dist* 與 *public/dist*：我們希望可以追蹤 ES6 原始檔，而不是它產生的 ES5 檔案。

Linting

你會在參加聚會或面試之前，先用毛屑滾輪（lint roller）來清潔西裝或禮服嗎？當然會！因為你想要讓自己好看。同樣的，你也可以 *lint* 你的程式（隨之而來的是你本身），讓它有最好的狀態。linter 會用嚴苛的標準來看待你的程式，讓你知道你在哪裡犯下常見的錯誤。我已經寫軟體 25 年了，但一個優良的 linter 仍然可以找到我犯下的程式錯誤。對初學者來說，它是很寶貴的工具，可以為你省下許多挫折。

市面上有許多 JavaScript linter，我最喜歡的是 Nicholas Zakas 的 *ESLint*。安裝 ESLint：

```
npm install -g eslint
```

在開始使用 ESLint 之前，需要為我們的專案先建立一個 *.eslintrc* 設定檔。你手上的每一個專案可能都有不同的技術或標準，*.eslintrc* 可以讓 ESLint 分別 lint 你的程式碼。

要建立 *.eslintrc* 檔案，最簡單的方式是執行 `eslint --init`，它會問你一些問題，並為你建立一個預設檔案。

在你的專案根目錄中，執行 `eslint --init`。你需要回答的答案是：

- 你使用 tab 還是空格來縮排？一個最近的 StackOverflow 調查（*http://stackoverflow.com/research/developer-survey-2015#tech-tabsspaces*）指出，大部分的程式員都喜歡用 tab，但有經驗的程式員大都喜歡使用空格。這一題，我讓你自己選擇喜歡的方式…
- 你喜歡使用單引號或雙引號來包住字串？你的答案是什麼都無妨…我們希望可以平等地使用兩者。
- 你使用哪一種行尾（Unix 或 Windows）？如果你使用的是 Linux 或 OS X，選擇 Unix。如果你使用 Windows，選擇 Windows。
- 你需要使用分號嗎？是的。
- 你會使用 ECMAScript（ES6）功能嗎？會。

- 你的程式會在哪裡執行（Node 還是瀏覽器）？理想情況下，瀏覽器與 Node 程式會使用不同的設置，但那是較進階的設置。選擇 Node 並繼續。
- 你想要使用 JSX 嗎？不（JSX 是一種 JavaScript 的 XML 擴充程式，它會在 Facebook 的 *React* UI 程式庫中用到，這本書不會使用它）。
- 你希望設置檔使用哪一種格式（JSON 還是 YAML）？選擇 JSON（YAML 是一種類似 JSON 的資料序列化格式，但是 JSON 比較適合在開發 JavaScript 時使用）。

當你回答所有問題之後，就會得到一個 *.eslintrc* 檔，我們就可以開始使用 ESLint 了。

執行 ESLint 的方式有很多種。你可以直接執行它（例如，`eslintes6/test.js`）、整合到你的編輯器，或將它加到你的 Gulpfile。整合編輯器很好，但因為每一種編輯器與作業系統的指令都不一樣，如果你想要整合編輯器，我建議你用 google 來查詢編輯器名稱與"eslint"。

無論你是否要整合編輯器，我都建議你將 ESLint 加到 Gulpfile。畢竟，每當我們要組建時，都必須執行 Gulp，所以那也是個很好的時機來檢查程式碼的品質。首先，執行：

```
npm install --save-dev gulp-eslint
```

接著修改 *gulpfile.js*：

```
const gulp = require('gulp');
const babel = require('gulp-babel');
const eslint = require('gulp-eslint');

gulp.task('default', function() {
// 執行 ESLint
gulp.src(["es6/**/*.js", "public/es6/**/*.js"])
  .pipe(eslint())
  .pipe(eslint.format());
// Node 來源
gulp.src("es6/**/*.js")
  .pipe(babel())
  .pipe(gulp.dest("dist"));
// 瀏覽器來源
gulp.src("public/es6/**/*.js")
  .pipe(babel())
  .pipe(gulp.dest("public/dist"));
});
```

我們來看看 ESLint 不喜歡程式的哪些地方。因為我們已經將 ESLint 加入 Gulpfile 的預設工作，我們可以直接執行 Gulp：

```
$ gulp
[15:04:16] Using gulpfile ~/git/gulpfile.js
[15:04:16] Starting 'default'...
[15:04:16] Finished 'default' after 84 ms
[15:04:16]
/home/ethan/lj/es6/test.js
  4:59  error  Unexpected trailing comma     comma-dangle
  9:5   error  Unexpected console statement  no-console

✖ 2 problems (2 errors, 0 warnings)
```

很明顯，Nicholas Zakas 對結尾的逗號與我有不同的意見。幸運的是，ESLint 可讓你自行選擇什麼是錯誤，什麼不是。comma-dangle 規則的預設值是 "never"，我們可以選擇將它完全關閉，或將它改成 "always-multiline"（我的選擇）。我們來編輯 *.eslintrc* 檔，來改變這項設定（如果你同意 Nicholas 對結尾逗號的看法，可以使用預設的 "never"）。*.eslintrc* 內的每一個規則都是一個陣列。它的第一個元素是一個數字，0 是將規則關閉，1 會將它視為警告，2 會將它視為錯誤：

```
{
   "rules": {
      /* 改變後的 comma-dangle 預設值 ...
         諷刺的是，我們在這裡無法使用結尾逗號，
         因為這是個 JSON 檔案。 */
      "comma-dangle": [
         2,
         "always-multiline"
      ],
      "indent": [
         2,
         4
      ],
      /* ... */
```

當你再次執行 gulp 時，會看到結尾逗號已經不會造成錯誤了。事實上，移除它的話，將會造成錯誤！

第二個錯誤指的是使用 console.log，一般認為在瀏覽器程式中使用它是“草率”的做法（如果你的目標是舊版瀏覽器，這甚至很危險）。但是，為了學習，你可以停用它，而且這本書都會使用 console.log。此外，你或許也想要關閉“引號”規則，我將停用這些規則的動作留給讀者練習。

ESLint 有許多設置選項，它們在 ESLint 網站都有完整的文件（*http://eslint.org/*）。

現在我們已經可以編寫 ES6，將它轉譯成可攜的 ES5，並且 lint 程式來改善它了。我們已經可以進入 ES6 了！

總結

在這一章，我們知道 ES6 還沒有受到廣泛的支援，但這不能阻止你現在就開始享受 ES6 的好處，因為你可以將 ES6 轉譯成可攜的 ES5。

當你設定一個新的開發機器時，你需要：

- 一個良好的編輯器（見第一章）
- Git（前往 *https://git-scm.com/* 瞭解如何安裝）
- Gulp（`npm install -g gulp`）
- ESLint（`npm install -g eslint`）

當你開始進行一個新專案時（無論是從頭開始一個專案來執行本書的範例，還是真正的專案），你需要以下的元件：

- 一個專用的專案目錄；我們稱它為**專案根目錄**
- 一個 Git 存放區（`git init`）
- 一個 *package.json* 檔案（`npm init`）
- 一個 Gulpfile（*gulpfile.js*，使用本章的那一個）
- Gulp 與 Babel 區域套件（`npm install --save-dev gulp gulp-babel babel-preset-es2015`）
- 一個 *.babelrc* 檔案（裡面有：`{ "presets": ["es2015"] }`)
- 一個 *.eslintrc* 檔（使用 `eslint --init` 來建立它，並編輯你的偏好設定）
- 一個 Node 原始碼（*es6*）的子目錄
- 一個瀏覽器來源的子目錄（*public/es6*）

當你設定所有東西之後，你的基本工作流程將是：

1. 進行在邏輯上一致、相關的更改。
2. 執行 Gulp 來測試與 lint 程式。
3. 重複進行，直到你的修改可以動作，且 lint 乾淨。
4. 確保你不會提交任何不想提交的東西（`git status`）。如果你不希望將一些檔案放在 Git 裡面，將它們加到你的 *.gitignore* 檔。
5. 將你的所有修改加到 Git（`git add -A`，如果你不想要加入所有的修改，改用 `git add` 來加入各個檔案）。
6. 提交你的修改（`git commit -m "<說明你的修改>"`）。

隨著專案的不同，可能還有其他的步驟，例如執行測試（通常是 Gulp 工作），並將程式碼推送到共用的存放區，例如 GitHub 或 Bitbucket（`git push`）。但是這裡列出的步驟是很棒的建構框架。

在本書接下來的部分，我們會展示原始程式，但不會重複展示組建與執行它的步驟。除非我明確指出某個範例是瀏覽器程式，否則所有範例程式都要用 Node 來執行。例如，如果你看到一個範例 *example.js*，請將那個檔案放在 *es6*，並以下列指令執行它：

```
$ gulp
$ node dist/example.js
```

你也可以跳過 Gulp 步驟，直接用 `babel-node` 執行它（但是這無法節省時間，因為 `babel-node` 也必須轉譯）：

```
$ babel-node es6/example.js
```

我們可以開始學習 JavaScript 了！

第三章

常值、變數、常數與資料型態

這一章要來討論資料，以及如何將資料轉換成 JavaScript 可以理解的格式。

你或許知道，在電腦裡面，資料最後都會被轉換成一系列的 1 與 0，但是在大部分的日常工作中，我們希望使用較自然的方式來思考資料：數字、文字、日期等等。我們稱這些抽象的概念為**資料型態**。

在開始討論 JavaScript 的資料型態之前，我們會討論**變數**、**常數**與**常值**，它們都是我們可以在 JavaScript 中保存資料的機制。

在學習程式語言時，你往往會忽略詞彙的重要性。雖然瞭解常值與值，或陳述式與運算式之間有什麼不同看起來並不是很重要，但不瞭解這些詞彙，可能會妨礙你的學習。大部分的詞彙都不是 JavaScript 專用的，而且在電腦科學中，它們是一種常識。當然，充分掌握概念很重要，但留意詞彙的意思，可以讓你更容易將知識拿到其他的語言使用，並且從更多的資源學到東西。

變數與常數

基本上，**變數**是一種有名稱的值，而且如同它的名字，它的值可以隨時改變。例如，如果我們要做空調系統，可能會有一個變數叫做 currentTempC：

```
let currentTempC = 22; // 攝氏溫度
```

let 關鍵字是 ES6 新增的；在 ES6 之前，唯一的選項是 var 關鍵字，這會在第七章討論。

這個陳述式會做兩件事：它會宣告（建立）變數 currentTempC，並指派一個初始值給它。我們可以隨時更改 currentTempC 的值：

```
currentTempC = 22.5;
```

留意，此時我們沒有使用 let，let 是專門用來宣告變數的，你只能宣告一次。

你無法指派數字值的單位。也就是說，沒有一種語言功能可讓我們指出 currentTempC 是攝氏溫度，因而在我們指派華氏溫度值時產生一個錯誤。因此，我在變數名稱中使用 "C"，來明確說明它的單位是攝氏（Celsius）。語言讓你強制做這件事，但這是一種用文字來避免錯誤的方式。

當你宣告變數時，不一定要指派初始值給它。如果你沒有指派初始值，它私底下會得到一個特殊值：undefined：

```
let targetTempC;  // 相當於 "let targetTempC = undefined";
```

你可以用同一個 let 陳述式來宣告多個變數：

```
let targetTempC, room1 = "conference_room_a", room2 = "lobby";
```

在這個案例中，我們宣告三個變數：targetTempC 在一開始沒有被指派一個值，所以它私底下的值是 undefined；room1 被宣告為具有初始值 "conference_room_a"；而 room2 被宣告為具有初始值 "lobby"。room1 與 room2 都是**字串**（文字）變數。

常數（ES6 新增的）也可以保存值，但與變數不同的是，它在初始化之後就不能改變了。我們來以常數表達一個房間的舒適溫度與最大溫度（const 也可以宣告多個常數）：

```
const ROOM_TEMP_C = 21.5, MAX_TEMP_C = 30;
```

傳統上（但不是必要的），代表特定數字或字串的常數名稱都會使用大寫的字母與底線，因此你可以快速地在程式中找到它們，它是一種視覺化的提示，提醒你不要試著改變它們的值。

變數或常數：該用哪一種？

一般來說，你應該優先使用常數而不是變數。你會發現，通常你比較會使用一個方便的名稱來代表一些資料，但不想要改變它們的值。使用常數的優點在於，你比較不容易無意間改變某些不該改變的值。例如，如果你負責程式的某個部分，這個部分會對使用者採取某些動作，你或許會用一個變數叫做 `user`。如果你只需要處理一個使用者，當 `user` 的值改變時，你或許可以用它在程式中指出一個錯誤。如果你要處理兩個使用者，可能會稱它們為 `user1` 與 `user2`，而不是重複使用一個變數 `user`。

所以你應該使用常數；如果你發現自己有正當的需求，得改變常數的值時，可隨時將它改為變數。

有一個情況你會使用變數，而不是常數：控制迴圈的變數（在第四章會學到）。會用到變數的情況還有一種：當某個東西的值會隨著時間改變時（例如本章的 `targetTempC` 或 `currentTemp`）。但是，如果你習慣優先使用常數，將會發現，原來你很少真正需要用到變數。

在本書的範例中，我會盡可能地使用常數，而不是變數。

識別碼名稱

變數與常數的名稱（以及函式名稱，第六章介紹）都稱為**識別碼**，它們有命名規則需要遵循：

- 識別碼的開頭必須是字母、錢號（`$`）或底線（`_`）。
- 識別碼是由字母、數字、錢號（`$`）與底線（`_`）組成的。
- 可使用 Unicode 字元（例如 π 與 ö）。
- 不能使用保留字（見附錄 A）來當識別碼。

留意這裡的錢號與其他語言不同，它不是特殊字元：它只是一種可在識別名稱中使用的字元（許多程式庫，例如 jQuery 都利用這一點，使用錢號來當成識別碼）。

保留字是會讓 JavaScript 產生混淆的單字，例如，你不能將一個變數取名為 `let`。

JavaScript 識別碼的慣用格式有很多種，但最常見的是：

駝峰式大小寫（*Camel case*）

　　currentTempC、anIdentifierName（它的名稱，來自大寫的字母看起來像駱駝的駝峰）。

蛇式大小寫（*Snake case*）

　　current_temp_c、an_identifier_name（比較沒有那麼熱門）。

你可以使用自己喜歡的方式，但最好保持一致：選擇一種之後就持續使用它。如果你參與一個工作團隊，或要讓社群使用你的專案，請試著選擇它們最喜歡的寫法。

遵守以下的規則也是聰明的做法：

- 除了類別（第九章會討論）之外，識別碼的第一個字母不要大寫。
- 開頭使用一或兩個底線的識別碼，通常代表特殊或內部變數。除非你需要建立自己的特殊變數種類，否則不要在變數名稱的開頭使用底線。
- 依照慣例，使用 jQuery 時，開頭是錢號的識別碼，通常代表用 jQuery 包裝的物件（見第十九章）。

常值

我們已經看過一些**常值**了：當我們指派一個值給 currentTempC 時，提供一個**數字常值**（初始化時 22，下一個範例 22.5）。同樣的，當我們初始化 room1 時，我們提供一個**字串常值**（"conference_room_a"）。**常值**代表直接在程式中提供值。基本上，常值是一種**建立值**的方式，JavaScript 會接收你提供的常值，並用它來建立一個資料值。

瞭解**常值**與**識別碼**的差異非常重要。例如，在之前的範例中，我們曾經建立一個變數稱為 room1，它的值是 "conference_room_a"。room1 是一個識別碼（參考到一個常數），"conference_room_a" 是一個字串常值（也是 room1 的值）。JavaScript 可以藉由引號來分辨識別碼與常值（數字不需要使用任何引號，因為識別碼的第一個字不能使用數字）。考慮以下的範例：

```
let room1 = "conference_room_a";        // "conference_room_a"（引號裡面的）
                                        // 是個常值

let currentRoom = room1;                // currentRoom 現在有與 room1
                                        // 一樣的值（"conference_room_a"）

let currentRoom = conference_room_a;    // 產生錯誤，
                                        // 沒有叫做 conference_room_a 的識別碼
```

可以使用識別碼（需要一個值）的任何地方都可以使用常值。例如，在程式中，我們可以在任何地方直接使用數字常值 21.5 來取代 ROOM_TEMP_C。如果你只會在兩三個地方使用數字常值，這應該沒什麼問題。但是，如果你會在幾十個或上百個地方使用它，或許應該改用常數或變數：它們可以讓你的程式更容易閱讀，而且在必要時，你只需要在一個地方更改值，而不是許多地方。

哪些地方要使用變數、哪些地方要使用常數的選擇權在身為程式員的你身上。有些東西顯然得用常數，例如 π 的近似值（圓周率），或 DAYS_IN_MARCH。其他的東西，例如 ROOM_TEMP_C 就沒有那麼明確：對我來說，21.5°C 是最舒適的室內溫度，但對你來說不一定如此，所以如果這個值在你的程式中是可以設定的，就應該讓它成為變數。

基本型態與物件

在 JavaScript 中，值不是**基本型態**就是**物件**。基本型態（例如字串與數字）都是**不變的**。數字 5 一定是數字 5；字串 "alpha" 一定是字串 "alpha"。這對數字來說很明顯，但大家經常會在字串犯錯：當他們連接字串時（"alpha" + "omega"），有時會將它視為同一個字串，只不過這個字串已被修改過。事實並非如此：它是一個新字串，就像 6 與 5 是不同的數字。我們要來討論六種基本型態：

- 數字
- 字串
- 布林
- Null
- 未定義
- 符號

注意，不可變不代表**變數的內容**不可改變：

```
let str = "hello";
str = "world";
```

一開始。當 `str` 初始化時，使用（不可變的）值 `"hello"`，接著它被指派一個新的（不可變的）值 `"world"`。重點在於，`"hello"` 與 `"world"` 是不同的字串，只不過 `str` 保存的值被改變了。在多數情況下，這種區別是學術性的，但當我們在第六章討論函式時，這種知識會派上用場。

除了這六種基本型態之外，還有一種**物件**。與基本型態不同的是，物件會呈現不同的形式與值，比較像變色龍。

因為物件具有彈性，它們可用來建構自訂資料型態。事實上，JavaScript 有一些內建的物件型態。我們即將討論的內建物件型態包括：

- `Array`
- `Date`
- `RegExp`
- `Map` 與 `WeakMap`
- `Set` 與 `WeakSet`

最後，基本型態的數字、字串與布林都有對應的物件型態 `Number`、`String` 與 `Boolean`。這些物件不會真正儲存值（那是基本型態的工作），而是提供它對應的基本型態的功能。我們即將討論這些物件型態以及它們的基本型態。

數字

雖然電腦可以準確地表示一些數字（例如 3、5.5 與 1,000,000），但有許多數字是近似值，例如，電腦無法表示 π，因為它的位數是無限的，而且不會重複。有些數字可以用特殊的技術來表示，例如 1/3，但因為它們有重複的小數（3.33333…），我們通常也會用近似值來表示它們。

JavaScript 與其他大多數的程式語言都採用一種稱為 *IEEE-764* **雙準確度浮點數**（*IEEE-764 double-precision floating-point*）的格式，來代表實際數字的近似值（接下來我會用“double”來代表它們）。本書不會詳細討論這種格式時，除非你要做很複雜的數值分析，否則不需要瞭解它們。但是，使用這種格式時，近似值產生的結果通常會讓人很意外。例如，如果你要求 JavaScript 計算 0.1 + 0.2 的話，它會回傳 0.30000000000000004，這不是 JavaScript 壞掉，或是不擅長算術，只不過是在有限的記憶體中，使用無限的近似值必然會發生的結果。

JavaScript 是一種不尋常的程式語言，因為它的數字資料型態只有這一種[1]。大部分的語言都有多個整數型態與兩個以上的浮點數型態。一方面，這種做法可讓 JavaScript 更簡單，特別是對初學者而言。不過，對於一些需要快速計算整數，或講求固定準確度數字的精準程度的情況，這種做法會讓 JavaScript 比較不適用。

JavaScript 認得四種型態的數字常值：十進位、二進位、八進位與十六進位。使用十進位常值，你可以表示整數（沒有小數）、十進位數字與以十為底的指數標記法（科學計數法的縮寫）。此外，它會用特殊的值來代表無限大、負無限大，而不是使用數字（在技術上，它們不是數字常值，但是它們會產生數字值，所以我會在這裡討論它們）：

```
let count = 10;          // 整數常值；count 仍然是個 double
const blue = 0x0000ff;   // 十六進位（十六進位的 ff = 十進位的 255）
const umask = 0o0022;    // 八進位（八進位的 22 = 十進位的 18）
const roomTemp = 21.5;   // 十進位
const c = 3.0e6;         // 指數（3.0 × 10^6 = 3,000,000）
const e = -1.6e-19;      // 指數（-1.6 × 10^-19 = 0.00000000000000000016）
const inf = Infinity;
const ninf = -Infinity;
const nan = NaN;         // "not a number"（非數字）
```

無論你使用哪一種常值格式（十進位、十六進位、指數等等），被建立出來的數字都會用一種格式來儲存：double。各種常值格式，只是為了讓你方便使用你喜歡的方式來表示一個數字。JavaScript 有限度地可讓你用不同的格式來顯示數字，第十六章將會討論。

有些數學家可能會指出我的錯誤：無窮大不是數字啦！它確實不是，但是 NaN 也不是。它們都不是可拿來計算的數字，它們都會被當成佔位項（placeholders）來使用。

此外，它們對應的 Number 物件也有一些好用的特性，可代表重要的數字值：

```
const small = Number.EPSILON;              // 可加 1 來得到大於 1 的
                                           // 獨特數字的最小值，
                                           // 大約是 2.2e-16
const bigInt = Number.MAX_SAFE_INTEGER;    // 可表示的最大整數
const max = Number.MAX_VALUE;              // 可表示的最大數
const minInt = Number.MIN_SAFE_INTEGER;    // 可表示的最小整數
const min = Number.MIN_VALUE;              // 可表示的最小數
const nInf = Number.NEGATIVE_INFINITY;     // 與 -Infinity 一樣
const nan = Number.NaN;                    // 與 NaN 一樣
const inf = Number.POSITIVE_INFINITY;      // 與 Infinity 一樣
```

1　這一點以後可能會改變，專用的整數型態一直都是大家討論的語言功能。

我們會在第十六章討論這些值的重要性。

字串

字串只是文字資料（**字串**（*string*）這個字來自“字元串列”－這是 19 世紀末期的排字工人使用的字眼，之後被數學家用來代表“以明確的順序排列的符號序列”）。

在 JavaScript 裡面，字串代表 *Unicode* 文字。Unicode 是一種用來表示文字資料的電腦工業標準，每一個已知的人類語言字元或符號，都有一個**字碼**（*code points*）（包括你可能會覺得驚訝的語言，例如 Emoji）。雖然 Unicode 本身就可以代表任何語言的文字了，但是這不代表可顯示 Unicode 的軟體都可以正確地顯示每一個字碼。在這本書中，我們只會使用常見的 Unicode 字元，你的瀏覽器與主控台應該都可以使用它們。如果你要使用外來字元或語言，應該自己研究一下 Unicode，來瞭解字碼是如何被顯示出來的。

在 JavaScript 中，字串常值是以單引號、雙引號或反引號來表示的[2]。反引號是在 ES6 加入的功能，可啟用**樣板字串**（*template strings*），我們很快就會看到。

轉義

當我們在文字構成的程式中，試著呈現文字資料時，區分文字資料與程式本身一向是個問題。用引號將字串包起來只是一開始的做法，但如果你想要在字串中使用引號怎麼辦？為了解決這個問題，我們需要一種稱為**轉義**的方式，讓它們不會被視為字串的終止符號。考慮以下的範例（這不需要轉義）：

```
const dialog = 'Sam looked up, and said "hello, old friend!", as Max walked in.';
const imperative = "Don't do that!";
```

在 `dialog` 中，我們可以放心地使用雙引號，因為我們的字串是用單引號包起來的。同樣的，在 `imperative` 中，我們可以使用單引號，因為字串是用雙引號包起來的。但如果我們要同時使用兩者之一時該怎麼辦？考慮：

```
// 這會產生錯誤訊息
const dialog = "Sam looked up and said "don't do that!" to Max.";
```

不管我們使用哪一種引號，`dialog` 字串都會失敗。幸運的是，我們可以用反斜線（\）來**轉義**引號，它是一個提示訊號，讓 JavaScript 知道字串並未結束。以下使用兩種引號來重寫之前的範例：

2　也稱為**抑音**（*grave accent*）符號。

```
const dialog1 = "He looked up and said \"don't do that!\" to Max.";
const dialog2 = 'He looked up and said "don\'t do that!" to Max.';
```

當我們需要在字串中使用反斜線時，將會面臨一個雞生蛋、蛋生雞的問題，為了解決這個問題，反斜線可以轉義自己：

```
const s = "In JavaScript, use \\ as an escape character in strings.";
```

使用單引號或雙引號是由你自己決定的。當我要寫一些會被使用者看到的文字時，通常比較喜歡雙引號，因為我使用縮寫（例如 *don't*）的頻率比雙引號還要高。

當我在 JavaScript 字串裡面描述 HTML 時，比較喜歡單引號，如此一來，我就可以在屬性值使用雙引號。

特殊字元

反斜線不是只能用來轉義引號：它也可以用來表示非列印字元，例如換行符號與其他的 Unicode 字元。表 3-1 是常用的特殊字元。

表 3-1　常用的特殊字元

代碼	說明	範例
`\n`	新行（技術上是換行符號：ASCII/Unicode 10）	`"Line1\nLine2"`
`\r`	歸位字元（ASCII/Unicode 13）	`"Windows line 1\r\nWindows line 2"`
`\t`	Tab（ASCII/Unicode 9）	`"Speed:\t60kph"`
`\'`	單引號（留意，就算是非必要，你仍然可以使用它）	`"Don\'t"`
`\"`	雙引號（留意，就算是非必要，你仍然可以使用它）	`'Sam said \"hello\".'`
`` \` ``	反引號（或"抑音符號"，ES6 新增）	`` `New in ES6: \` strings.` ``
`\$`	錢號（ES6 新增）	`` `New in ES6: ${interpolation}` ``
`\\`	反斜線	`"Use \\\\ to represent \\!"`
`\uXXXX`	任意的 Unicode 字碼（其中 +*XXXX*+ 是十六進位字碼）	`"De Morgan's law: \u2310(P \u22c0 Q) \u21D4 (\u2310P) \u22c1 (\u2310Q)"`
`\xXX`	Latin-1 字元（其中 +*XX*+ 是十六進位 Latin-1 字碼）	`"\xc9p\xe9e is fun, but foil is more fun`

留意，Latin-1 字元集是 Unicode 的子集合，而且所有 Latin-1 字元 \x*XX* 都可以用對應的 Unicode 字碼 \u00*XX* 來表示。在使用十六進位數字時，你可能喜歡使用小寫或者大寫字母，我個人喜歡小寫，因為我發現它們比較容易閱讀。

你不需要對 Unicode 字元使用轉義碼，你也可以在編輯器中直接輸入它們。使用 Unicode 字元的方式，會隨著編輯器與作業系統的不同而不同（而且通常方式不只一種），如果你想要直接輸入 Unicode，請參考你的編輯器或作業系統的文件。

此外，表 3-2 列出一些少用的特殊字元。在我的記憶中，我從未在 JavaScript 程式中使用它們任何一種，之所在這裡列出它們，是為了顧及完整性。

表 3-2　少用的特殊字元

代碼	說明	範例
`\0`	NUL 字元（ASCII/Unicode 0）	`"ASCII NUL: \0"`
`\v`	垂直 tab（ASCII/Unicode 11）	`"Vertical tab: \v"`
`\b`	倒退（ASCII/Unicode 8）	`"Backspace: \b"`
`\f`	換頁（ASCII/Unicode 12）	`"Form feed: \f"`

字串樣板

我們經常會用字串來表示一個值。你可以用**字串串接**的機制來做這件事。

```
let currentTemp = 19.5;
// 00b0 是 " 度 " 符號的 Unicode 字碼
const message = "The current temperature is " + currentTemp + "\u00b0C";
```

在 ES6 之前，字串串接是做這種事唯一的方式（除非使用第三方程式庫）。ES6 加入**字串樣板**（亦稱為**字串插值**）。字串樣板提供一種簡便的方式，可將值注入字串。字串樣板使用反引號，不是單或雙引號。以下使用字串樣板來改寫之前的範例：

```
let currentTemp = 19.5;
const message = `The current temperature is ${currentTemp}\u00b0C`;
```

在字串樣板中，錢號變成特殊字元（你可以使用反斜線來轉義它）：如果它後面是一個用大括號包起來的值[3]，那個值就會被插入字串。

樣板字串是我最喜歡的 ES6 功能之一，你會在這本書中經常看到它。

3　你可以在大括號裡面使用任何運算式。第五章將會討論。

多行字串

在 ES6 之前，多行字串的支援是不一致的。根據語言的規格，你可以在一行原始程式的結尾轉義換行，但因為瀏覽器的支援不可靠，所以我從來不使用這個功能。在 ES6，這個功能比較有機會可以使用，但有一些怪異現象是你必須小心的。注意，這些技術在 JavaScript 主控台可能無法動作（與瀏覽器一樣），所以你必須實際編寫 JavaScript 檔案來嘗試。在單與雙引號字串中，你可以這樣轉義換行：

```
const multiline = "line1\
line2";
```

如果你希望多行字串是一個裡面有換行符號的字串，可能會很意外：在一行程式最後面的斜線可轉義換行符號，但無法在字串中插入換行符號。所以它的結果會是 "line1line2"。如果你想要實際的換行，必須這樣做：

```
const multiline = "line1\n\
line2";
```

反引號字串的行為與你想的比較接近：

```
const multiline = `line1
line2`;
```

這會產生一個有換行的字串。但是，使用這兩種技術時，所有行頭的縮排，都會被加入產生的字串之中。例如，以下程式會產生一個在 line2 與 line3 之間有換行符號與空白的字串，這或許不是你要的結果：

```
const multiline = `line1
    line2
    line3`;
```

因此，我會避免使用多行字串語法：它會強迫我放棄可讓程式容易閱讀的縮排，或是讓我在多行字串中，加入不希望有的空白。如果我想要在原始程式中將字串分成多行，通常會使用字串串接：

```
const multiline = "line1\n" +
    "line2\n" +
    "line3";
```

這可讓我用容易閱讀的方式來縮排程式，並且得到我要的字串。你可以在字串串接中混合匹配字串型態：

```
const multiline = 'Current temperature:\n' +
    `\t${currentTemp}\u00b0C\n` +
    "Don't worry...the heat is on!";
```

將數字當成字串

如果你將數字放在引號內，它就不是數字，而是字串。也就是說，必要時，JavaScript 會將含有數字的字串自動轉換成數字。這件事發生的時機與如何發生不容易理解，我們會在第五章討論。以下的範例說明這種轉換何時會發生，以及何時不會發生：

```
const result1 = 3 + '30';  // 3 會被轉換成字串，結果是字串 '330'
const result2 = 3 * '30';  // '30' 會被轉換成數字，結果是數字 90
```

根據經驗，當你想要使用數字，就要使用數字（也就是不使用引號），當你想要使用字串時，就要使用字串。灰色地帶在於，當你接受使用者輸入時，它幾乎都是字串，是否要在必要時轉換成數字的決定權在你。本章稍後會討論轉換資料型態的技術。

布林

布林是只有兩種值的型態：`true` 與 `false`。有些語言（例如 C）會使用數字來取代布林：0 是 `false`，其他所有數字都是 `true`。JavaScript 有類似的機制，可容許你將**任何**值（不是只有數字）視為 true 或 false，我們會在第五章討論。

當你想要使用布林時得小心：不要使用引號。尤其是，很多人不知道字串 `"false"` 其實是 true，因而犯下錯誤。以下是表達布林常值的正確方法：

```
let heating = true;
let cooling = false;
```

符號

符號是 ES6 新增的功能，它是一種新的資料型態，可表示獨一無二的標記。當你建立符號時，它是唯一的：它不會匹配其他的符號。所以，符號就像物件（每一個物件都是唯一的）。但是，另一方面，符號是基本型態，因此它們是一種實用的語言功能，具有擴充性，第九章將會討論這一點。

符號是用 Symbol() 建構式建立的[4]。你可以選擇提供一個說明，這只是為了方便使用：

```
const RED = Symbol();
const ORANGE = Symbol("The color of a sunset!");
RED === ORANGE  // false: 每一個符號都是唯一的
```

當你想要使用獨一無二的識別碼，不希望在無意間與其他的識別碼互相混淆時，建議你可以使用符號。

null 與 undefined

JavaScript 有兩種特殊型態，null 與 undefined。null 只有一種值（null），undefined 也只有一種值（undefined）。null 與 undefined 都代表某種不存在的東西，但使用兩種不同的資料型態會造成困擾，尤其是對初學者來說。

一般來說，你應該使用 null 資料型態，將 undefined 留給 JavaScript 本身使用，來指出哪些東西還沒有被賦值。這不是必須遵守的規則：程式員可以隨時使用 undefined 值，但你必須非常謹慎地使用它。我只會在想要刻意模仿未被賦值的變數行為時，才會明確地將變數設為 undefined。當你想要表達一個變數的值是未知或不可使用時，null 是較好的選擇。一般會建議初學者在不確定的時候使用 null。留意，當你宣告一個變數，但沒有給它一個值的時候，它的預設值將會是 undefined。以下是使用 null 與 undefined 常值的範例：

```
let currentTemp;              // 隱含 undefined 值
const targetTemp = null;      // 目標溫度 null -- "還不知道"
currentTemp = 19.5;           // 現在 currentTemp 有值了
currentTemp = undefined;      // currentTemp 就像它還沒有被初始化一樣
                              // 不建議使用
```

物件

不可變的基本型態只能代表一個值，與基本型態不同的是，物件可以代表多個或複合值，而且可以在它的生命週期中改變。實質上，物件是一種容器，而容器的內容物會隨著時間而改變（它是同樣的物件，裡面有不同的內容）。與基本型態一樣的是，物件有常值語法：大括號（{ 與 }）。因為大括號是成對的，它可用來表達物件的內容。我們先從空物件開始：

```
const obj = {};
```

4 如果你已經熟悉 JavaScript 物件導向程式設計，請注意，你不能使用 new 關鍵字來建立符號。原本開頭是大寫字母的識別碼要使用 new，但這是個例外。

我們可以幫物件取任何名稱，一般會使用具有描述性的名稱，例如 user 或 shoppingCart。我們的範例只是為了學習物件的機制，不代表任何具體的東西，所以我們籠統地將它稱為 obj。

物件的內容稱為**特性**（*property*）（或**成員**（*member*）），特性是由**名稱**（或**鍵**）與**值**組成的。特性的名稱必須使用字串或符號，值可以是任何型態（包括其他的物件）。我們來將特性 color 加到 obj：

```
obj.size;              // undefined
obj.color;             // "yellow"
```

使用成員存取運算子時，特性名稱必須是有效的識別碼。如果你的特性名稱不是有效的識別碼，就必須使用**計算成員存取**（*computed member access*）運算子（它也可以用於有效的識別碼）：

```
obj["not an identifier"] = 3;
obj["not an identifier"];          // 3
obj["color"];                      // "yellow"
```

你也可以同時使用符號特性與計算成員存取運算子：

```
const SIZE = Symbol();
obj[SIZE] = 8;
obj[SIZE];                         // 8
```

此時，obj 有三個特性，它們的鍵是 "color"（非有效識別碼的字串）、"not an identifier"（非有效識別碼的字串），與 SIZE（符號）。

如果你有在 JavaScript 主控台跟著一起做，應該可以發現主控台沒有在 obj 的特性中列出 SIZE 符號，這是正確的（你可以輸入 obj[SIZE]) 來確認），符號特性是用不同的方式來處理的，而且預設不會顯示。另外，這個特性的鍵是符號 SIZE，不是字串 "SIZE"。你可以輸入 obj.SIZE = 0 來確認這一點（成員存取特性一定可以操作字串特性），接著試試 obj[SIZE] 與 obj.SIZE（或 obj["SIZE"]）。

我們先暫停一下，提醒自己基本型態與物件的不同。在這一節中，我們已經操作與修改變數 obj 儲存的物件了，但 obj 始終**指向同一個物件**。如果 obj 容納一個字串，或一個數字，或其他任何一種基本型態，每當我們修改它時，它就是**不同**的基本型態值。換句話說，obj 一直指向同樣的物件，但物件本身已經改變了。

在 obj 的實例中，我們建立一個空物件，但我們也可以用物件常值語法來建立一個從一開始就擁有特性的物件。在大括號內，特性是以逗號來分隔的，而名稱與值是以分號來分隔：

```
const sam1 = {
    name: 'Sam',
    age: 4,
};

const sam2 = { name: 'Sam', age: 4 };   // 用一行來宣告

const sam3 = {
    name: 'Sam',
    classification: {                  // 特性值可以是
        kingdom: 'Anamalia',           // 物件
        phylum: 'Chordata',
        class: 'Mamalia',
        order: 'Carnivoria',
        family: 'Felidae',
        subfaimily: 'Felinae',
        genus: 'Felis',
        species: 'catus',
    },
};
```

在這個範例中，我們建立三個新物件來展示物件常值語法。注意 sam1 與 sam2 裡面的特性是一樣的，但是它們是**兩個不同的物件**（相對於基本型態：兩個都存有數字 3 的變數會參考同一種基本型態）。在 sam3 中，特性 classification 本身是個物件。我們可以用不同的方式來存取 Sam 貓族群（無論使用單或雙引號，甚至反引號都沒關係）：

```
sam3.classification.family;          // "Felinae"
sam3["classification"].family;       // "Felinae"
sam3.classification["family"];       // "Felinae"
sam3["classification"]["family"];    // "Felinae"
```

物件也可以容納**函式**。第六章會深入討論函式，但現在，你只需要知道函式裡面有程式碼（基本上是副程式）。以下是將函式加入 sam3 的方式：

```
sam3.speak = function() { return "Meow!"; };
```

現在我們可以加上括號來**呼叫**函式：

```
sam3.speak();            // "Meow!"
```

最後，我們可以使用 delete 運算子來刪除物件的特性：

```
delete sam3.classification;        // 移除整個 classification 樹狀結構
delete sam3.speak;                 // 移除 speak 函式
```

如果你夠瞭解物件導向程式設計（OOP），或許會思考 JavaScript 物件與 OOP 之間的關係。現在你可以先將物件想成通用的容器，我們會在第九章討論 OOP。

數字、字串與布林物件

本章稍早談過數字、字串與布林都有對應的物件型態（Number、String 與 Boolean）。這些物件有兩種目的：儲存特殊的值（例如 Number.INFINITY），以及以函式的形式來提供功能。考慮：

```
const s = "hello";
s.toUpperCase();         // "HELLO"
```

這個範例讓它看起來像個物件（我們在存取函式屬性，彷彿它真的是個物件），但我們知道，s 是字串基本型態。那麼，這會發生什麼事？ JavaScript 會建立一個暫時的 String 物件（它有 toUpperCase 以及其他函式）。呼叫函式之後，JavaScript 會捨棄這個物件。為了證明這一點，我們試著指派一個特性給字串：

```
const s = "hello";
s.rating = 3;            // 沒有錯誤 ... 成功？
s.rating;                // undefined
```

JavaScript 可讓我們做這件事，彷彿我們指派一個特性給字串 s 一般。但其實我們是指派一個特性給暫時性的 String 物件，這個暫時性物件會被立刻捨棄，這就是 s.rating 是 undefined 的原因。

你可以清楚看到這個行為，但不常（或者從來不會）考慮它的原因，知道 JavaScript 私下做了些什麼事，對你會很有幫助。

陣列

在 JavaScript 中，陣列是特殊的物件型態。與一般的物件不同的是，陣列的內容是自然排序（元素 0 一定在元素 1 之前），而且鍵是數字，且循序的。陣列提供了一些實用的方法，讓這種資料型態成為一種強大的資訊表達方式，我們會在第八章討論。

如果你用過其他語言，你會發現 JavaScript 的陣列是有效率、使用索引的 C 語言陣列以及更強大的動態陣列與鏈結串列的混合體。JavaScript 的陣列有以下的特性：

- 陣列大小是不固定的，你可以隨時新增或移除元素。
- 陣列內容不一定是同一種型態，每一個元素都可以使用任何型態。
- 陣列是從零開始的，也就是說，陣列的第一個元素是元素 0。

因為陣列是加入額外功能的特殊物件型態，你可以指派非數字（或分數或負數）的鍵給陣列。儘管你可以這麼做，但這違反陣列的目的，可能會產生令人難以理解的行為與很難診斷的 bug，最好避免這種做法。

要建立 JavaScript 的陣列常值，你可以使用方括弧，在裡面以逗號分隔陣列元素：

```
const a1 = [1, 2, 3, 4];                    // array 裡面存放數字
const a2 = [1, 'two', 3, null];             // array 裡面存放混合的型態
const a3 = [                                // 多行的陣列
    "What the hammer?  What the chain?",
    "In what furnace was thy brain?",
    "What the anvil?  What dread grasp",
    "Dare its deadly terrors clasp?",
];
const a4 = [                                // 包含物件的陣列
    { name: "Ruby", hardness: 9 },
    { name: "Diamond", hardness: 10 },
    { name: "Topaz", hardness: 8 },
];
const a5 = [                                // 包含陣列的陣列
    [1, 3, 5],
    [2, 4, 6],
];
```

陣列有一個 `length` 特性，它會回傳陣列的元素數量：

```
const arr = ['a', 'b', 'c'];
arr.length;                               // 3
```

要存取陣列中的各個元素，我們只要在方括號中使用元素的數字索引就可以了（類似存取物件的屬性）：

```
const arr = ['a', 'b', 'c'];

// 取得第一個元素：
arr[0];                                   // 'a'
```

```
// arr 的最後一個元素的索引是 arr.length-1：
arr[arr.length - 1];                        // 'c'
```

要改寫特定的陣列索引的值，你可以直接賦值給它[5]：

```
const arr = [1, 2, 'c', 4, 5];
arr[2] = 3;     // 現在 arr 是 [1, 2, 3, 4, 5]
```

在第八章，我們會學習更多修改陣列與內容的技術。

物件與陣列的最後一個逗號

細心的讀者可能會發現在範例程式中，當物件與陣列的內容有好幾行時，**最後面**會有一個逗號：

```
const arr = [
   "One",
   "Two",
   "Three",
];
const o = {
   one: 1,
   two: 2,
   three: 3,
};
```

許多程式員都不會加上它，因為在早期的 Internet Explorer 版本，最後的逗號會產生錯誤（即使 JavaScript 語法一向允許這種做法）。我比較喜歡在最後面加上逗號，因為我會經常在陣列與物件裡面做剪下與貼上的動作，所以使用最後的逗號，代表我永遠都不需要在前一行程式加上逗號，因為每一行都有一個。這是一個引起許多激烈討論的習慣，但我的偏好只是種偏好。如果你覺得最後的逗號很麻煩（或你的團隊風格指南禁止使用它），那就用一切手段移除它。

JavaScript 物件標記法（JavaScript Object Notation，JSON）是一種常用的 JavaScript 式資料語法，它不容許最後的逗號。

5 如果你指派一個等於或大於陣列長度的索引，陣列的大小會增加到足以容納新元素。

日期

JavaScript 的日期與時間是用內建的 Date 物件來表示的。Date 是這個語言比較有問題的部分。它一開始是從 Java 直接移植的（JavaScript 與 Java 少數幾個真正有關係的部分之一），Date 很難使用，尤其是當你要處理不同時區的日期時。

如果你想建立一個日期，它的初始值是目前的日期與時間，請使用 new Date()：

```
const now = new Date();
now;    // 範例： Thu Aug 20 2015 18:31:26 GMT-0700 （太平洋夏令時間）
```

要建立一個初始值是特定日期的日期（12:00 a.m.）：

```
const halloween = new Date(2016, 9, 31);  // 注意月份是
                                          // 從零開始的：9 = 10 月
```

要建立一個初始值是特定日期與時間的日期：

```
const halloweenParty = new Date(2016, 9, 31, 19, 0);   // 19:00 = 7:00 pm
```

當你有一個日期物件時，就可以取出它的元件了：

```
halloweenParty.getFullYear();       // 2016
halloweenParty.getMonth();          // 9
halloweenParty.getDate();           // 31
halloweenParty.getDay();            // 1 (Mon; 0=Sun, 1=Mon,...)
halloweenParty.getHours();          // 19
halloweenParty.getMinutes();        // 0
halloweenParty.getSeconds();        // 0
halloweenParty.getMilliseconds();   // 0
```

第十五章會詳細討論日期。

正規表達式

正規表達式（*regular expression*）（或 *regex* 或 *regexp*）是 JavaScript 的一種子語言。它是許多程式語言都會提供的擴充語言，可以用一種紮實的方式來針對字串執行複雜的搜尋與替換。第十七章會討論正規表達式。JavaScript 的正規表達式是以 RegExp 來表示的，它使用一種常值語法，是由一對斜線與它們之間的符號構成的。範例如下（如果你從未看過 regex，看起來有點像在胡說八道）：

```
// 非常簡單的 email 識別器
const email = /\b[a-z0-9._-]+@[a-z_-]+(?:\.[a-z]+)+\b/;
```

```
// US 電話號碼識別器
const phone = /(:?\+1)?(:?\(\d{3}\)\s?|\d{3}[\s-]?)\d{3}[\s-]?\d{4}/;
```

Map 與 Set

ES6 加入新的資料型態 Map 與 Set，以及它們的“弱”參考版本 WeakMap 與 WeakSet。Map 與物件一樣，會將鍵對應到值，但在某些情況下，它有一些比物件還要好的優點。Set 與陣列很像，但它們無法容納重複項目。弱參考的功能也很像，但它們會在某些情況下限制一些功能，來換取更多的效能。

我們會在第十章討論 map 與 set。

資料型態轉換

轉換資料型態是一種很常見的工作。使用者輸入的資料，或來自其他系統的資料通常都需要轉換。這一節要來討論一些較常見的資料轉換技術。

轉換成數字

將字串轉換成數字是很常見的動作。當你收到使用者輸入的資料時，它通常是字串，即便你想要收到數值也是如此。 JavaScript 提供一些將字串轉換成數字的方法。第一種是使用 Number 物件建構式[6]：

```
const numStr = "33.3";
const num = Number(numStr);    // 這會建立一個數字值，
                               // * 不是 * Number 物件的實例
```

如果字串無法轉換成數字，它會回傳 NaN。

第二種方法是使用內建的 parseInt 與 parseFloat 函式。它們的行為與 Number 建構式很像，但有一些不同的地方。使用 parseInt 時，你可以指定一個 *radix*，這是被解析的數字的基數。例如，你可以指定基數 16 來解析十六進位數字。建議你務必指定 radix，即使它是 10（預設值）。 parseInt 與 parseFloat 會捨棄除了數字之外的東西，所以你可以傳入任意的東西。範例如下：

6 一般來說，在使用建構式時，你不會不使用 new 關鍵字，我們會在第九章看到 new；這是特殊案例。

```
const a = parseInt("16 volts", 10);  // " volts" 會被忽略，
                                     // 會以基數 10 來解析
const b = parseInt("3a", 16);        // 解析十六進位 3a；結果是 58
const c = parseFloat("15.5 kph");    // "kph" 會被忽略；
                                     // parseFloat 一定會假設基數 10
```

Date 物件可以用它的 valueOf() 方法來轉換成一組數字，代表從 UTC 1970 年 1 月 1 日午夜算起的毫秒數：

```
const d = new Date();         // 目前日期
const ts = d.valueOf();       // 數字值：
                              // 從 UTC 1970 年 1 月 1 日午夜算起的毫秒數
```

有時將布林值轉換成 1（true）或 0（false）很實用。這個轉換會用到條件運算子（第五章會討論）：

```
const b = true;
const n = b ? 1 : 0;
```

轉換成字串

JavaScript 的所有物件都有 toString() 方法，它會回傳字串表示形式。在實務上，預設的功能並不是很實用。它很擅長處理數字，但我們通常不會將數字轉換成字串：這種轉換通常會在字串串接或插值的過程中自動發生。但是如果你想要將數字轉換成字串值，toString() 就是你需要的方法：

```
const n = 33.5;
n;                       // 33.5 - 數字
const s = n.toString();
s;                       // "33.5" - 字串
```

Date 物件有一個好用的 toString()，但大部分的物件只會回傳字串 "[object Object]"。你可以修改物件，讓它回傳更好用的字串表式形式，不過這是第九章的主題。它在轉換陣列時很方便，會將陣列的每一個元素轉成字串，接著用逗號來接合那些字串：

```
const arr = [1, true, "hello"];
arr.toString();                 // "1,true,hello"
```

轉換成布林

在第五章，我們會學習 JavaScript 對於 “truthy” 與 “falsy” 的看法，它是可將所有的值強制轉換成 true 或 false 的方式，所以我們不會在這裡討論所有細節。但是我們到時會看到，我們可以使用兩個 not 運算子（!）來將任何值轉換成布林。使用一個 not 運算

子可將值轉換成布林，但結果會與你要的相反，再使用它一次，就可以轉換成你想要的值。在轉換數字時，你也可以使用 Boolean 建構式（同樣的，不使用 new 關鍵字）來產生同樣的結果：

```
const n = 0;              // "falsy" 值
const b1 = !!n;           // false
const b2 = Boolean(n);    // false
```

總結

你可以在程式語言中使用的資料型態，就是該語言表達事物的基本元素。就日常的程式設計而言，本章的重點是：

- JavaScript 有六種基本型態（字串、數字、布林、null、undefined 與符號）與物件型態。
- JavaScript 的所有數字都是雙精確度浮點數。
- 陣列是特殊的物件型態，與物件一樣，是很強大且彈性的資料型態。
- 你常用的其他資料型態（日期、map、set 與正規表達式）都是特殊的物件型態。

你或許會經常使用字串，但我強烈建議你在繼續閱讀之前，務必瞭解字串的轉義規則，與字串樣板的動作。

第四章

控制流程

對初學者而言，有一個常見的比喻：**跟著食譜做**。這個比喻有用，但它有一個不幸的弱點：為了在廚房產生重複的結果，你必須將選項**最小化**。食譜的概念是可以讓人一步一步跟著做，幾乎沒有什麼變化。當然，偶爾你需要做選擇："把奶油換成豬油"，或"變換季節口味"，但食譜原則上是一連串的步驟，讓你可以按照順序操作。

這一章要討論的，全都與**改變**以及**選擇**有關：讓你的程式有能力回應不斷改變的條件，並聰明地自動重複工作。

如果你已經有程式設計經驗，特別是繼承 C 語法的語言（C++、Java、C#），而且很習慣控制流程陳述式，可以放心地跳過這一章的第一個部分。只不過，如果你跳過，就無法知道 19 世紀的水手賭博風俗了。

控制流程入門

或許你已經知道**流程圖**的概念了，它是視覺化的控制流程表示法。我們會在這一章的範例中編寫**模擬程式**。具體來說，我們要模擬一個 19 世紀的皇家海軍軍官在玩 *Crown and Anchor*，這是一種當時盛行的賭博遊戲。

這個遊戲很簡單：它有一個墊子，上面有六個正方形格子，裡面分別有"皇冠（Crown）"、"船錨（Anchor）"、"紅心（Heart）"、"梅花（Club）"、"黑桃（Spade）"與"鑽石（Diamond）"的圖案。水手可以把任意數量的硬幣放在任何正方形組合，它們就是賭金。接著他[1] 會丟出一個六面骰子，骰子上面的圖案與墊子的圖案相符。當骰子丟

1　我沒有刻意選擇性別，在 1917 年之前，女性不能在皇家海軍服役。

出來的圖案與下注的圖案一樣時，那一位水手就可以贏得相同數量的金錢。以下是水手可能的遊戲方式，以及他可以贏多少錢：

賭注	骰子	贏錢
Crown 5 便士	Crown, Crown, Crown	15 便士
Crown 5 便士	Crown, Crown, Anchor	10 便士
Crown 5 便士	Crown, Heart, Spade	5 便士
Crown 5 便士	Heart, Anchor, Spade	0
Crown 3 便士，Spade 2 便士	Crown, Crown, Crown	9 便士
Crown 3 便士，Spade 2 便士	Crown, Spade, Anchor	5 便士
每個格子都 1 便士	任何結果	3 便士（不好的策略！）

我選擇這個範例是因為它不複雜，只要稍微想像一下，我們就可以指出主要的控制流程陳述式。雖然你不一定需要模擬 19 世紀水手的賭博行為，但這種模擬在許多應用程式中是很常見的。就 *Crown and Anchor* 案例而言，我們可能必須建構一個算術模型來決定是否該舉辦一個 *Crown and Anchor* 活動，來為下一個活動募集資金。我們在這一章建構的模擬，可用來支持模型的正確性。

這個遊戲本身很簡單，但它有上千種遊戲方式。我們的水手－姑且稱他為 Thomas（一個典型的英國名字）一開始的行為很籠統，但是隨著我們往下進行，他的行為會變得更具體。

我們先從基礎開始：起動與結束條件。Thomas 每次上岸時，都會拿 50 便士來玩 *Crown and Anchor*。 Thomas 有個規則：如果他很幸運，贏到本錢的兩倍，就不玩了，口袋裡帶著至少 100 便士離開（大約是他每個月工資的一半）。如果他的錢沒有變成一倍，就玩到沒錢為止。

我們會將這個遊戲分成三個部分：押注、丟骰子，與拿回贏得的錢（如果有的話）。現在我們有一個很簡單、清晰的 Thomas 行為印象，可以繪製流程圖來描述它，如圖 4-1 所示。

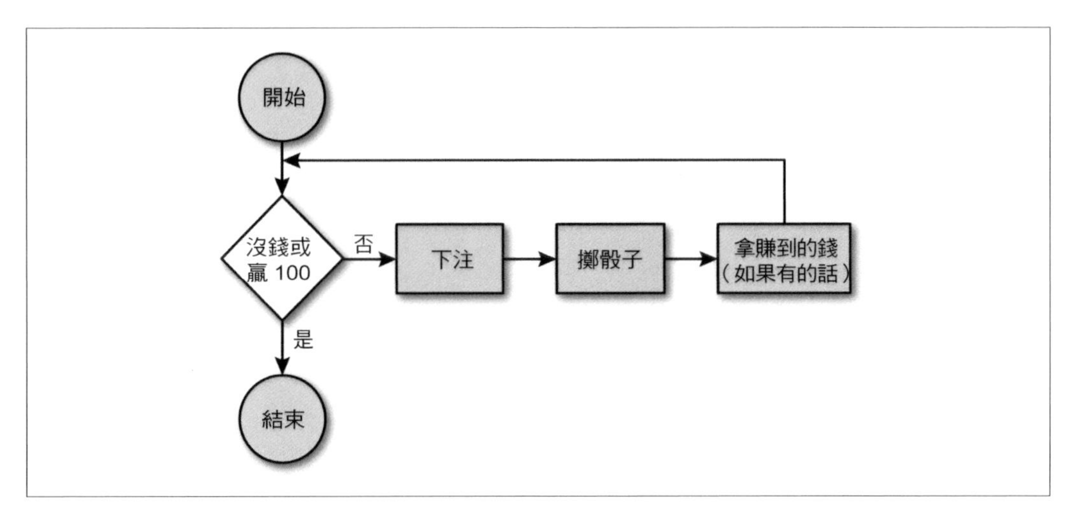

圖 4-1　Crown and Anchor 模擬流程圖

在流程圖中，菱形代表“是或否” **決策**，矩形代表**動作**。我們使用圓形來代表開始與結束。

我們畫出的流程圖還無法直接轉換成程式。這些步驟對人類而言很容易瞭解，但對電腦而言太複雜了。例如，電腦不懂“擲骰子”。什麼是骰子？該如何丟擲？為了解決這個問題，“下注”、“擲骰子”與“拿贏得的錢”都有它們**自己的**流程圖（我們在流程圖中用暗色來標示這些動作，以說明這件事）。如果你有一張很大的紙，也可以把它們全部畫在一起，但在這本書中，我們會分別展示它們。

此外，我們的決策節點對電腦來說也太模糊了：“沒錢或贏 100 ？” 並不是電腦可以理解的東西。那麼，電腦**可以**理解什麼？在這一章，我們會限制流程圖的動作，成為：

- 變數賦值：`funds = 50`，`bets = {}`，`hand = []`
- 介於 *m* 與 *n* 之間的隨機整數，包含首尾值：`rand(1, 6)`（這是之後會提供的“協助函式”）
- 隨機骰面字串（“heart”、“crown” 等等）：`randFace()`（另一個協助函式）
- 物件特性賦值：`bets["heart"] = 5`、`bets[randFace()] = 5`
- 將元素加入陣列：`hand.push(randFace())`
- 基本算術：`funds - totalBet`、`funds + winnings`

- 遞增：roll++（這是一個常見的簡寫形式，代表“將變數 roll 加一”）

我們也會限制流程圖的決策如下：

- 比較數字（funds > 0、funds < 100）
- 比較相等與否（totalBet === 7；我們會在第五章學到為什麼要用三個等號）
- 邏輯運算子（funds > 0 && funds < 100；兩個 & 符號代表“and”，第五章會介紹）

這些“允許的動作”是我們可以用 JavaScript 編寫的，只要經過一些解譯或轉換，或者完全不需要。

最後說明一種詞彙：在這一章，我們會使用單字 *truthy* 與 *falsy*，它們不是“可愛版”的 *true* 與 *false* 暱稱：它們在 JavaScript 中是有意義的。第五章會解釋這些名詞的意思，現在你只要在腦海中將它們換成“true”與“false”就可以了。

現在我們已經知道可以使用的有限語言了，我們要改寫流程圖，如圖 4-2 所示。

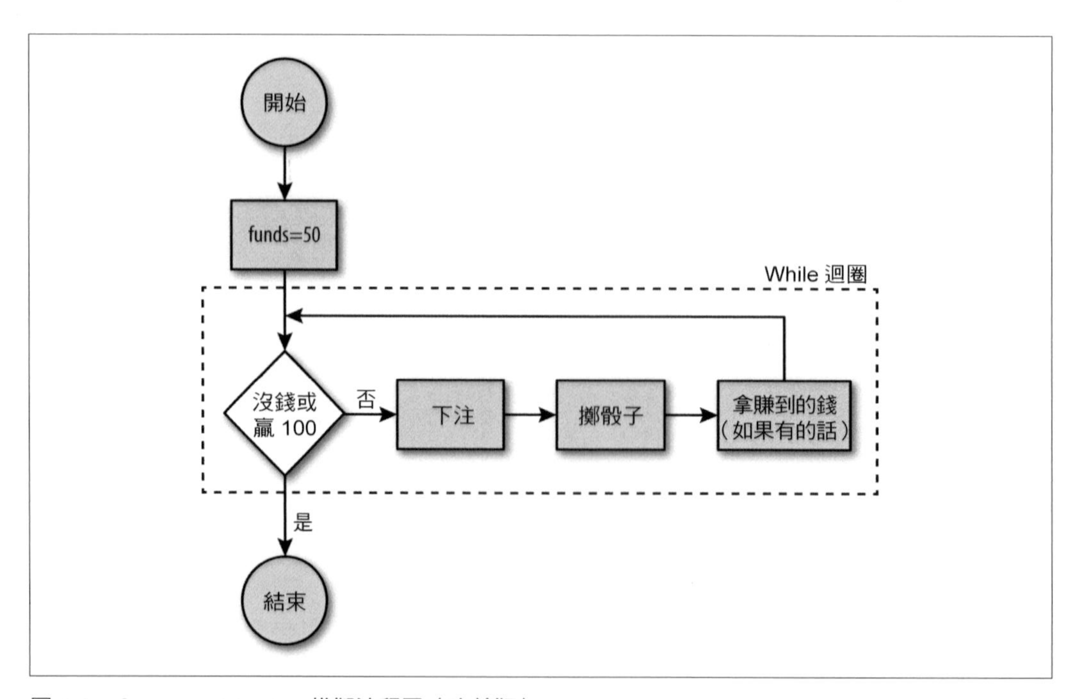

圖 4-2　Crown and Anchor 模擬流程圖（改善版）

while 迴圈

我們終於有一些東西可以直接轉換成程式了。我們的流程圖已經有第一個控制流程陳述式：while 迴圈。 while 迴圈會重複執行程式，直到符合**條件**為止。在流程圖中，條件是 funds > 1 && funds < 100。我們來看一下它的程式長怎樣：

```
let funds = 50;      // 起始條件

while(funds > 1 && funds < 100) {
    // 下注

    // 擲骰子

    // 拿贏得的錢
}
```

當我們執行這個程式時，它會不斷執行，因為賭金是從 50 便士開始的，而且永遠不會增加或減少，所以條件永遠都是 true。在我們填入細節之前，先來談談**區塊陳述式**。

區塊陳述式

區塊陳述式（有時稱為**複合陳述式**）不是控制流程陳述式，但它們形影不離。區塊陳述式只是以大括號包起來的一系列陳述式，它會被 JavaScript 視為一個單位來處理。雖然區塊陳述式可以單獨存在，但這樣沒有什麼實際的功能。例如：

```
{   // 開始區塊陳述式
    console.log("statement 1");
    console.log("statement 2");
}   // 結束區塊陳述式

console.log("statement 3");
```

前兩個 console.log 的呼叫式位於區塊裡面，這個例子沒有意義，但有效。

區塊陳述式可派上用場的地方，是與控制流程陳述式一起使用。例如，當我們執行 while 陳述式的迴圈時，會在再次測試條件之前，先執行**整個區塊的陳述式**。例如，如果我們想要往前兩步，退後一步，可以編寫：

```
let funds = 50;      // 起始條件

while(funds > 1 && funds < 100) {

    funds = funds + 2;  // 往前兩步
```

```
        funds = funds - 1;  // 退後一步
    }
```

這個 while 最後會停止：執行每個迴圈時，funds 會遞增二，遞減一，總共遞增 1。funds 最後是 100，且迴圈會終止。

雖然我們會經常在控制流程中使用區塊陳述式，但不一定需要如此。例如，如果我們只想要每次加 2 數到 100，就不需要區塊陳述式：

```
let funds = 50;      // 起始條件

while(funds > 1 && funds < 100)
    funds = funds + 2;
```

空白

在多數情況下，JavaScript 不會在乎額外的空白（包括換行[2]）：1 個空格與 10 個空格或 10 個換行都一樣。但這不代表你可以任意使用空白。例如，上述的 while 陳述式相當於：

```
while(funds > 1 && funds < 100)

funds = funds + 2;
```

但這會讓人很難看出那兩個陳述式是在一起的！使用這種格式很容易誤導別人，你應該避免這種做法。以下是比較普遍、明確的寫法：

```
// 沒有換行
while(funds > 1 && funds < 100) funds = funds + 2;

// 沒有換行，裡面只有一個陳述式的區塊
while(funds > 1 && funds < 100) { funds = funds + 2; }
```

有人為了一致性與明確，堅持控制流程的陳述式本文一定要用區塊陳述式（就算它裡面只有一條陳述式）。雖然我不屬於這個陣營，但我得指出，粗心大意地使用縮排，是引發這些爭論的原因：

```
while(funds > 1 && funds < 100)
    funds = funds + 2;
    funds = funds - 1;
```

2 return 陳述式之後的換行會造成問題，詳見第六章。

乍看之下，while 迴圈的內文似乎會執行兩條陳述式（向前兩步，後退一步），但因為這裡沒有使用區塊陳述式，JavaScript 會將它解譯成：

```
while(funds > 1 && funds < 100)
    funds = funds + 2;              // while 迴圈內文

funds = funds - 1;                  // while 迴圈之後
```

我身邊有人說，省略只有一行內文的區塊陳述式是可以接受的，但是，你應該正確地使用縮排來明確地表達你的想法。此外，如果你在團隊中工作，或在開發開放原始碼專案，就應該遵守團隊的樣式指南，無論你個人的喜好是什麼。

雖然大家對於只有一行陳述式的內文是否該使用區塊有不同的意見，但有一種在語法上有效的寫法，就像過街老鼠一樣，人人喊打：

```
// 不要這樣寫
if(funds > 1) {
    console.log("There's money left!");
    console.log("That means keep playing!");
} else
    console.log("I'm broke!  Time to quit.");

// 也不要這樣
if(funds > 1)
    console.log("There's money left!  Keep playing!");
else {
    console.log("I'm broke"!);
    console.log("Time to quit.")
}
```

協助函式

為了讓你能夠追隨本章接下來的範例，我們需要兩種**協助函式**。我們還沒有學過函式（或偽亂數生成），但下一章將會討論。現在先完全複製這兩個協助函式：

```
// 隨機回傳範圍 [m, n]（包括頭尾）之間的整數
function rand(m, n) {
    return m + Math.floor((n - m + 1)*Math.random());
}

//隨機回傳一個代表
// 六個 Crown and Anchor 圖案的字串
function randFace() {
    return ["crown", "anchor", "heart", "spade", "club", "diamond"]
        [rand(0, 5)];
}
```

if...else 陳述式

在我們的流程圖中，有一個暗色的方塊“下注”，接著來處理它。Thomas 是如何下注的？其實，Thomas 有一個習慣。他會把手伸進右邊的口袋，隨機掏出一把硬幣（最少一個，或全部拿出來），這就是他這一輪的賭金。但是，Thomas 很迷信，他相信 7 是幸運數字，所以如果他剛好拿出 7 便士，他就會把手再次伸進口袋，把所有錢都押到“Heart”那一格。否則，他會隨機下注在某一格（同樣的，之後再來處理這部分）。我們來看圖 4-3 的下注流程圖。

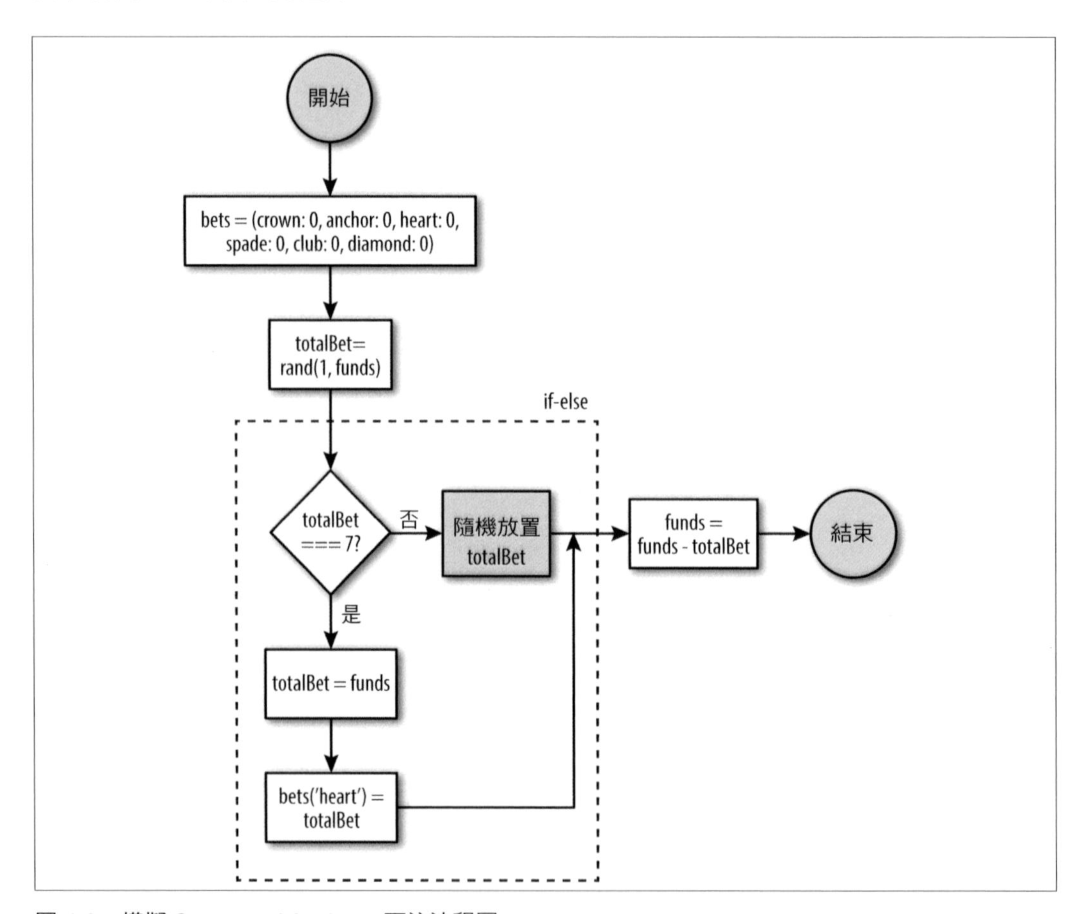

圖 4-3　模擬 Crown and Anchor：下注流程圖

中間的決策節點（`totalBet === 7`）代表一個 `if...else` 陳述式。留意，與 `while` 陳述式不同的是，它不會自己從頭開始執行迴圈：做決定之後，就會進行下一步。我們來將這個流程圖轉換成 JavaScript：

```
const bets = { crown: 0, anchor: 0, heart: 0,
    spade: 0, club: 0, diamond: 0 };
let totalBet = rand(1, funds);
if(totalBet === 7) {
    totalBet = funds;
    bets.heart = totalBet;
} else {
    // 分發所有賭注
}
funds = funds - totalBet;
```

稍後我們會看到，`if...else` 陳述式的 `else` 部分是不一定需要的。

do...while 迴圈

當 Thomas 不是拿出 7 便士時，他會把賭金隨意放在各個方格中。他在做這件事的時候有一個儀式：他會用右手抓著硬幣，用左手拿取隨機的數量（最少一個，最多全部），將它們放在隨機的方格（有時他會把賭注放在某些方格多次）。現在我們可以更新流程圖，來展示將所有賭注隨機分發的動作，如圖 4-4 所示。

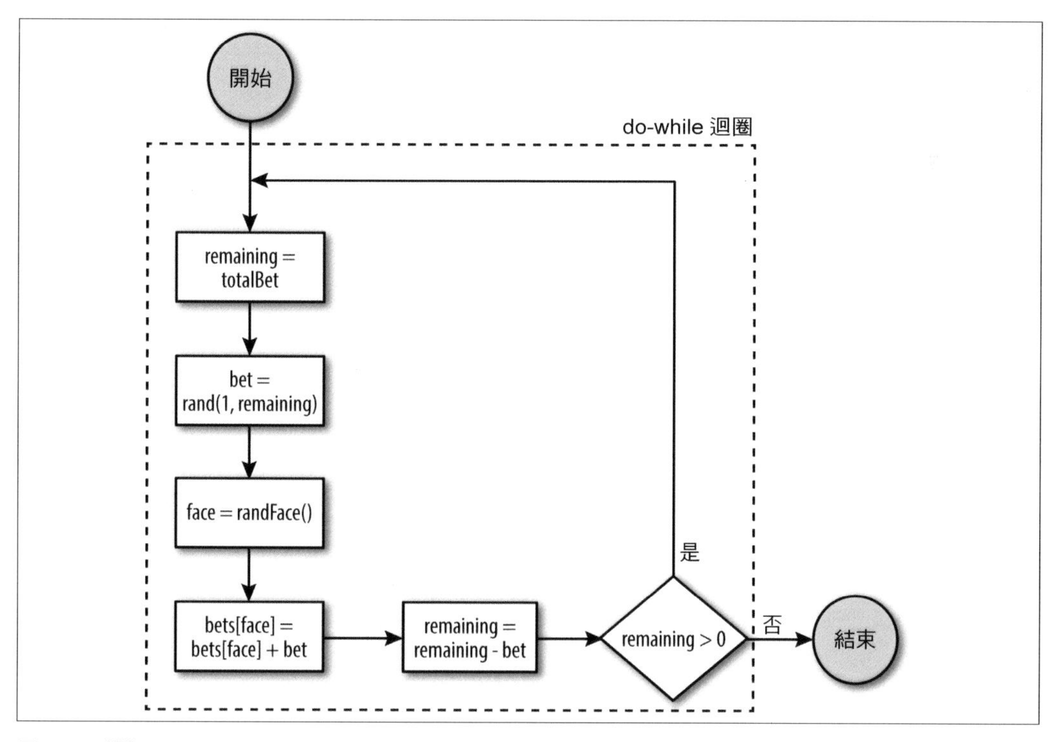

圖 4-4　模擬 Crown and Anchor：分發賭注的流程圖

留意它與 `while` 迴圈的差異：做決策的地方是在最後，不是一開始。`do...while` 迴圈是當你知道迴圈內文會執行**至少一次**時使用的（如果 `while` 迴圈內的條件一開始是 falsy，它甚至連一次都不會執行）。將它寫成 JavaScript：

```
let remaining = totalBet;
do {
    let bet = rand(1, remaining);
    let face = randFace();
    bets[face] = bets[face] + bet;
    remaining = remaining - bet;
} while(remaining > 0);
```

for 迴圈

現在 Thomas 已經把錢都下注了！擲骰子的時間到了。

`for` 迴圈相當有彈性（它甚至可以取代 `while` 或 `do...while` 迴圈），但它最適合需要做固定次數的事情時使用（特別是當你想要知道你正在做第幾次時），所以它很適合用來丟擲固定次數的骰子（這個案例是 3 次）。我們從 "丟骰子" 流程圖開始，如圖 4-5 所示。

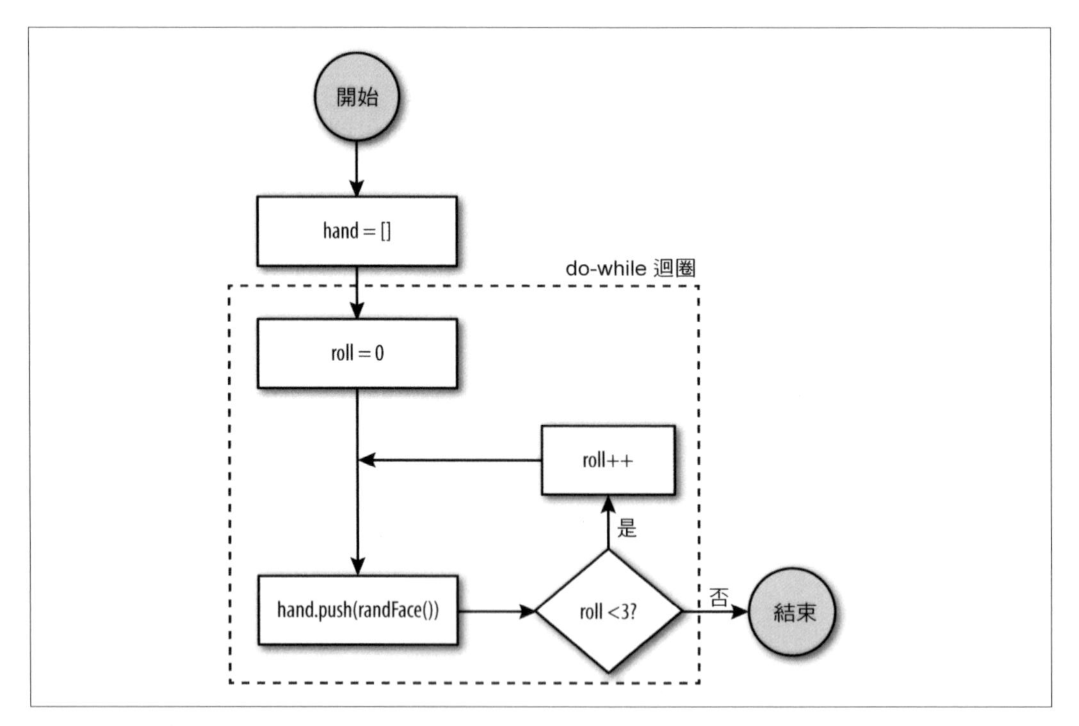

圖 4-5　模擬 Crown and Anchor：擲骰子流程圖

for 迴圈包含三個部分：**初始設定式**（roll = 0）、**條件**（roll < 3）與**最終運算式**（roll++）。while 迴圈可建構任何東西，但是將迴圈資訊放在同一個地方是更方便的做法。以下是 JavaScript 寫法：

```
const hand = [];
for(let roll = 0; roll < 3; roll++) {
    hand.push(randFace());
}
```

程式員比較喜歡從 0 開始算起，這就是我們從 roll 0 開始，在 roll 2 停止的原因。

無論你要計數什麼東西，在 for 迴圈中使用變數 i 已經變成一種慣例了（“index（索引）”的簡寫），儘管你也可以使用自己喜歡的變數名稱。我在這裡使用 roll 來說明我們正在計算丟擲次數，但我仍然需要控制一下自己：當我第一次編寫這個範例時，還是習慣使用 i！

if 陳述式

快要完成了！我們已經下注並且丟骰子了，只剩下拿回彩金。在 hand 陣列中，我們有三個隨機的骰子結果，所以我們會使用另一個 for 迴圈，來看看是否有人贏錢。為了做這件事，我們會使用一個 if 陳述式（這一次不使用 else 子句）。最後的流程圖如圖 4-6 所示。

留意 if...else 陳述式與 if 陳述式之間的差異：if 陳述式只有一個分支會做出動作，而 if...else 有兩個陳述式會做動作。我們將它轉成程式，來完成最後一塊拼圖：

```
let winnings = 0;
for(let die=0; die < hand.length; die++) {
    let face = hand[die];
    if(bets[face] > 0) winnings = winnings + bets[face];
}
funds = funds + winnings;
```

注意，我們在 for 迴圈中算到 hand.length（也就是 3），而不是算到 3。這段程式的目的，是可以算出**擲出任何次數的骰子**的彩金。雖然遊戲的規則是丟三個骰子，但規則可能會改變，或許會丟更多個來作為紅利，或較少個來作為懲罰。重點在於，我們不需要付出多大的代價，就可以讓這段程式更**通用**。如果我們改變規則，變成可以一次丟出較多或較少骰子，就不用擔心怎麼修改這段程式：無論一次丟多少個骰子，它都會做出正確的事情。

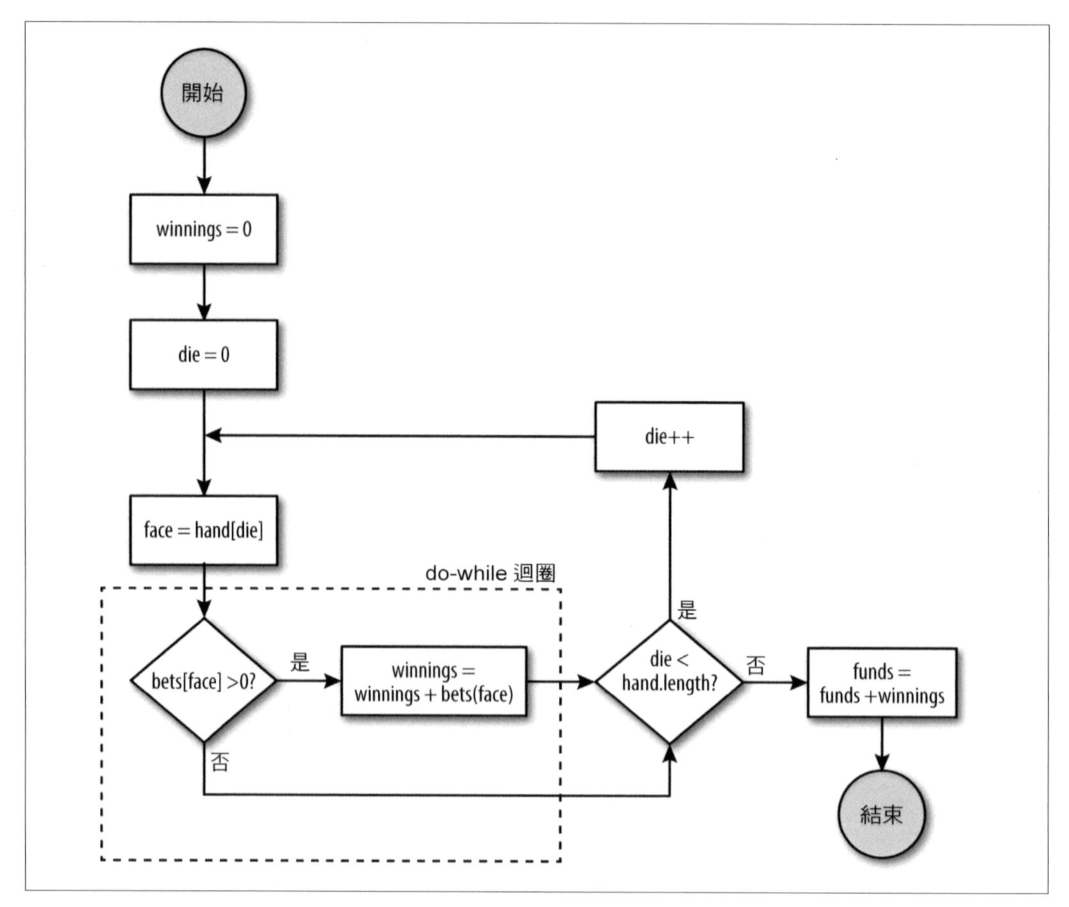

圖 4-6　模擬 Crown and Anchor：收彩金流程圖

將它們整合

我們需要一張大紙才能將所有流程圖放在一起，但是可以輕鬆地寫出所有程式。

在下列程式列表中（裡面包含協助函式），有一些 console.log 呼叫式，讓你可以看到 Thomas 的進展（不用擔心你不瞭解 log 的工作方式，它使用一些比較高階的技術，我們會在本章稍後看到）。

為了顯示，我們也加入一個 round 變數來計算 Thomas 下注的次數：

```
// 隨機回傳 [m, n]（包括頭尾）之間的整數
function rand(m, n) {
    return m + Math.floor((n - m + 1)*Math.random());
```

```
}

//隨機回傳一個代表
//六個Crown and Anchor圖案的字串
function randFace() {
    return ["crown", "anchor", "heart", "spade", "club", "diamond"]
        [rand(0, 5)];
}

let funds = 50;     //起始條件
let round = 0;

while(funds > 1 && funds < 100) {
    round++;
    console.log(`round ${round}:`);
    console.log(`\tstarting funds: ${funds}p`);
    //下注
    let bets = { crown: 0, anchor: 0, heart: 0,
        spade: 0, club: 0, diamond: 0 };
    let totalBet = rand(1, funds);
    if(totalBet === 7) {
        totalBet = funds;
        bets.heart = totalBet;
    } else {
        //分發所有賭注
        let remaining = totalBet;
        do {
            let bet = rand(1, remaining);
            let face = randFace();
            bets[face] = bets[face] + bet;
            remaining = remaining - bet;
        } while(remaining > 0)
    }
    funds = funds - totalBet;
    console.log('\tbets: ' +
        Object.keys(bets).map(face => `${face}: ${bets[face]} pence`).join(', ') +
        ` (total: ${totalBet} pence)`);

    //擲骰子
    const hand = [];
    for(let roll = 0; roll < 3; roll++) {
        hand.push(randFace());
    }
    console.log(`\thand: ${hand.join(', ')}`);

    //拿贏得的錢
    let winnings = 0;
```

```
        for(let die=0; die < hand.length; die++) {
            let face = hand[die];
            if(bets[face] > 0) winnings = winnings + bets[face];
        }
        funds = funds + winnings;
        console.log(`\twinnings: ${winnings}`);
    }
    console.log(`\tending funs: ${funds}`);
```

JavaScript 的控制流程陳述式

我們已經瞭解控制流程陳述式實際在**做什麼**，以及一些基本的知識，接著我們可以進入 JavaScript 控制流程陳述式的細節。

我們也會將流程圖放在一邊。它們是很棒的視覺化工具（特別是對視覺型的讀者來說），但接下來它們會很難用。

廣義上來說，控制流程可以分成兩個類別：**條件型**（或**分支型**）控制流程與**迴圈型**控制流程。條件型控制流程（之前看過的 `if` 與 `if...else`，與接下來會看到的 `switch`）代表岔路：它有兩或三條路可走，我們會走其中一條，但不會回到原點。迴圈型控制流程（`while`、`do...while` 與 `for` 迴圈）會重複執行它的內文，直到滿足條件為止。

控制流程例外

JavaScript 有四種陳述式會改變控制流程的正常程序。你可以將它們視為控制流程的“王牌”：

`break`
: 提早跳出迴圈。

`continue`
: 跳到迴圈的下一步（step）。

`return`
: 離開目前的函式（無視控制流程）。見第六章。

`throw`
: 指示例外處理器（就算它在目前的控制流程陳述式之外）必須捕捉的**例外**。見第十一章。

在之後的實作過程中，我們會更瞭解這些陳述式的用法，現在要瞭解的重點在於，這四種陳述式會改變接下來要討論的控制流程結構的行為。

廣義上來說，控制流程可分成兩個類別：**條件型**控制流程與**迴圈型**控制流程。

串連 if...else 陳述式

串連 `if...else` 陳述式其實不是特殊的語法，它只是一系列的 `if...else` 陳述式，裡面的每一個 `else` 子句都串連另一個 `if...else`。這是很常見的模式，所以值得討論。舉例來說，如果 Thomas 的迷信還包括現在是星期幾：他只會在星期三下注 1 便士，我們可以在 `if...else` 連結中，加入這個邏輯：

```
if(new Date().getDay() === 3) {    // 新的 Date().getDay() 會回傳
    totalBet = 1;                  // 代表目前星期幾的數字，0 = 星期日
} else if(funds === 7) {
    totalBet = funds;
} else {
    console.log("No superstition here!");
}
```

以這種方式結合 `if...else` 陳述式之後，我們可以建立三種選擇，而不是只有兩種。敏銳的讀者可能會發現我們技術性地破壞之前建立的規則（不同時使用單行陳述式與區塊陳述式），但這是一個例外：它是常見的模式，而且不會造成閱讀誤判。我們可以使用區塊陳述式來重寫它：

```
if(new Date().getDay() === 3) {
    totalBet = 1;
} else {
    if(funds === 7) {
        totalBet = funds;
    } else {
        console.log("No superstition here!");
    }
}
```

但這種做法不但不會更易讀，反而變得更冗長了。

超語法

超語法（*metasyntax*）是一種說明或傳達另一種語法的語法。具備電腦科學背景的讀者馬上就會想到 Extended Backus-Naur Form（EBNF），它用令人生畏的名字來傳達簡單的概念。

在這一章接下來的部分，我會使用超語法來簡單說明 JavaScript 流程控制語法。我使用的超語法很簡單，它是非正式的，被用在 Mozilla Developer Network（MDN）（*https://developer.mozilla.org/en-US/docs/Web/JavaScript*）的 JavaScript 文件上。因為 MDN 將是你會經常使用的資源，熟悉它有很大的幫助。

超語法只有兩種真正的元素：用方括號包起來的是**選用選項**；省略符號（技術上是三個句點）代表"以下還有很多項目"。單字代表預留位置，它們的意思可以直接從字面上看出。例如，`statement1` 與 `statement2` 代表兩個不同的陳述式，`expression` 是某種會產生一個值的東西，`condition` 是會被視為 truthy 或 falsy 的運算式。

之前提過區塊陳述式是一種陳述式…所以在可以使用陳述式的地方，就可以使用區塊陳述式。

因為我們已經知道一些控制流程陳述式了，我們來看一下它們的超語法：

while 陳述式

```
while(condition)
    statement
```

當 `condition` 是 truthy 時，就會執行 `statement`。

if...else statement

```
if(condition)
    statement1
[else
    statement2]
```

當 `condition` 是 truthy 時，就會執行 `statement1`，否則會執行 `statement2`（假設有 `else` 部分）。

do...while 陳述式

```
do
    statement
while(condition);
```

`statement` 會至少被執行一次，而且只要 `condition` 是 truthy，就會被重複執行。

for 陳述式

```
for([initialization]; [condition]; [final-expression])
    statement
```

在迴圈執行之前，會先執行 initialization。只要 condition 是 true，就會執行 statement，接下來在再次測試 condition 之前，會執行 final-expression。

其他的 for 迴圈模式

藉由逗號運算子（第五章會進一步介紹），我們可以結合多個賦值式與最終運算式。例如，以下是一個印出八個 Fibonacci 數字的 for 迴圈：

```
for(let temp, i=0, j=1; j<30; temp = i, i = j, j = i + temp)
    console.log(j);
```

在這個範例中，我們宣告多個變數（temp、i 與 j），並且在最終運算式修改它們。我們可以用逗號運算式來做更多事情，也可以完全不使用任何東西來建立一個無窮迴圈：

```
for(;;) console.log("I will repeat forever!");
```

在這個 for 迴圈中，條件式會被視為 undefined，它是 falsy，代表這個迴圈永遠不會有退出的條件。

雖然 for 迴圈最常見的用途是遞增或遞減整數索引，但不一定如此，任何運算式都可以動作。以下是一些例子：

```
let s = '3';                          // 包含一個數字的字串
for(; s.length<10; s = ' ' + s);     // 沒有內容的字串
                                      // 注意我們必須加入一個分號
                                      // 來結束這個 for 迴圈！

for(let x=0.2; x<3.0; x += 0.2)       // 使用非整數來遞增
    console.log(x);

for(; !player.isBroke;)               // 使用物件特性來當條件
    console.log("Still playing!");
```

留意 for 迴圈一定可以改寫成 while 迴圈。換句話說：

```
for([initialization]; [condition]; [final-expression])
    statement
```

相當於：

```
[initialization]
while([condition]) {
    statement
    [final-expression]
}
```

但是，雖然你可以將 for 迴圈寫成 while 迴圈，但這不代表你必須這樣做。for 迴圈的優點是，它可以讓你馬上看到所有迴圈控制資訊，讓你清楚地知道發生什麼事情。此外，在 for 迴圈中，使用 let 來初始化變數，可將它們限制在迴圈內文中使用（第七章會進一步討論），如果你將這種 for 陳述式轉換成 while 陳述式，迴圈內文之外的地方就都能夠使用控制變數。

switch 陳述式

if...else 陳述式可讓你在兩條路中選擇一條，而 switch 陳述式可讓你根據一個條件來選擇多條路徑。因此，條件不是只有 truthy/falsy 值，在 switch 陳述式中，條件是個會產生值的**運算式**。switch 陳述式的語法是：

```
switch(expression) {
    case value1:
        // 當 expression 的結果符合 value1 時執行
        [break;]
    case value2:
        // 當 expression 的結果符合 value2 時執行
        [break;]
        ...
    case valueN:
        // 當 expression 的結果符合 valueN 時執行
        [break;]
    default:
        // 當沒有值符合 expression 的值時執行
        [break;]
}
```

JavaScript 會執行 expression，選出符合的第一個 case，接著執行陳述式，直到它看到 break、return、continue、throw 或 switch 陳述式結束為止（之後會討論 return、continue 與 throw）。如果你認為這很複雜，你並不孤單：因為 switch 陳述式很複雜，一般認為它是許多錯誤的根源。很多人往往會勸程式初學者完全不要使用它。我覺得 switch 在合適的情況下很實用：它是個很好的工具，但是與所有工具一樣，你應該在適當的情況下，小心地使用它。

我們先從一個很簡單的 switch 陳述式開始。如果我們虛構的水手有許多迷信，可以使用 switch 陳述式來分別處理它們：

```
switch(totalBet) {
    case 7:
        totalBet = funds;
        break;
    case 11:
        totalBet = 0;
        break;
    case 13:
        totalBet = 0;
        break;
    case 21:
        totalBet = 21;
        break;
}
```

留意，當賭注是 11 或 13 時，他採取的動作是一樣的。這就是使用**掉落執行**（*fall-through execution*）的時機。之前說過，switch 陳述式會不斷執行陳述式，直到它看到 break 陳述式為止。我們可以利用這一點，採取所謂的掉落執行：

```
switch(totalBet) {
    case 7:
        totalBet = funds;
        break;
    case 11:
    case 13:
        totalBet = 0;
        break;
    case 21:
        totalBet = 21;
        break;
}
```

到目前為止都很簡單：顯然當 Thomas 剛好拿出 11 或 13 便士時，他不會下任何賭注。但如果 13 是比 11 還要不祥的預兆，不但不能下注，還要捐一分錢做善事呢？我們可以巧妙地處理這件事：

```
switch(totalBet) {
    case 7:
        totalBet = funds;
        break;
    case 13:
        funds = funds - 1;  // 捐一分錢做慈善！
    case 11:
```

```
        totalBet = 0;
        break;
    case 21:
        totalBet = 21;
        break;
}
```

如果 totalBet 是 13，我們就捐一分錢給慈善機構，但因為沒有 break 陳述式，它會掉落到下一個 case（11），將 totalBet 設為 0。這段程式是有效的 JavaScript，而且它是正確的：它做了我們希望它做的事情。但是，它有一個缺點：它看起來像是寫錯的程式（就算它是正確的）。想像一下，如果有一位同事看到這段程式，想著"這裡應該有個 break 陳述式"時，他會加上 break 陳述式，那麼這段程式就再也不正確了。很多人認為掉落執行的壞處比好處多，但如果你選擇使用這個功能，我建議你一定要加上註解，來清楚說明你是刻意使用它的。

你也可以指定一個特殊的 case，稱為 default，如果沒有其他的 case 符合的話就會執行它。傳統上，default 會被放在最後（但不一定要如此）：

```
switch(totalBet) {
    case 7:
        totalBet = funds;
        break;
    case 13:
        funds = funds - 1;  // 捐一分錢做慈善！
    case 11:
        totalBet = 0;
        break;
    case 21:
        totalBet = 21;
        break;
    default:
        console.log("No superstition here!");
        break;
}
```

因為 default 底下沒有 case 了，所以 break 不是必要的，但放上 break 陳述式是個好習慣。就算你要使用掉落執行，也應該養成加入 break 陳述式的習慣：你隨時可以將 break 陳述式改成註解來啟用掉落執行，但省略正確的 break 陳述式，會造成難以發現的錯誤。根據經驗，唯一的例外是當你要在函式內使用 switch 陳述式時（見第六章），可以將 break 陳述式換成 return 陳述式（因為它們會馬上離開函式）：

```
function adjustBet(totalBet, funds) {
    switch(totalBet) {
```

```
        case 7:
            return funds;
        case 13:
            return 0;
        default:
            return totalBet;
    }
}
```

同樣的，JavaScript 不會管你使用了多少空白，所以我們經常會在同一行加入一個 break（或 return）來讓 switch 陳述式更緊湊：

```
switch(totalBet) {
    case 7: totalBet = funds; break;
    case 11: totalBet = 0; break;
    case 13: totalBet = 0; break;
    case 21: totalBet = 21; break;
}
```

留意在這個範例中，我們選擇在 11 與 13 重複同樣的動作：當一個 case 只有一個陳述式，而且不使用掉落執行時，不換行是最簡潔的寫法。

當你想要根據一個運算式來採取許多不同的路徑時，switch 陳述式很好用。儘管如此，當你學到第九章的動態指派時，就會發現自己不太會使用它。

for...in 迴圈

for...in 迴圈的設計，是為了循環執行**物件的特性鍵**。它的語法是：

```
for(variable in object)
    statement
```

以下是它的使用範例：

```
const player = { name: 'Thomas', rank: 'Midshipman', age: 25 };
for(let prop in player) {
    if(!player.hasOwnProperty(prop)) continue;  // 見底下的解釋
    console.log(prop + ': ' + player[prop]);
}
```

不用擔心現在看不懂，我們會在第九章進一步討論這個範例。你不一定要呼叫 player.hasOwnProperty，但是省略它通常會造成錯誤，第九章將會看到。現在，你只需要瞭解，這是一種迴圈控制流程陳述式。

for...of 迴圈

for...of 運算子是 ES6 新增的，它提供另一種方式來循環執行集合內的元素。它的語法是：

```
for(variable of object)
    statement
```

for...of 迴圈可以與陣列一起使用，但一般來說，它可以與任何**可迭代**的物件（見第九章）一起使用。以下範例使用它來迴圈執行陣列的內容：

```
const hand = [randFace(), randFace(), randFace()];
for(let face of hand)
    console.log(`You rolled...${face}!`);
```

當你需要用迴圈來執行陣列，但不需要知道每一個元素的索引數字時，for...of 是個很好的選擇。如果你需要知道索引，可以使用一般的 for 迴圈：

```
const hand = [randFace(), randFace(), randFace()];
for(let i=0; i<hand.length; i++)
    console.log(`Roll ${i+1}: ${hand[i]}`);
```

實用的控制流程模式

現在你已經初步知道 JavaScript 的控制流程結構了，我們要把焦點轉到你將會遇到的一些常見模式。

使用 continue 來減少條件嵌套

在迴圈的本體中，通常你只想在某些情況下繼續執行本體（基本上是結合迴圈控制流程與條件控制流程）。例如：

```
while(funds > 1 && funds < 100) {
    let totalBet = rand(1, funds);
    if(totalBet === 13) {
        console.log("Unlucky!  Skip this round....");
    } else {
        // 下注 ...
    }
}
```

這是一種嵌套式控制流程的案例，在 while 迴圈的內文中，有大量的動作被放在 else 子句裡面，我們在 if 子句裡面只有呼叫 console.log。我們可以使用 continue 陳述式來"壓平"這個結構：

```
while(funds > 1 && funds < 100) {
    let totalBet = rand(1, funds);
    if(totalBet === 13) {
        console.log("Unlucky!  Skip this round....");
        continue;
    }
    // 下注 ...
}
```

這個範例不容易馬上看出它的好處，但想像一下，如果迴圈的內文不只 1 行，而是有 20 行時，將這麼多行程式移出嵌套的控制流程，可以讓程式更容易閱讀與瞭解。

使用 break 或 return 來避免沒必要的計算

如果你的迴圈的目的，只是為了找出某一個東西，找到後就會停止，那麼當它提早就找到目標時，就沒有必要執行接下來的每一個步驟了。

例如，就計算的成本來說，確定某個數字是不是質數比較昂貴。如果你要在上千個數字的串列中找出第一個質數，比較沒經驗的做法是：

```
let firstPrime = null;
for(let n of bigArrayOfNumbers) {
    if(isPrime(n) && firstPrime === null) firstPrime = n;
}
```

如果 bigArrayOfNumbers 有 100 萬個數字，而且最後一個數字才是質數（在你不知情的情況下），那麼這是一種好方法。但如果第一個數字是質數呢？或第五個、第五十個呢？你仍然會檢查 100 萬個數字，即使你早就可以停止了！這聽起來很耗費資源。我們可以使用 break 陳述式，在找到想要的東西時，馬上停止：

```
let firstPrime = null;
for(let n of bigArrayOfNumbers) {
    if(isPrime(n)) {
        firstPrime = n;
        break;
    }
}
```

如果這個迴圈在函式裡面，我們可以使用 return 陳述式來取代 break。

在迴圈結束後使用索引值

有時，當迴圈因為 break 而提早終止時，最重要的輸出是索引變數的值。當 for 迴圈結束時，索引變數會保留它的值，所以我們可以利用這個特性。如果你採用這種做法，要留意"當迴圈不是因為 break 而成功完成"的特例。例如，我們可以使用這個模式來找出陣列的第一個質數的索引：

```
let i = 0;
for(; i < bigArrayOfNumbers.length; i++) {
    if(isPrime(bigArrayOfNumbers[i])) break;
}
if(i === bigArrayOfNumbers.length) console.log('No prime numbers!');
else console.log(`First prime number found at position ${i}`);
```

在修改串列時，使用降冪索引

如果你要在以迴圈執行串列元素的同時修改串列，有時會很麻煩，因為修改串列之後，可能會改掉終止迴圈的條件。此時，最好的結果是產生非預期的輸出，最壞的情況會產生一個無窮迴圈。要處理這種情況，有一種常見的方式是使用**降冪**索引，從迴圈的結束處開始，朝著開始處處理。透過這種方式，當你增加或移除串列的元素時，就不會影響迴圈的終止條件了。

例如，我們可能想要移除 bigArrayOfNumbers 裡面的所有質數，這時可使用一種稱為 splice 的陣列方法，它可以加入或移除陣列中的元素（見第八章）。以下的程式**不會**如你預期地工作：

```
for(let i=0; i<bigArrayOfNumbers.length; i++) {
    if(isPrime(bigArrayOfNumbers[i])) bigArrayOfNumbers.splice(i, 1);
}
```

因為索引是遞增的，而且我們準備移除元素，所以很有可能會跳過質數（如果它們是相鄰的）。我們可以使用降冪索引來解決這個問題：

```
for(let i=bigArrayOfNumbers.length-1; i >= 0; i--) {
    if(isPrime(bigArrayOfNumbers[i])) bigArrayOfNumbers.splice(i, 1);
}
```

特別注意初始與測試條件：我們從陣列長度減一的地方開始處理，因為陣列的索引是從零算起的。此外，只要 i 大於或等於 0，我們就會繼續執行迴圈，否則，這個迴圈就不會處理陣列的第一個元素（如果第一個元素是質數，就有可能會產生問題）。

總結

控制流程是程式可以動作的要素。變數與常數可能包含有趣的資訊，但控制流程陳述式可讓我們根據那些資料來做出有用的抉擇。

流程圖是一種以視覺化的形式來描述控制流程的方式，而且你經常會在開始編寫程式之前，先用高階的流程圖來描述問題。但是，流程圖不太紮實，就表達控制流程而言，程式碼是較有效率且（經過練習）較自然的方式（很多人想要製作純視覺化的程式語言，但他們從來沒有對文字型語言的地位造成威脅）。

第五章

運算式與運算子

運算式是一種特殊的陳述式，它會**算出一個值**。瞭解運算陳述式（會產生一個值）與非運算陳述式（不會）之間的差異很重要：瞭解它們的差異，你就可以有效地結合語言元素。

你可以將（非運算）陳述式想成**指令**，運算陳述式想成**要求某個東西**。假如今天是你工作的第一天，工頭走過來說："你的工作是將零件 A 轉入零件 B"。這是一種**非運算**陳述式：工頭沒有要求你立刻組裝零件，只是告訴你如何組裝。如果工頭說，"將零件 A 轉入零件 B，並且拿來給我檢查"，這就相當於**運算式**陳述式：他不但給你一個指令，也要求你給他一個東西。你可能會認為，在這兩句話裡面，都有某個東西被做出來：無論是之後到組裝線再組裝，還是立刻就將東西拿給工頭檢查。程式語言的情況很像：非運算陳述式通常**會要求**產生某種東西，但只有運算陳述式會明確地將某個東西轉換成產品。

因為運算式會產生一個值，我們可以將它與其他的運算式結合，之後再與其他的運算式結合，以此類推。另一方面，非運算陳述式也會做一些實際的事情，但無法用某種方式來結合。

因為運算式會產生一個值，所以你可以在賦值時使用它們。也就是說，你可以將運算式的結果指派給變數、常數或特性。考慮一種常見的**算術運算式**：乘法。將乘法想成運算式很合理：當你將兩個數字相乘時，會產生一個結果。看一下這兩個很簡單的陳述式：

```
let x;
x = 3 * 5;
```

第一行是**宣告陳述式**，宣告變數 x。我們當然也可以將這兩行合併，但這會比較難討論。比較有趣的是第二行：它其實是兩個運算式的結合。第一個運算式是 `3 * 5`，這是一個乘法運算式，可產生值 15。接著，有一個**賦值運算式**，它會將值 15 指派給變數 x。留意，賦值本身是個運算式，而我們知道，運算式會求出一個值。那麼，這個賦值運算式求出什麼？事實上，賦值運算式求出的值，就是被指派的值。所以不但 x 被指派值 15，而且**整個運算式**也得到值 15。因為賦值是求出一個值的運算式，我們可以再將它指派給另一個變數。考慮以下程式範例（很蠢）：

```
let x, y;
y = x = 3 * 5;
```

現在我們有兩個變數，x 與 y，它們的值都是 15。之所以可以這樣做，是因為乘法與賦值都是運算式。當 JavaScript 看到這種合併的運算式時，會將它拆解，並求出各部分的值，如：

```
let x, y;
y = x = 3 * 5;         // 原本的陳述式
y = x = 15;            // 乘法運算式已產生答案
y = 15;                // 已執行第一次賦值；現在 x 的值是 15，
                       // y 仍然是 undefined
15;                    // 已執行第二次賦值；現在 y 的值是 15，
                       // 結果是 15，它沒有被使用或指派給任何東西，
                       // 所以這個最終值會被直接捨棄
```

有一個很自然的問題："JavaScript 如何知道執行運算式的順序"？也就是說，它其實也可以先做 y = x 賦值，給 y undefined 值，**接著**再計算乘法，以及做最後的賦值，讓 y 變成 undefined，而 x 變成 15。JavaScript 執行運算式的順序稱為**運算子優先順序**，本章將會說明。

大部分的運算式，例如乘法與賦值，都是**運算子**運算式。也就是說，乘法運算式包含一個**乘法運算子**（星號）與兩個**運算元**（你想要乘的數字，它們本身就是運算式）。

不是運算子運算式的兩種運算式是**識別碼運算式**（變數與常數名稱）與**常值運算式**。從字面上就可以知道它的目的：變數或常數本身就是個運算式，而常值本身也是個運算式。瞭解這些事情，可讓你知道運算式的同質性：如果說會產生一個值的任何東西都是運算式，那麼變數、常數與常值都是運算式就很合理了。

運算子

你可以將運算子想成運算式之中的"名詞"的"動詞"。也就是說，運算式是**會產生一個值的東西**，運算子是用來產生值的東西。它們都會產生值。接著要來討論算術運算

子：無論你對數學的感覺是什麼，大部分的人都有一些使用算術運算子的經驗，所以比較容易理解。

運算子會拿一或多個運算元來產生結果。例如，在運算式 `1 + 2` 中，`1` 與 `2` 都是運算元，而 `+` 是運算子。雖然在技術上，運算元是正確的說法，但你通常會看到有人將運算元稱為引數。

算術運算子

表 5-1 是 JavaScript 的算術運算子。

表 5-1　算術運算子

運算子	說明	範例
+	加法（與字串串接）	3 + 2 // 5
-	減法	3 - 2 // 1
/	除法	3/2 // 1.5
*	乘法	3*2 // 6
%	求餘數	3%2 // 1
-	一元負數	-x // x 的負數；如果 x 是 5，-x 就會是 -5
+	一元加法	+x // 如果 x 不是數字，這會試著進行轉換
++	預先遞增	++x // 將 x 遞增一，接著用新值計算
++	延後遞增	x++ // 將 x 遞增一，在遞增前，先以 x 來計算
--	預先遞減	--x // 將 x 遞減一，接著用新值計算
--	延後遞減	x-- // 將 x 遞減一，在遞減前，先以 x 來計算

之前提過，JavaScript 的所有數字都是 doubles，也就是說，如果你用算術運算子來計算整數（例如 3/2），結果將會是十進位數字（1.5）。

既然減法與一元負數使用同一個符號（負號），JavaScript 該如何區分它們？這個問題的答案很深奧，已超乎本書的範圍了。你要知道的重點是，一元負數會在減法之前先運算：

```
const x = 5;
const y = 3 - -x;      // y 是 8
```

一元加法也一樣。你不會經常看到一元加法運算子。當有人用它時，通常是用它將一個字串強制轉換成數字，或當某些值是負數時，排列它們的位置：

```
const s = "5";
const y = 3 + +s;    // y 是 8；如果沒有使用一元加號，
                     // 它會是字串串接的結果：
                     // "35"

// 使用非必要的一元加號來排列運算式
const x1 = 0, x2 = 3, x3 = -1.5, x4 = -6.33;
const p1 = -x1*1;
const p2 = +x2*2;
const p3 = +x3*3;
const p3 = -x4*4;
```

留意，在這些範例中，我明確地同時使用變數與一元負號及一元加號。因為當你使用數字常值時，負號通常會變成數字常值的一部分，它在技術上就不是個運算子。

餘數運算子會回傳除法的餘數。如果你的運算式是 `x % y`，結果將會是**被除數**（`x`）除以**除數**（`y`）的餘數。例如，`10 % 3` 將會是 `1`（3 進入 10 三次，剩下 1）。留意，在使用負數時，結果的符號會是被除數的符號，而不是除數，以避免這個運算子成為真模運算子。雖然餘數運算子通常會被用來計算整數運算元，但在 JavaScript 中，它也可以計算帶小數的運算元。例如，`10 % 3.6` 的結果是 `3`（10 扣除兩個 3.6 剩下 2.8）。

遞增運算子（`++`）有效率地整合賦值與加法運算子。同樣的，遞減運算子（`--`）是賦值與減法運算子的結合。它們都是很方便的功能，但你應該小心地使用它：如果你將其中一種運算子埋藏在運算式中，可能很難看出“副作用”。瞭解**預先**與**延後**運算子的差異也很重要。前置版本會修改變數，再用**新值**來計算，後置版本會修改變數，並且用修改**之前**的值來計算。看看你是否可次預測以下運算式的計算結果（提示：遞增與遞減運算子會在加法之前計算，在這個範例中，我們是從左到右來計算）：

```
let x = 2;
const r1 = x++ + x++;
const r2 = ++x + ++x;
const r3 = x++ + ++x;
const r4 = ++x + x++;
let y = 10;
const r5 = y-- + y--;
const r6 = --y + --y;
const r7 = y-- + --y;
const r8 = --y + y--;
```

在 JavaScript 主控台執行這個範例，看看你是否可以預測 r1 到 r8 的值是什麼，以及各個階段的 x 與 y 值為何。如果你在這個練習中遇到問題，試著將問題寫在紙上，並按照運算的順序來加上括號，接著依序計算。例如：

```
let x = 2;
const r1 = x++  +  x++;
//        ((x++) + (x++))
//        (  2   + (x++))   由左到右計算；現在 x 的值是 3
//        (  2   +   3  )   x 現在的值是 4
//               5          5 結果是 5；x 的值是 4
const r2 = ++x  +  ++x;
//        ((++x) + (++x))
//        (  5   + (++x))   從左到右計算；現在 x 的值是 5
//        (  5   +   6  )   現在 x 的值是 6
//               11         11 結果是 11；現在 x 的值是 6
const r3 = x++  +  ++x;
//        ((x++) + (++x))
//        (  6   + (++x))   從左到右計算；現在 x 的值是 7
//        (  6   +   8  )   現在 x 的值是 8
//               14         14 結果是 14；x 的值是 8
//
// ... 以此類推
```

運算子優先順序

要瞭解“每一個運算式都會算出一個值”，第二個重點是瞭解運算子優先順序：如果你想瞭解 JavaScript 程式如何工作，這是很重要的概念。

我們已經看過算術運算子了，現在先停止討論 JavaScript 的各種運算子，先來看一下運算子優先順序—如果你上過小學的話，其實已經知道運算子優先順序了，雖然你有可能沒有意識到這一點。

看看你是否還記得小學教過的東西，解答這個問題（先向有數學焦慮症的讀者道歉）：

$$8 \div 2 + 3 \times (4 \times 2 - 1)$$

如果你的答案是 25，代表你有正確地使用運算子優先順序。你知道要從括號裡面開始計算，再做乘法與除法，最後再做加法與減法。

JavaScript 使用類似的規則來決定所有運算式的計算順序，不單單只是數學運算式。你會開心地知道，JavaScript 的算術運算式所使用的計算順序，與你在小學學到的計算順序一樣，在小學時，你或許會使用 PEMDAS 或 Please Excuse My Dear Aunt Sally 來幫助記憶。

在 JavaScript 中，除了算術運算子還有許多其他的運算子，所以有一個壞消息：你還要記很多順序。好消息是，與數學一樣，括號勝過一切：如果你不確定運算式的運算順序，永遠可以在你希望優先計算的地方加上括號。

目前 JavaScript 有 56 個運算子，分成 19 個**優先順序等級**。較高優先順序的運算子會在較低順序的運算子之前先執行。雖然我有多年的經驗，已經逐漸記得這個表格（不是刻意記它），但我有時還是會看一下它，來加強記憶，或看看語言新功能的優先順序為何。請參考附錄 B 的運算子優先順序表格。

擁有相同優先順序的運算子會**從右到左**計算，或**從左到右**計算。例如，乘法與除法有相同的優先順序（14），並且是從左到右計算，而賦值運算子（優先順序 3）是從右到左計算。知道這些事情之後，就可以知道這個範例的運算順序：

```
let x = 3, y;
x += y = 6*5/2;
// 我們會按照優先順序執行，
// 在下一次計算時，加上括號：
//
// 乘法與除法（優先順序 14，從左到右）：
//      x += y = (6*5)/2
//      x += y = (30/2)
//      x += y = 15
// 賦值（優先順序 3，從右到左）：
//      x += (y = 15)
//      x += 15             （現在 y 的值是 15）
//      18                  （現在 x 的值是 18）
```

在瞭解運算子的優先順序的時候，一開始可能讓人害怕，但你很快就會讓它成為第二本能。

比較運算子

比較運算子如同它的名稱，用途是比較兩個不同的值。一般來說，比較運算子有三種：嚴格相等、抽象（寬鬆）相等，與關係（我們不會把不相等（inequality）當成不同的型態：不相等單純只是“沒有相等（not equality）”，雖然為了方便，它也有自己的運算子）。

對初學者來說，最難懂的是**嚴格相等**與**抽象相等**的差別。我們會從嚴格相等開始，因為我會建議你優先使用嚴格相等。如果兩個值指的是同一個物件，或有相同的型態與相同的值（原始型態的），它們就會被視為嚴格相等。嚴格相等的優點是它的規則很簡單且直觀，比較不容易產生 bug 與誤解。要判斷一個值是不是嚴格相等，你可以使用 `===` 運算子或它的相反：嚴格不相等運算子（`!==`）。在看一些範例之前，我們先來考慮抽象相等運算子。

如果兩個值指的是同一個物件（這沒有什麼問題）或者**可被強制轉換成具有相同值**，它們就會被視為抽象相等。第二個部分是造成很多麻煩與困擾的地方，但有時這個特性很方便。例如，如果你想要知道數字 `33` 與字串 `"33"` 有沒有相等，抽象相等運算子會說“是”，但嚴格相等運算子會說“否”（因為它們的型態不同）。雖然這個性質讓抽象相等看起來很方便，但伴隨這種方便的，是許多令人不快的行為。因此，我建議先將字串轉換成數字，改用嚴格相等運算子來比較它們。抽象相等運算子是 `==`，而抽象不相等運算子是 `!=`。如果你想要知道更多抽象相等運算子的問題與陷阱的資訊，我推薦 Douglas Crockford 的書籍，*JavaScript: The Good Parts*（O'Reilly）。

抽象相等運算子造成問題的原因，大部分都圍繞著 `null`、`undefined`、空字串與數字 0。在多數情況下，如果你知道要比較的值不是這些值，通常可以放心地使用抽象相等運算子。但是，不要低估書呆子的力量，如同我建議的，如果你會優先使用嚴格相等運算子，就**永遠不需要考慮這種事情**。你不需要停止思考，猜測究竟使用抽象相等運算子安不安全；你只要使用嚴格相等運算子繼續工作。如果你之後發現嚴格相等運算子沒有產生正確的結果，可以做適當的型態轉換，而不是換成會產生問題的抽象相等運算子。程式設計是辛苦的工作，請對自己好一點，避免使用會產生問題的抽象相等運算子。

以下是嚴格與抽象相等運算子的使用範例。留意，雖然物件 `a` 與 `b` 含有相同的資訊，但**它們是不同的物件**，不會嚴格相等，也不會抽象相等：

```
const n = 5;
const s = "5";
n === s;            // false -- 不同型態
n !== s;            // true
n === Number(s);    // true -- "5" 被轉換成數字 5
n !== Number(s);    // false
n == s;             // true；不建議
n != s;             // false；不建議

const a = { name: "an object" };
const b = { name: "an object" };
a === b;            // false -- 不同的物件
a !== b;            // true
a == b;             // false；不建議
a != b;             // true；不建議
```

關係運算子會比較兩個值之間的**關係**，它只適合具有自然順序的資料型態，例如字串（"a" 在 "b" 之前）與數字（"0" 在 "1" 之前）。關係運算子有小於（<），小於或等於（<=），大於（>），與大於或等於（>=）：

```
3 > 5;      // false
3 >= 5;     // false
3 < 5;      // true
3 <= 5;     // true
5 > 5;      // false
5 >= 5;     // true
5 < 5;      // false
5 <= 5;     // true
```

比較數字

在對數字做一致（identity）或相等（equality）的比較時，你必須特別小心。

首先，請注意，特殊數值 `NaN` 不等於任何東西，包括自己（也就是說，`NaN === NaN` 與 `NaN == NaN` 都是 `false`）。如果你想要測試某個數字是不是 `NaN`，可使用內建的 `isNaN` 函式：如果 `x` 是 `NaN`，`isNaN(x)` 會回傳 `true`，否則 `false`。

之前提過，JavaScript 的所有數字都是 doubles：因為 doubles（出於必要）是近似值，當你比較它們時，可能會產生討厭的意外。

如果你要比較整數（介於 `Number.MIN_SAFE_INTEGER` 與 `Number.MAX_SAFE_INTEGER` 之間，包含以上兩者），你可以放心地比較它們是否一致，來測試它們是否相等。如果你使用小數，最好不要使用關係運算子來查看測試數字是否足夠接近目標數字。什麼叫做足夠接近？依你的應用程式而定。JavaScript 有一個特殊的數字常數：Number.EPSILON，它是很小的值（大約 2.22e-16），通常代表兩個數字被視為不同的差距。考慮這個範例：

```
let n = 0;
while(true) {
    n += 0.1;
    if(n === 0.3) break;
}
console.log(`Stopped at ${n}`);
```

當你執行這個程式時，會很意外：這個迴圈不會在 0.3 停止，而是會跳過它，永遠執行下去。原因是 0.1 是眾所周知用 double 無法準確表達的值，因為它介於兩個二進位小數之間。所以在第三次迴圈時，n 的值會是 0.30000000000000004，這個測試是 false，所以跳出這個迴圈唯一的機會就錯失了。

你可以使用 Number.EPSILON 與關係運算子來改寫這個迴圈，做更“軟性”地比較，以成功地停止迴圈：

```
let n = 0;
while(true) {
    n += 0.1;
    if(Math.abs(n - 0.3) < Number.EPSILON) break;
}
console.log(`Stopped at ${n}`);
```

留意，我們將測試數字（n）減去目標（0.3），並且取絕對值（使用 Math.abs，第十六章討論）。我們也可以在這裡使用較簡單的計算（例如，我們可以測試看看 n 有沒有大於 0.3），但這種方式經常會被用來確定兩個 doubles 是否夠接近，可被視為相等。

字串串接

在 JavaScript 中，+ 運算子具備雙重角色，可做加法與字串串接（這很常見；但 Perl 與 PHP 是不使用 + 來做字串串接的案例）。

JavaScript 會根據運算元的型態，來決定要採取加法還是字串串接。加法與串接都是從左到右計算的。JavaScript 會從左到右檢查每對運算元，如果其中一個運算元是字串，它就會認定要做字串串接。如果兩個值都是數字，它會認定要做加法。考慮以下兩行程式：

```
3 + 5 + "8"          // 計算成字串 "88"
"3" + 5 + 8          // 計算成字串 "358"
```

在第一個例子中，JavaScript 會以加法來計算 (3 + 5)，接著以字串串接來計算 (8 + "8")。在第二個例子中，它會以串接來計算 ("3" + 5)，接著以串接來計算 ("35" + 8)。

邏輯運算子

我們熟悉的算術運算子可以計算無窮數量的值（至少是很大量的值，因為電腦的記憶體是有限的）。邏輯運算子只關心布林值，它只處理兩種值：true 或 false。

在數學與許多其他程式語言中，邏輯運算子只能處理布林值，也只回傳布林值。但 JavaScript 可處理非布林值，更令人驚訝的是，它甚至可以回傳非布林值。這不是 JavaScript 在設計邏輯運算子時犯下某種錯誤，或不夠嚴謹—如果你只使用布林值，就只會得到布林值。

在討論運算子本身之前，我們需要先瞭解 JavaScript 將非布林值對應至布林值的機制。

Truthy 與 Falsy 值

許多語言都有 truthy 與 falsy 值的概念，例如，C 沒有布林型態，它的數字 0 代表 false，所有其他數字值都代表 true。JavaScript 很類似，但包含所有資料型態，可讓你有效地將任何值分成 truthy 與 falsy。 JavaScript 將下列的值視為 falsy：

- `undefined`
- `null`
- `false`
- `0`
- `NaN`
- `''`（空字串）

因為很多東西都屬於 truthy，所以我不會將它們全部列出，但我要指出一些你應該特別注意的：

- 所有物件（包括使用 `valueOf()` 方法時，會回傳 `false` 的物件）
- 所有陣列（甚至包括空陣列）
- 裡面只有空白的字串（例如 `" "`）
- 字串 `"false"`

有些人會誤以為字串 "false" 是 true，不過大部份的區分方式很合理，而且大致上都很容易記住與使用。唯一值得注意的例外，或許是“空陣列是 truthy”這件事。如果你希望當陣列 arr 是空的的時候是 falsy，可使用 arr.length（如果陣列是空的，它是 0，也是 falsy）。

AND、OR 與 NOT

JavaScript 提供三種邏輯運算子：AND（&&）、OR（||）與 NOT（!）。如果你有數學背景，應該知道 AND 是“且”，OR 是“或”，NOT 是“反”。

數字有無窮的值，與數字不同的是，布林只處理兩種值，所以它的計算通常會用**真值表**來描述，真值表可以完整地說明它們的行為（見表 5-2 至 5-4）。

表 5-2 AND（&&）的真值表

x	y	x && y
false	false	false
false	true	false
true	false	false
true	true	true

表 5-3 OR（||）的真值表

x	y	x || y
false	false	false
false	true	true
true	false	true
true	true	true

表 5-4 NOT（!）的真值表

x	!x
false	true
true	false

看一下這些表，你可以看到 AND 只會在兩個運算元都是 true 時才是 true，而 OR 只會在兩個運算元都是 false 時才會是 false。NOT 比較直接，它會將唯一的運算元反過來。

OR 運算子有時被稱為“相容 OR”，因為如果它的兩個運算元都是 true，結果就是 true。另外還有一種“互斥 OR”（或 XOR），如果兩個運算元都是 true，它就是 false。JavaScript 沒有 XOR 的邏輯運算子，但它有位元 XOR，稍後會說明。

如果你需要兩個變數 x 與 y 的互斥 OR（XOR），可以使用等效運算式 `(x || y) && x !== y`。

短路計算

看一下 AND 的真值表（表 5-2），你會發現一個捷徑：如果 x 是 falsy，你甚至不需要考慮 y 的值。同樣的，如果你要計算 x || y，且 x 是 truthy，你就不需要計算 y。JavaScript 的做法正是如此，這稱為**短路計算**（*short-circuit evaluation*）。

為什麼短路計算很重要？因為如果第二個運算元有**副作用**，當計算被短路時，它就不會發生。通常“副作用”這句話在程式設計中代表不好的事情，但不一定如此，如果副作用是故意且明確的，那麼它就不是件壞事。

在運算式中，副作用可能會在遞增、遞減、賦值與呼叫函式時出現。我們已經看過遞增與遞減運算子了，接著來看這個範例：

```
const skipIt = true;
let x = 0;
const result = skipIt || x++;
```

範例第二行的結果很直接，最後的結果會被儲存在變數 result 裡面。因為第一個運算元（skipIt）是 true，所以那個值將會是 true。但是，有趣的是，因為短路計算的關係，遞增運算式不會被執行，導致 x 的結果將會是 0。如果你將 skipIt 改成 false，那麼運算式的兩個部分都會被計算，所以會執行遞增，而遞增就是副作用。同樣的事情也會在 AND 中出現：

```
const doIt = false;
let x = 0;
const result = doIt && x++;
```

同樣的，JavaScript 不會計算第二個遞增運算元，因為 AND 的第一個運算元是 false。所以它的結果是 false，且 x 不會被遞增。如果你將 doIt 改成 true 時會發生什麼事情？

此時 JavaScript 就必須計算這兩個運算元，所以遞增會發生，`result` 將會是 `0`。等等！為什麼 `result` 是 `0` 而不是 `false`？答案會在下一個主題揭曉。

計算非布林運算元的邏輯運算子

當你使用布林運算元時，邏輯運算子永遠會回傳布林值。然而，如果運算元不是布林，將會回傳決定結果的值，如表 5-5 與 5-6 所示。

表 5-5　使用非布林運算元的 AND（&&）真值表

x	y	x && y
falsy	falsy	x (falsy)
falsy	truthy	x (falsy)
truthy	falsy	y (falsy)
truthy	truthy	y (truthy)

表 5-6　使用非布林運算元的 OR（||）真值表

x	y	x || y
falsy	falsy	y (falsy)
falsy	truthy	y (truthy)
truthy	falsy	x (truthy)
truthy	truthy	x (truthy)

注意，如果你將結果轉換成布林，根據 AND 與 OR 的布林定義，它都是正確的。這種邏輯運算子行為，可讓你採取一些方便的做法：

```
const options = suppliedOptions || { name: "Default" }
```

之前提過，物件一定會被視為 truthy（就算它們是空的）。所以如果 `suppliedOptions` 是物件，`options` 就會指向 `suppliedOptions`。如果沒有你提供任何項目一此時 `suppliedOptions` 將是 `null` 或 `undefined`—`options` 將會得到某個預設值。

NOT 沒有理由回傳布林之外的東西，所以無論運算元是哪一種型態，NOT 運算子（!）都一定會回傳布林。如果運算元是 truthy，它會回傳 `false`，如果運算元是 falsy，它會回傳 `true`。

條件運算子

條件運算子是 JavaScript 唯一的三元運算子，代表它會有三個運算元（其他的都只有一或兩個運算元）。條件運算子是 if...else 陳述式的等效運算式。以下是條件運算子的範例：

```
const doIt = false;
const result = doIt ? "Did it!" : "Didn't do it.";
```

如果第一個運算元（這個範例在第一個問號前面）是 truthy，運算式會計算第二個運算元（介於問號與分號之間），如果第一個運算元是 falsy，它會計算第三個運算元（分號之後）。許多程式新手會將它視為比較難懂的 if...else 陳述式，但因為它是一個運算式，不是陳述式，所以有一種很實用的特性：它可以與其他運算式結合（例如在上例中，將結果指派給其他變數）。

逗號運算子

逗號運算子提供一種簡單的方式來結合運算式：它只會計算兩個運算式，並回傳第二個的結果。當你想要執行多個運算式，但只關心最後一個運算式的結果時，這是很方便的功能。以下是個簡單的範例：

```
let x = 0, y = 10, z;
z = (x++, y++);
```

在這個範例中，x 與 y 都會被遞增，而 z 會得到 10。留意逗號運算子的優先順序比所有運算子都要低，所以我將它放在括號裡面：如果不這麼做，z 會收到 0（x++ 的值），之後再遞增 y。你會經常看到 for 迴圈用它來結合運算式，或函式回傳值之前，用它來結合多個運算式（見第六章）。

分組運算子

之前提過，分組運算子（括號）除了可以修改或明確地標示運算子優先順序之外，沒有其他的效果。因為分組運算子是最安全的運算子，它除了安排運算子的順序之外，沒有其他的效果。

位元運算子

位元運算子可對數字中的各個位元執行運算。如果你不曾用過 C 之類的低階語言，或不知道電腦內部如何儲存數字，就應該先去閱讀這些主題（你也可以跳過本節，因為現在已經很少應用程式需要位元運算了）。位元運算子會將它們的運算元當成 32 位元帶符號整數，採取二的補數格式。因為 JavaScript 的所有數字都是 double，JavaScript 會在執行位元運算之前，先將數字轉換成 32 位元整數，接著在回傳結果之前，將它轉回 double。

位元運算子與邏輯運算子有關，因為它們會執行邏輯運算（AND、OR、NOT、XOR），但它們會對整數的各個位元執行。如表 5-7 所示，位元運算子也包括**位移**運算子，可將位元移到不同的位置。

表 5-7　位元運算子

運算子	說明	範例
&	位元 AND	`0b1010 & 0b1100 // 結果：0b1000`
		位元 OR	`0b1010	0b1100 // 結果：0b1110`
^	位元 XOR	`0b1010 ^ 0b1100 // 結果：0b0110`
~	位元 NOT	`~0b1010 // 結果：0b0101`
<<	左移	`0b1010 << 1 // 結果：0b10100`
		`0b1010 << 2 // 結果：0b101000`
>>	有極右移	（見下文）
>>>	補零右移	（見下文）

注意，左移相當於乘以二，右移相當於除與二並四捨五入。

在二的補數中，最左邊的位元如果是 1，代表它是負數，0 代表正數，因此有兩種右移的方式。我們以數字 -22 為例。要取得它的二進位表示形式，會先從正的 22 開始，取補數（一的補數），接著加一（二的補數）：

```
let n = 22      // 32 位元二進位：  00000000000000000000000000010110
n >> 1          //                 00000000000000000000000000001011
n >>> 1         //                 00000000000000000000000000001011
n = ~n          // 一的補數：      11111111111111111111111111101001
n++             // 二的補數：      11111111111111111111111111101010
n >> 1          //                 11111111111111111111111111110101
n >>> 1         //                 01111111111111111111111111110101
```

除非你正在做硬體的介面，或想要進一步掌握電腦如何表示數字，否則幾乎不會用到位元運算子（通常會被戲稱為“位元擺弄”）。你可能會看到一種與硬體無關的用法：使用位元來有效率地儲存“旗標”（布林值）。

例如，考慮 Unix 風格的檔案使用權限：讀、寫與執行。一個使用者可能會被允許這三種設定的任何一種組合，所以它們很適合做成旗標。因為有三個旗標，我們需要三個位元來儲存資訊：

```
const FLAG_READ 1       // 0b001
const FLAG_WRITE 2      // 0b010
const FLAG_EXECUTE 4    // 0b100
```

使用位元運算子，我們可以結合、切換與偵測一個數值中的各個旗標：

```
let p = FLAG_READ | FLAG_WRITE;      // 0b011
let hasWrite = p & FLAG_WRITE;       // 0b010 - truthy
let hasExecute = p & FLAG_EXECUTE;   // 0b000 - falsy
p = p ^ FLAG_WRITE;                  // 0b001 -- 切換寫入旗標（現在 off）
p = p ^ FLAG_WRITE;                  // 0b011 -- 切換寫入旗標（現在 on）

// 我們甚至可以用一個運算式來確定多個旗標：
const hasReadAndExecute = p & (FLAG_READ | FLAG_EXECUTE);
```

注意，在 hasReadAndExecute 中，我們必須使用分組運算子，AND 的優先順序比 OR 高，所以我們必須強制讓 OR 在 AND 之前計算。

typeof 運算子

typeof 運算子會回傳一個說明運算元的型態的字串。不幸的是，這個運算子無法完全對應 JavaScript 的七種資料型態（undefined、null、布林、數字、字串、符號與物件），所以造成無盡地批評與混淆。

typeof 運算子有一種奇怪的現象，通常會被稱為 bug：typeof null 會回傳 "object"。null 當然不是物件（它是基本型態），之所以如此是有歷史因素的，而且並不好玩，很多人不斷提議將它改掉，但目前有許多程式是根據這個行為來建構的，所以語言規格一直保留它。

也有人批評 typeof 無法分辨陣列與非陣列物件。它可以正確地識別函式（這也是一種特殊的物件型態），但 typeof [] 的結果是 "object"。

表 5-8 列出 typeof 可能會回傳的值。

表 5-8　typeof 的回傳值

運算式	回傳值	說明
typeof undefined	"undefined"	
typeof null	"object"	令人遺憾，但真的如此
typeof {}	"object"	
typeof true	"boolean"	
typeof 1	"number"	
typeof ""	"string"	
typeof Symbol()	"symbol"	ES6 新增
typeof function() {}	"function"	

因為 `typeof` 是運算子，所以不需要括號。也就是說，如果你有一個變數 `x`，可以使用 `typeof x` 來取代 `typeof(x)`。後者是有效的語法，但括號只是一個非必要的運算式分組而已。

void 運算子

`void` 運算子只有一個工作：計算它的運算元，再回傳 `undefined`。聽起來沒有用途？它是有用的。它可以用來強制執行運算式求值，且回傳 `undefined` 值，但我從未在實務上遇到這種情況。之所以將它放在這本書，唯一原因是你偶爾會在 HTML `<a>` 標籤的 URI 看到它，目的是避免瀏覽器前往新的網頁：

```
<a href="javascript:void 0">Do nothing.</a>
```

我不建議你這麼做，但你會不斷看到它。

賦值運算子

賦值運算子很直接：它會將一個值指派給一個變數。在等號（有時稱為 *lvalue*）左邊的東西**必須**是變數、特性，或陣列元素。也就是說，它必須是某種可以保存值的東西（將一個值指派給一個常數在技術上是一種宣告，不是賦值操作）。

在本章稍早提過，賦值本身是個運算式，所以被回傳的值，就是要指派的值。所以你可以將賦值式串接起來，以及在其他運算式中執行賦值：

```
let v, v0;
v = v0 = 9.8;        // 串接賦值，v0 會先得到值 9.8，
                     // 接著 v 得到值 9.8

const nums = [ 3, 5, 15, 7, 5 ];
let n, i=0;
// 留意在 while 條件內的賦值；
// n 會取得 nums[i] 的值，整個運算式也會
// 用那個值來計算，
// 進行數字比較：
while((n = nums[i]) < 10, i++ < nums.length) {
    console.log(`Number less than 10: ${n}.`);
}
console.log(`Number greater than 10 found: ${n}.`);
console.log(`${nums.length} numbers remain.`);
```

留意在第二個例子中，我們必須使用分組運算子，因為賦值的優先順序比關係運算子低。

除了一般的賦值運算子之外，還有一些方便的賦值運算子可在同一個步驟中執行運算與賦值。如同一般的賦值運算子，這些運算子會計算最終的指派值。表 5-9 是這些方便的賦值運算子。

表 5-9 賦值並且運算

運算子	等效式
x += y	x = x + y
x -= y	x = x - y
x *= y	x = x * y
x /= y	x = x / y
x %= y	x = x % y
x <<= y	x = x << y
x >>= y	x = x >> y
x >>>= y	x = x >>> y
x &= y	x = x & y
x |= y	x = x | y
x ^= y	x = x ^ y

解構賦值

ES6 有一種受歡迎的功能，稱為**解構賦值**，可將一個物件或陣列“解構”成各個變數。我們先來解構物件：

```
// 一般的物件
const obj = { b: 2, c: 3, d: 4 };

// 物件解構賦值
const {a, b, c} = obj;
a;              // undefined：obj 裡面沒有 "a" 這個特性
b;              // 2
c;              // 3
d;              // 參考錯誤：未定義 "d"
```

當你解構物件時，變數名稱必須符合物件中的特性名稱（陣列解構只能指派識別碼特性名稱）。在這個範例中，a 不符合任何物件中的特性，所以它會收到 undefined 值。另外，因為我們沒有在宣告式中指定 d，所以它不會被指派任何東西。

在這個範例中，我們在同一個陳述式中進行宣告與賦值。你可以在賦值時做物件解構，但必須用括號將它包起來；否則，JavaScript 會將左邊視為一個區塊：

```
const obj = { b: 2, c: 3, d: 4 };
let a, b, c;

// 這會產生錯誤：
{a, b, c} = obj;

// 這可以動作：
({a, b, c} = obj);
```

使用陣列解構，你可以指派任何想要的名稱（按照順序）給陣列的元素：

```
// 一般的陣列
const arr = [1, 2, 3];

// 陣列解構賦值
let [x, y] = arr;
x;              // 1
y;              // 2
z;              // 錯誤：z 沒有被定義
```

在這個範例中，x 會被指派陣列第一個元素的值，y 會被指派第二個元素的值，所有其他的元素都會被捨棄。你也可以使用擴張運算子（...）來將其餘的所有元素放入一個新陣列，我們會在第六章討論：

```
const arr = [1, 2, 3, 4, 5];

let [x, y, ...rest] = arr;
x;                        // 1
y;                        // 2
rest;                     // [3, 4, 5]
```

在這個範例中，x 與 y 會接收前兩個元素，變數 rest 會接收其餘的元素（不一定要用 rest 變數，你可以使用任何喜歡的名稱）。陣列解構可以讓你輕鬆地交換變數值（之前需要用到暫時性的變數）：

```
let a = 5, b = 10;
[a, b] = [b, a];
a;                  // 10
b;                  // 5
```

陣列解構不但可以操作陣列，也可以操作任何可迭代物件（我們會在第九章討論）。

在這些簡單的範例中，直接指派變數比較簡單，其實不需要瞭解解構。但是當你的物件或陣列是從其他地方取得的時候，解構比較方便，它可以輕鬆地挑出某些元素。你會在第六章看到它很棒的效果。

物件與陣列運算子

物件、陣列與函式都有一群特殊運算子。我們已經看過其中的一些了（例如數字存取與成員存取運算子），第六、八與九章會介紹其他的運算子。為了完整起見，表 5-10 將它們全部列出。

表 5-10　物件與陣列運算子

運算子	說明	章節
.	成員存取	第三章
[]	計算成員存取	第三章
in	特性存在運算子	第九章

運算子	說明	章節
new	物件實例化運算子	第九章
instanceof	原型鏈測試運算子	第九章
...	擴張運算子	第六、八章
delete	刪除運算子	第三章

樣板字串中的運算式

第三章介紹的樣板字串可用來將**任何運算式**的值注入字串中。第三章的範例使用樣板字串來顯示目前的溫度，如果我們想要顯示溫差或華氏溫度，而不是攝氏溫度呢？我們可以在樣板字串中使用運算式：

```
const roomTempC = 21.5;
let currentTempC = 19.5;
const message = `The current temperature is ` +
    `${currentTempC-roomTempC}\u00b0C different than room temperature.`;
const fahrenheit =
   `The current temperature is ${currentTempC * 9/5 + 32}\u00b0F`;
```

我們再次看到運算式的美。我們可以在樣板字串中使用變數，因為變數是一種運算式的型態。

運算式與控制流程模式

第四章已經介紹一些常見的控制流程模式了，我們已經看過有些運算式會影響控制流程（三元運算式與短路計算），接著可以看看一些其他的控制流程模式。

將 if...else 陳述式轉成條件運算式

如果你用 `if...else` 陳述式來求出一個值，無論它是賦值的一部分、運算式的一小部分，或被用來回傳函式的值，通常使用條件運算子來取代 `if...else` 比較好，因為這可以產生更紮實的程式，也更容易閱讀。例如：

```
if(isPrime(n)) {
   label = 'prime';
} else {
   label = 'non-prime';
}
```

寫成這樣會更好：

```
label = isPrime(n) ? 'prime' : 'non-prime';
```

將 if 陳述式轉換成短路邏輯 OR 運算式

如同求值的 if...else 陳述式可輕鬆地改為條件運算式，求值的 if 陳述式也可輕鬆地改為短路邏輯 OR 運算式。這個技術不像用條件運算子取代 if...else 陳述式有許多優點，但你會經常看到它，所以值得注意。例如，

```
if(!options) options = {};
```

可輕鬆地轉換成：

```
options = options || {};
```

總結

JavaScript 與大部分的現代語言一樣，具有大量且實用的運算子，它們是操作資料的基本元素。有些運算子比較罕見，例如位元運算子。有些運算子不太會被當成運算子的一種，例如成員存取運算子（當你要解決一個困難的運算子優先順序問題時，它可以派上用場）。

賦值、算術、比較與布林運算子都是常見的運算子，你會經常使用它們，所以在繼續看下去之前，請先好好地瞭解它們。

第六章

函式

函式是一種五臟俱全的陳述式集合，它會被視為一個單位來執行：基本上，你可以將它想成一種副程式。函式是 JavaScript 強大的功能與表達力的核心，這一章會介紹它們的基本用法與機制。

每個函式都有一個**本文**，它是陳述式的組合，構成函式：

```
function sayHello() {
  // 這是本文，它會從左邊的大括號開始 ...

  console.log("Hello world!");
  console.log("!Hola mundo!");
  console.log("Hallo wereld!");
  console.log("Привет мир!");

  // ... 在右邊的大括號結束
}
```

這是一個**函式宣告**的範例：我們宣告了一個名為 sayHello 的函式。宣告函式**不會**執行本文：當你執行這個範例時，不會在主控台看到各種語言的 "Hello, World" 被印出來。你必須使用函式的名稱與括號來**呼叫**（*call*）函式（也稱為**運行**（*running*）、**執行**（*executing*）、**引用**（*invoking*）或**指派**（*dispatching*））：

```
sayHello();        // 主控台會以多國語言
                   // 印出 "Hello, World!"
```

呼叫、引用與執行（以及運行）是可以交換使用的，我會在這本書交互使用它們，來讓你習慣它們。在某些情況與語言中，這些名詞有些微的差異，但在一般的用途上，它們是一樣的。

回傳值

呼叫函式是一種運算式，如同我們所知道的，運算式會求出一個值。那麼，函式呼叫式會產生什麼值？此時，我們要來討論**回傳值**。在函式的本文中，return 關鍵字會**立刻終止函式，並回傳指定的值**，它就是函式呼叫式得到的值。我們來修改範例，讓它回傳一句問候語，而不是將訊息寫到主控台上：

```
function getGreeting() {
   return "Hello world!";
}
```

現在當我們呼叫這個函式時，它會算出回傳值：

```
getGreeting();          // "Hello, World!"
```

如果你沒有明確地呼叫 return，那麼回傳值將會是 undefined。函式可以回傳任何型態的值。給讀者練習一下：試著建立一個函式 getGreetings 來回傳一個陣列，陣列裡面有各種語言的"Hello, World"。

呼叫 v.s. 參考

在 JavaScript 中，函式是物件，因此，如同其他的物件，你可以將它到處傳遞與賦值。瞭解**呼叫**函式與只是**參考**函式的不同是很重要的事情。當你在函式識別碼後面加上括號時，JavaScript 就知道你要呼叫它，它會執行函式的本文，運算式會得到回傳值。當你**沒有**加上括號時，只是在參考函式，與任何其他值一樣，它**不會**被呼叫。試著在 JavaScript 主控台做以下的動作：

```
getGreeting();          // "Hello, World!"
getGreeting;            // 函式 getGreeting()
```

你可以像參考其他的值一樣參考函式（沒有呼叫它），這一點讓這個語言有更多彈性。例如，你可以將函式指派給一個變數，讓你可以用其他的名稱來呼叫函式：

```
const f = getGreeting;
f();                 // "Hello, World!"
```

或將函式指派給物件特性：

```
const o = {};
o.f = getGreeting;
o.f();                  // "Hello, World!"
```

甚至將函式放入陣列：

```
const arr = [1, 2, 3];
arr[1] = getGreeting;     // 現在 arr 是 [1, function getGreeting(), 2]
arr[1]();                 // "Hello, World!"
```

你應該可以從上一個範例清楚地看到括號扮演的角色：如果 JavaScript 遇到某個值後面有括號，就會假設那個值是函式，並呼叫它。在上例中，arr[1] 是求出一個值的運算式，那個值後面有括號，這對 JavaScript 而言是一種提示，代表那個值是一個要被呼叫的函式。

如果你在一個非函式的值後面加上括號，就會得到錯誤。例如，"whoops"() 會產生錯誤 TypeError: "whoops" is not a function。

函式引數

我們已經看過呼叫函式與**取出**它的值的方法了，但該如何將資訊**傳入**它們？將資訊傳入函式呼叫式的主要機制是函式**引數**（有時稱為**參數**）。引數與變數一樣，在函式被呼叫之前不會存在。我們來考慮一個接收兩個引數，並且回傳這兩個數字的平均值的函式：

```
function avg(a, b) {
   return (a + b)/2;
}
```

在這個函式宣告式中，a 與 b 稱為**形式引數**。當函式被呼叫時，形式引數會接收值，變成**實際引數**：

```
avg(5, 10);       // 7.5
```

在這個範例中，形式引數 a 與 b 收到值 5 與 10，變成實際引數（它很像變數，只不過是函式本文專用的）。

通常初學者不知道的是，引數**只會在函式裡面生存**，就算它們的名稱與函式外的變數名稱相同。考慮：

```
const a = 5, b = 10;
avg(a, b);
```

這裡的變數 a 與 b 是獨立的，與函式 avg 裡面的 a 與 b 引數不一樣，即使它們的名稱是一樣的。當你呼叫函式時，函式引數會接收你傳入的**值**，不是變數本身。考慮以下程式：

```
function f(x) {
   console.log(`inside f: x=${x}`);
   x = 5;
   console.log(`inside f: x=${x} (after assignment)`);
}

let x = 3;
console.log(`before calling f: x=${x}`);
f(x);
console.log(`after calling f: x=${x}`);
```

當你執行這個範例時，會看到：

```
before calling f: x=3
inside f: x=3
inside f: x=5 (after assignment)
after calling f: x=3
```

這裡的重點在於，在函式裡面將值指派給 x，並不會影響函式外面的變數 x，因為它們是兩個不同的實體，只是剛好名稱一樣。

當我們在函式裡面將值指派給引數時，並不會影響函式外的任何變數。但是，你可以用這種方式來修改函式內的**物件型態**，當物件本身改變時，函式的外面可以看到：

```
function f(o) {
   o.message = `set in f (previous value: '${o.message}')`;
}
let o = {
   message: "initial value"
};
console.log(`before calling f: o.message="${o.message}"`);
f(o);
console.log(`after calling f: o.message="${o.message}"`);
```

這會產生下列的結果：

```
before calling f: o.message="initial value"
after calling f: o.message="set in f (previous value: 'initial value')"
```

在這個範例中，我們看到 f 在函式中修改 o，且修改的結果會影響函式外面的物件 o。從這裡可次看出基本型態與物件的主要差別。你無法修改基本型態（基本型態變數的值可以更改，但基本型態的**值**本身無法改變）。另一方面，你可以修改物件。

我們來釐清一下：函式內的 o 是獨立的，與函式外的 o 不同，但它們都**參考到同一個物件**。我們可以在賦值時再次看到這種差異：

```
function f(o) {
   o.message = "set in f";
   o = {
      message: "new object!"
   };
   console.log(`inside f: o.message="${o.message}" (after assignment)`);
}
let o = {
   message: 'initial value'
};
console.log(`before calling f: o.message="${o.message}"`);
f(o);
console.log(`after calling f: o.message="${o.message}"`);
```

當你執行這個範例時，會看到：

```
before calling f: o.message="initial value"
inside f: o.message="new object!" (after assignment)
after calling f: o.message="set in f"
```

要瞭解這裡發生什麼事，你要掌握一個重點：瞭解**引數** o（函式內）與變數 o（函式外）之間的不同。呼叫 f 時，它們都指向同一個物件，但是當 o 在 f 裡面被賦值時，它會指向一個**新的、不同的**物件。函式外的 o 仍然會指向原本的物件。

就電腦科學的說法而言，JavaScript 的基本型態是**值型態**，因為它們會被四處傳遞，值會被**複製**。物件是**參考型態**，因為當它們被四處傳遞時，可能有兩個變數參考**同一個物件**（也就是說，它們都會保存指向同一個物件的參考）。

引數構成函式嗎？

在許多語言中，函式的**簽章**含有它的引數。例如，在 C，f()（沒有引數）與 f(x)（一個引數）是不同的函式，後者也與 f(x, y)（兩個引數）是不同的函式。JavaScript 沒有這種區別，當你有一個函式叫做 f 時，可用 0 或 1 或 10 個引數來呼叫它，而且呼叫的是同一個函式。

也就是說，你可以用任何數量的引數來呼叫任何函式。如果你沒有提供引數，它們會私下接收 undefined 值：

```
function f(x) {
   return `in f: x=${x}`;
}
f();     // "in f: x=undefined"
```

本章稍後會說明被傳入的引數比函式定義的引數還要多時，會如何處理。

解構引數

如同我們可以解構賦值（見第五章），我們也可以**解構引數**（畢竟，引數很像變數定義）。考慮將一個物件解構成各個變數：

```
function getSentence({ subject, verb, object }) {
   return `${subject} ${verb} ${object}`;
}

const o = {
   subject: "I",
   verb: "love",
   object: "JavaScript",
};

getSentence(o);        // "I love JavaScript"
```

在解構賦值時，特性名稱必須是識別碼字串，如果某個變數無法對應被傳進來的物件中的特性，它會得到 undefined 值。

你也可以解構陣列：

```
function getSentence([ subject, verb, object ]) {
   return `${subject} ${verb} ${object}`;
}

const arr = [ "I", "love", "JavaScript" ];
getSentence(arr);          // "I love JavaScript"
```

最後，你可以使用擴張運算子（...）來收集所有其他的引數：

```
function addPrefix(prefix, ...words) {
   // 之後我們會學到更好的做法！
   const prefixedWords = [];
   for(let i=0; i<words.length; i++) {
      prefixedWords[i] = prefix + words[i];
```

```
    }
    return prefixedWords;
}

addPrefix("con", "verse", "vex");   // ["converse", "convex"]
```

留意，如果你在宣告函式時要使用擴張運算子，它必須是**最後一個引數**。如果你將它放在其他的引數前面，JavaScript 就沒辦法分辨什麼屬於擴張引數，什麼屬於其他的引數。

在 ES5，你可以用僅存於函式本文內的特殊變數來做到類似的功能：arguments。這個變數其實不是陣列，而是“類似陣列”的物件，你通常需要對它做特殊的處理，或轉換成適當的陣列。ES6 的擴張引數解決這個缺點，你應該優先使用它，而不是 arguments 引數（仍然可供使用）。

預設引數

ES6 有一個新功能，你可以指定引數的**預設值**。一般來說，當你沒有提供引數的值時，它們會得到 undefined 值。你可以指定其他的預設值：

```
function f(a, b = "default", c = 3) {
    return `${a} - ${b} - ${c}`;
}

f(5, 6, 7);     // "5 - 6 - 7"
f(5, 6);        // "5 - 6 - 3"
f(5);           // "5 - default - 3"
f();            // "undefined - default - 3"
```

將函式當成物件的特性

當函式是物件的特性時，它通常會被稱為**方法**，來與一般的函式區分（我們很快就會看到更多**函式**與**方法**的區別）。第三章已經介紹如何將函式加到既有的物件了，我們也可以將方法加到物件常值：

```
const o = {
    name: 'Wallace',                        // 原始特性
    bark: function() { return 'Woof!'; },   // 函式特性（方法）
}
```

ES6 有一種新的方法簡寫語法，以下程式的行為與上述範例是一樣的：

```
const o = {
   name: 'Wallace',                   // 原始特性
   bark() { return 'Woof!'; },        // 函式特性（方法）
}
```

this 關鍵字

在函式本文中，你可以使用一種名為 this 的特殊唯讀值。通常這個關鍵字與物件導向程式設計有關，我們會在第九章學到更多它的用法。但是在 JavaScript 中，它有許多用途。

一般來說，this 關鍵字與物件特性函式有關。當你呼叫方法時，this 關鍵字就代表你呼叫的方法所屬的物件的值：

```
const o = {
   name: 'Wallace',
   speak() { return `My name is ${this.name}!`; },
}
```

當我們呼叫 o.speak() 時，this 關鍵字會綁定 o：

```
o.speak();     // "My name is Wallace!
```

重點在於，這種綁定是根據**呼叫函式的方式，而不是宣告函式的地方**。也就是說，this 會綁定 o，不是因為 speak 是 o 的特性，而是因為我們直接用 o 呼叫它（o.speak）。看一下當我們將同一個函式指派給一個變數時，會發生什麼事：

```
const speak = o.speak;
speak === o.speak;    // true；兩個變數都參考同一個函式
speak();              // "My name is !"
```

因為我們呼叫函式的方式改變了，JavaScript 不知道函式是在 o 裡面宣告的，所以 this 會被綁定 undefined。

如果你呼叫函式的方式無法明確知道 this 是誰（例如之前呼叫函式變數 speak），this 綁定的東西可能會很複雜，真正的情況會根據你是否處於嚴格模式，以及你呼叫函式的地方而定。我故意忽略這些細節，因為我希望你可以避免這種情況。如果你想知道更多細節，可參考 MDN 文件的程式碼格式（*https://developer.mozilla.org/en-US/docs/Web/JavaScript/Reference/Operators/this*）。

傳統上，**方法**這個名詞與物件導向程式設計有關，本書會用它來代表屬於物件特性的函式，這種函式的目的，是為了讓你可以直接用物件實例來呼叫（例如上述的 o.speak()）。如果這種函式沒有用到 this，我們通常會將它稱為函式，無論它被宣告的地方在哪裡。

當你需要在嵌套的函式中使用 this 變數時，有一種經常讓人犯錯的地方。考慮以下的範例，我們在一個方法中使用協助函式：

```
const o = {
   name: 'Julie',
   greetBackwards: function() {
      function getReverseName() {
         let nameBackwards = '';
         for(let i=this.name.length-1; i>=0; i--) {
            nameBackwards += this.name[i];
         }
         return nameBackwards;
      }
      return `${getReverseName()} si eman ym ,olleH`;
   },
};
o.greetBackwards();
```

我們在這裡使用嵌套函式 getReverseName 來將名字反過來。不幸的是，getReverseName 不會如你想像地動作：當我們呼叫 o.greetBackwards() 時，JavaScript 會一如預期地綁定 this。但是，當我們在 greetBackwards 裡面呼叫 getReverseName 時，this 會被綁到其他的東西[1]。要解決這個問題，常見的方法是將第二個變數指派給 this：

```
const o = {
   name: 'Julie',
   greetBackwards: function() {
      const self = this;
      function getReverseName() {
         let nameBackwards = '';
         for(let i=self.name.length-1; i>=0; i--) {
            nameBackwards += self.name[i];
         }
         return nameBackwards;
      }
      return `${getReverseName()} si eman ym ,olleH`;
   },
};
o.greetBackwards();
```

1 它會被綁定全域物件，或成為 undefined，根據你是否處於嚴格模式。我們不會在這裡討論這些細節，因為你應該避免這種情況。

這是常見的技術，你將會看到 `this` 被指派給 `self` 或 `that`。本章稍後將會提到箭頭函式，這是另一種解決這種問題的方式。

函式運算式與匿名函式

到目前為止，我們都在單獨討論**函式宣告**，它會讓函式有一個本文（定義函式要做的事）與識別碼（讓我們之後可以呼叫它）。JavaScript 也提供所謂的**匿名函式**，它可以不使用識別碼。

你或許會想，一個沒有識別碼的函式該如何使用？沒有識別碼，我們該如何呼叫它？瞭解**函式運算式**之後，你就會知道答案。我們知道運算式會求出一個值，也知道函式是一種值，與 JavaScript 的任何其他值一樣。函式運算式只是一種宣告（或許未命名）函式的方式。你可將函式運算式指派給某一個東西（因而給它一個識別碼），或立刻呼叫它[2]。

函式運算式的語法與宣告函式一樣，只不過你可以省略函式的名稱。我們來看一個範例，它會使用函式運算式，並將結果指派給一個變數（實際效果等於宣告函式）：

```
const f = function() {
    // ...
};
```

如果我們用一般的方式來宣告函式，結果也是一樣：使用了一個參考函式的識別碼 `f`。如同一般的函式宣告式，我們可以用 `f()` 來呼叫函式，唯一的差別在於，我們建立的是匿名函式（使用函式運算式）並將它指派給一個變數。

匿名函式很常見，它會被當成其他函式或方法的引數，或用來建立物件中的函式特性。你會在這本書中看到這些用法。

我說過，在函式運算式中，函式名稱是**選用的**…那麼，當我們賦與函式一個名稱，並將它指派給一個變數時，會發生什麼事（我們為什麼要這樣做）？例如：

```
const g = function f() {
    // ...
}
```

2　所謂的“立即呼叫函式運算式”（immediately invoked function expression，IIFE），第七章會討論。

當你用這種方式來建立函式時，名稱 g 會被優先採用，要參考函式（從函式外面），我們應使用 g；當你試著使用 f 時，會看到未定義變數的錯誤。考量這些因素之後，為什麼要做這件事？如果我們想從函式裡面參考函式本身（稱為**遞迴**，就需要採取這種做法）：

```
const g = function f(stop) {
    if(stop) console.log('f stopped');
    f(true);
};
g(false);
```

我們在函式裡面使用 f 來參考函式，在函式外面使用 g。給一個函式兩個不同的名稱沒有太大的意義，但是在這裡這樣做，可以讓你明白有名稱的函式運算式如何動作。

因為函式宣告式與函式運算式看起來是一樣的，你可能會想，JavaScript 該如何分辨兩者（或是否有任何不同）。答案是**上下文**：如果函式宣告式被當成運算式使用，它就是函式運算式，如果不是，它就是函式宣告式。

它們的差別大都是學術性的，你通常不需要考慮它。當你定義一個有名稱的函式，之後想要呼叫它時，可能會不假思索地使用函式宣告式，如果你需要建立一個函式，將它指派給某個東西，或傳入其他函式，就使用函式運算式。

箭頭標記法

ES6 新加入一個受歡迎的語法，稱為**前頭標記法**（也稱為“肥箭頭”標記法，因為箭頭使用等號，而不是破折號）。基本上，它是一種糖衣語法（有一個主要的功能差異，我們很快就會看到），可減少你輸入 function 這個字的次數，以及大括號的數量。

箭頭函式有三種簡化語法的方式：

- 你可以省略 function 這個字。
- 如果函式只有一個引數，你可以省略括號。
- 如果函式本文只有一個運算式，你可以省略大括號與 return 陳述式。

箭頭函式都是匿名的，你仍然可以將它們指派給變數，但無法像使用 function 關鍵字時那樣建立有名稱的函式。

考慮以下等效的函式運算式：

```
const f1 = function() { return "hello!"; }
// 或
const f1 = () => "hello!";

const f2 = function(name) { return `Hello, ${name}!`; }
// 或
const f2 = name => `Hello, ${name}!`;

const f3 = function(a, b) { return a + b; }
// 或
const f3 = (a,b) => a + b;
```

這些範例有點做作，一般情況下，如果你需要一個有名稱的函式，可直接使用一般的函式宣告方法。當你要建立並傳遞匿名函式時，箭頭函式是最實用的，我們很快就會在第八章看到。

箭頭函式與一般的函式有一個主要的差異：**this** 會用語彙（lexically）來綁定，與其他的所有變數一樣。在本章之前的 **greetBackwards** 範例中，使用箭頭函式，我們可以在內部的函式裡面使用 **this**：

```
const o = {
   name: 'Julie',
   greetBackwards: function() {
      const getReverseName = () => {
         let nameBackwards = '';
         for(let i=this.name.length-1; i>=0; i--) {
            nameBackwards += this.name[i];
         }
         return nameBackwards;
      };
      return `${getReverseName()} si eman ym ,olleH`;
   },
};
o.greetBackwards();
```

箭頭函式與一般的函式之間還有兩個微細的區別：它們不能當成物件建構式來使用（見第九章），且箭頭函式裡面不能使用特殊的 **arguments** 變數（因為有擴張運算子的關係，它已經不是必要的了）。

call、apply 與 bind

我們已經看過“常見”的綁定 this 的方式了（與其他的物件導向語言一致）。但是，JavaScript 可讓你指定要綁定的東西，包括要如何呼叫函式，以及要呼叫哪裡的函式。我們從 call 開始討論，它是所有函式都可使用的方法，可讓你用特定的 this 值來呼叫函式：

```
const bruce = { name: "Bruce" };
const madeline = { name: "Madeline" };

// 這個函式與任何物件都還沒有關係，
// 但它使用 'this' !
function greet() {
   return `Hello, I'm ${this.name}!`;
}

greet();                // "Hello, I'm !" - 'this' 沒有被綁定
greet.call(bruce);      // "Hello, I'm Bruce!" - 'this' 綁定 'bruce'
greet.call(madeline);   // "Hello, I'm Madeline!" - 'this' 綁定 'madeline'
```

你可以看到，藉由提供一個綁定 this 的物件，call 可讓我們呼叫一個函式，如同它是一種方法一般。call 的第一個引數是你想要綁定 this 的值，其餘的引數會變成你要呼叫的函式的引數：

```
function update(birthYear, occupation) {
   this.birthYear = birthYear;
   this.occupation = occupation;
}

update.call(bruce, 1949, 'singer');
   // bruce 現在是 { name: "Bruce", birthYear: 1949,
   //    occupation: "singer" }
update.call(madeline, 1942, 'actress');
   // madeline 現在是 { name: "Madeline", birthYear: 1942,
   //    occupation: "actress" }
```

apply 與 call 一樣，但是它處理函式引數的方式不一樣。call 會直接使用引數，與一般的函式一樣。apply 會以陣列的形式取用它的引數：

```
update.apply(bruce, [1955, "actor"]);
   // bruce 現在是 { name: "Bruce", birthYear: 1955,
   //    occupation: "actor" }
update.apply(madeline, [1918, "writer"]);
   // madeline 現在是 { name: "Madeline", birthYear: 1918,
   //    occupation: "writer" }
```

如果你有一個陣列，且想要用它的值來當成函式的引數的話，很適合使用 apply。尋找陣列中的最小與最大數字是一種典型的案例。內建的 Math.min 與 Math.max 可接收任何數量的引數，並分別回傳最大值與最小值。我們可以使用 apply 以及這些函式來處理既有的陣列：

```
const arr = [2, 3, -5, 15, 7];
Math.min.apply(null, arr);     // -5
Math.max.apply(null, arr);     // 15
```

留意我們的 this 值只傳入 null，因為 Math.min 與 Math.max 完全不會使用 this，傳入什麼東西都不重要。

使用 ES6 的擴張運算子（...），我們可以得到與 apply 一樣的結果。在 update 方法的例子中，我們在乎 this 的值，所以必須使用 call，但是在 Math.min 與 Math.max 中，這個值無關緊要，所以我們可以使用擴張運算子來直接呼叫這些函式：

```
const newBruce = [1940, "martial artist"];
update.call(bruce, ...newBruce);    // 與 apply(bruce, newBruce) 等效
Math.min(...arr);                   // -5
Math.max(...arr);                   // 15
```

最後還有一個函式可以讓你指定 this 的值：bind。bind 可讓你永遠將一個函式指派給 this。想像一下，如果我們想要四處傳遞 update 方法，並且想要確保它被呼叫時，this 值一定會代表 bruce，無論它是怎麼被呼叫的（就算使用 call、apply 或其他的 bind）。bind 讓我們做到這一點：

```
const updateBruce = update.bind(bruce);

updateBruce(1904, "actor");
   // bruce 現在是 { name: "Bruce", birthYear: 1904, occupation: "actor" }
updateBruce.call(madeline, 1274, "king");
   // bruce 現在是 { name: "Bruce", birthYear: 1274, occupation: "king" };
   // madeline 已被改變
```

bind 的行為是永遠不變的，所以很容易造成難以發現的 bug，本質上來說，你會留下一個無法有效地使用 call、apply 或 bind（第二次）的函式。想像一下，你要四處傳遞一個函式，有人會在某個遙遠的地方使用 call 或 apply 來呼叫它，滿心期待 this 會綁定他認為的對象…我沒有請你不要使用 bind，它很好用，但請留心別人會怎麼使用被綁定的函式。

你也可以在 bind 中提供參數，這會建立一個新函式，且這個函式被呼叫時，永遠會使用特定的參數。例如，如果你希望 update 函式永遠將 bruce 的出生年份設為 1949，但職業可以改變，你可以這樣做：

```
const updateBruce1949 = update.bind(bruce, 1949);
updateBruce1949("singer, songwriter");
  // bruce 現在是 { name: "Bruce", birthYear: 1949,
  //    occupation: "singer, songwriter" }
```

總結

函式是 JavaScript 很重要的部分。它們除了可以將程式碼模組化之外，還可以做許多其他的事情：你可以用它們來建構非常強大的演算單元。這一章以枯燥的方式來介紹函式的機制，但它很重要。具備這個基礎之後，我們會在接下來的章節中，看到解放後的函式威力。

第七章

範圍

範圍決定變數、常數與引數在哪些地方會被視為已定義。我們已經看過範圍了：我們知道函式的引數只會在函式的本文中存在。考慮：

```
function f(x) {
    return x + 3;
}
f(5);       // 8
x;          // ReferenceError: x is not defined
```

我們知道，x 存活的時間很短（否則，x + 3 要怎麼成功地算出？），但我們可以看到，在函式本文的外面，x 就好像不存在一樣。所以，我們說 x 的**範圍**是函式 f。

當我們說某個變數的範圍是一個函式時，必須記得，在函式本文內，形式引數在函式被呼叫之前不會存在（呼叫後會變成實際引數）。一個函式可能會被呼叫好幾次：每當函式被呼叫時，它的引數就會存在，當函式 return 時，引數就不在範圍內。

我們也都知道，變數與常數在被建立之前不存在。也就是說，它們不在範圍內，直到我們使用 let 或 const 宣告它們為止（var 是特例，本章稍後會討論）。

在一些語言中，**宣告**與**定義**有明確的差別。一般情況下，宣告一個變數，代表你要藉由給它一個識別碼，來聲明它的存在。另一方面，定義通常代表宣告它，**並且**給它一個值。在 JavaScript 中，這兩個名詞是可以交換使用的，因為任何變數被宣告時，都會被指定一個值（如果沒有明確指定，它們會私下得到 undefined 值）。

範圍 v.s. 存在

如果變數不存在，它就不會在範圍內，這很容易理解。也就是說，當變數還沒有被宣告，或是變數因為函式的退出而不復存在時，它們顯然不會在範圍內。

反過來的話會如何？如果某個變數不在範圍內，是否代表它不存在？不一定如此，這也是我們必須區別**範圍**與**存在**的原因。

範圍（或**可見性**）指的是：目前正在執行的程式段落（稱為**執行環境**）可以看到與操作某個識別碼。另一方面，存在代表有一個識別碼保存了某些已經分配（保留）給它的記憶體。我們即將看到一些存在，但不在範圍內的變數。

當一個東西不復存在時，JavaScript 不一定會馬上回收記憶體：它只會記住該項目不再需要保留，記憶體會被一個所謂的**記憶體回收**程序定期回收。除了某些極度要求的應用程式之外，JavaScript 的記憶體回收是自動進行的，你不需要特別注意這件事。

語彙與動態範圍

當你閱讀程式的原始碼時，看的是它的**語彙結構**。當程式真的在運行時，會四處跳躍執行。考慮這個有兩個函式的程式：

```
function f1() {
    console.log('one');
}
function f2() {
    console.log('two');
}

f2();
f1();
f2();
```

在語彙上，這個程式只是一系列的陳述式，我們一般會從上面開始往下閱讀。但是，當我們執行這個程式時，會四處跳躍執行：首先到函式 `f2` 的本文，接著到函式 `f1` 的本文（就算它定義的地方在 `f2` 之前），接著回到函式 `f2` 的本文。

JavaScript 的範圍是語彙範圍，也就是說，我們可以藉由查看原始程式，來知道哪些變數在範圍內。不過這不代表你一定可以在原始程式中**明確地**看出範圍：我們會在這一章看到，有一些範例需要仔細查看才可以知道範圍。

語彙範圍的意思是，當一個變數位於你**定義**的函式的範圍之內（相對於**呼叫**），該變數就會在該函式的範圍之內。考慮這個範例：

```
const x = 3;
function f() {
     console.log(x); // 這可以動作
     console.log(y); // 這會造成當機
}

const y = 3;
f();
```

當我們定義函式 f 時，變數 x 是存在的，但 y 不存在。接著我們宣告 y 並呼叫 f，你可以看到，當 f 被呼叫時，x 在 f 的本文範圍，但 y 沒有。這是一個語彙範圍的範例：函式 f 可存取當它被**定義**時可使用的識別碼，而不是當它被**呼叫**時可使用的識別碼。

JavaScript 的語彙範圍適用**全域範圍**、**區塊範圍**與**函式範圍**。

全域範圍

範圍是階層式的，所以在樹狀結構的底層一定會有某個東西，也就是當你開始執行程式時，私下使用的範圍。它稱為**全域範圍**。當 JavaScript 程式開始執行之後，在呼叫任何函式之前，它執行的是全域範圍。也就是說，你在全域範圍中宣告的所有東西，都可以在程式的所有範圍中使用。

在全域範圍中宣告的所有東西都稱為**全域**（*global*），但全域的名聲很不好。當你打開一本程式設計書籍時，經常會看到它警告你：如果你使用全域，大地將會崩裂並吞噬你。為什麼全域這麼糟糕？

事實上，全域並沒有那麼不好，它們是必要的。不好的是**濫用**全域範圍。我們已經談過，可在全域範圍中使用的任何東西，也可以在**所有**範圍中使用。我們要學習的，是如何明智地使用全域。

聰明的讀者可能會想，“好吧，我會將全域範圍做成一個函式，這樣就可以把全域變成一個！”聰明，但你只是把問題往下移動一層而已。在那個函式裡面宣告的所有東西，都可以讓那個函式裡面呼叫的任何東西使用，這不會比全域範圍還要好！

我們一定會有一些東西在全域範圍存活，但這不全然是壞事。你應該避免的是**依賴**全域範圍的東西。我們來考慮一個簡單的範例：持續追蹤使用者的資訊。你的程式需要持續追蹤使用者的名字與年齡，裡面有一些函式會使用那些資訊。有一種做法是使用全域變數：

```
let name = "Irena";      // 全域
let age = 25;            // 全域

function greet() {
    console.log(`Hello, ${name}!`);
}
function getBirthYear() {
    return new Date().getFullYear() - age;
}
```

這種做法的問題在於，我們的函式高度依賴呼叫它們的環境（或範圍）。整個程式的任何函式都可以改變 name 的值（無論是無意還是有意）。而且 “name” 與 “age” 是常見的名稱，很有可能其他地方也會使用這些名稱。因為 greet 與 getBirthYear 都依賴全域變數，它們基本上都必須依靠其他的地方正確地使用 name 與 age。

較好的做法是將使用者資訊放在單一物件裡面：

```
let user = {
    name = "Irena",
    age = 25,
};

function greet() {
    console.log(`Hello, ${user.name}!`);
}
function getBirthYear() {
    return new Date().getFullYear() - user.age;
}
```

在這個簡單的範例中，我們只是將全域範圍的識別碼減少一個（移除 name 與 age，增加 user），但想像一下，如果我們有 10 個關於這個使用者的資訊…或 100 個。

但是，我們還可以做得更好：我們的函式 greet 與 getBirthYear 仍然必須依賴全域的 user，任何東西都有可能修改它。我們來改善這些函式，讓它們不依賴全域範圍：

```
function greet(user) {
    console.log(`Hello, ${user.name}!`);
}
function getBirthYear(user) {
    return new Date().getFullYear() - user.age;
}
```

現在我們的函式可從**任何**範圍呼叫，而且會被明確地傳入使用者（當我們學到模組與物件導向程式設計時，將會看到更好的處理方式）。

如果所有程式都這麼簡單，我們要不要使用全域變數就不會有太大的關係。當你的程式有上千行，或數十萬行，你就沒有辦法同時記得所有範圍（甚至在螢幕上看到），此時不依靠全域變數就變得非常重要了。

區塊範圍

let 與 const 都會以所謂的**區塊範圍**來宣告識別碼。第五章提過，區塊是以大括號包起來的一連串陳述式。區塊範圍代表該識別碼的範圍僅限於一個區塊：

```
console.log('before block');
{
    console.log('inside block');
    const x = 3;
    console.log(x):                    // logs 3
}
console.log(`outside block; x=${x}`);   // ReferenceError: x is not defined
```

這裡有一個**獨立區塊**：通常區塊是控制流程陳述式（例如 if 或 for）的一部分，但獨立的區塊是很好用的語法。我們在區塊內定義 x，所以當我們離開區塊時，x 會離開範圍，就會被視為未定義。

你應該還記得，在第四章，有一個小型的練習使用獨立的區塊，它們可以用來控制範圍（這一章將會用到），但這種做法不常見。這一章使用它的原因，只是因為它很適合拿來解釋範圍的動作。

變數遮蓋

在不同的範圍使用同樣名稱的變數或常數，經常會造成麻煩。當範圍依次出現時，你比較容易理解：

```
{
    // 區塊 1
    const x = 'blue';
    console.log(x);          // logs "blue"
}
console.log(typeof x);       // logs "undefined"；x 超出範圍
```

```
{
    // 區塊 2
    const x = 3;
    console.log(x);         // logs "3"
}
console.log(typeof x);      // logs "undefined"；x 超出範圍
```

你很容易就可以知道這裡有兩個不同的變數，它們都叫 x，而且在不同的範圍。現在考慮當範圍被嵌套時，會發生什麼事情：

```
{
    // 外部區塊
    let x = 'blue';
    console.log(x);         // logs "blue"
    {
        // 內部區塊
        let x = 3;
        console.log(x);     // logs "3"
    }
    console.log(x);         // logs "blue"
}
console.log(typeof x);      // logs "undefined"；x 超出範圍
```

這個範例展示**變數遮蓋**。內部區塊的 x 與外部區塊的（使用相同的名稱）是不同的變數，它會**遮蓋**（或隱藏）外部範圍定義的 x。

重點是，當程式執行到內部區塊時，會定義新的變數 x，**這兩個變數都在範圍內**，只是我們無法存取外部範圍的變數（因為它的名稱相同）。相較之下，之前的範例會有一個 x 進入範圍，但會在第二個名為 x 的變數進入範圍之前離開範圍。

為了有效地說明這件事，考慮這個範例：

```
{
    // 外部區塊
    let x = { color: "blue" };
    let y = x;                  // y 與 x 參考同一個物件
    let z = 3;
    {
        // 內部區塊
        let x = 5;              // 現在外部的 x 被遮蓋了
        console.log(x);         // logs 5
        console.log(y.color);   // logs "blue"；y 所指的物件
                                // （與外部範圍的 x）
                                // 仍然在範圍內
        y.color = "red";
        console.log(z);         // logs 3；z 沒有被遮蓋
```

```
    }
    console.log(x.color);        // logs "red";
                                 // 物件在內部範圍被修改
    console.log(y.color);        // logs "red";
                                 // x 與 y 指向同一個物件
    console.log(z);              // logs 3
}
```

變數遮蓋有時稱為變數影蔽（也就是說，變數會影蔽外部範圍名稱相同的變數）。我從來不使用這個名詞，因為陰影通常不會完全遮蔽東西，只是讓它們比較暗而已。你完全無法使用被遮蓋的變數的名稱來存取它。

到目前為止，你應該可以瞭解，範圍是階層式的：你不用離開舊範圍就可以進入新範圍。這會建立一個**範圍鏈**，它會決定哪些變數在範圍內：在目前範圍鏈裡面的所有變數都在範圍內，而且（只要它們沒有被遮蓋）可以被存取。

函式、Closure 與語彙範圍

到目前為止，我們只談到區塊，因此很容易看出語彙範圍，特別是當你將區塊縮排時。你也有可能會在某個地方定義函式，並且在其他地方使用它，因此需要稍加查看，才可以瞭解它的範圍。

在傳統的程式中，所有函式可能都會被定義成全域範圍，如果你想要避免在函式中參考全域範圍（我建議這樣做），根本不需要考慮函式所處的範圍為何。

但是，在現代 JavaScript 環境中，函式會根據它們的需求而定義。它們會被指派給變數或物件特性、加到陣列裡面、傳入其他函式、傳出函式，甚至有時完全沒有名稱。

你經常會故意定義一個具有特定範圍的函式，明確地讓它只能在那個範圍內使用。這通常稱為 *closure*（你可以想成在函式周圍關閉範圍）。我們來看一個 closure 範例：

```
let globalFunc;                  // 未定義的全域函式
{
    let blockVar = 'a';          // 區塊範圍的變數
    globalFunc = function() {
        console.log(blockVar);
    }
}
globalFunc();                    // logs "a"
```

globalFunc 在區塊內被指派一個值：那個區塊（與它的上層範圍，即全域範圍）形成一個 closure。無論你從哪裡呼叫 globalFunc，它都可存取該 closure 的識別碼。

考慮以下動作造成的影響：當我們呼叫 globalFunc 時，它可以存取 blockVar，**儘管我們已經離開那個範圍了**。一般來說，當你離開範圍時，在那個範圍內宣告的變數將會不復存在。在這裡，JavaScript 發現在那個範圍裡面有一個函式被定義了（而且你可以在該範圍外面參考那個函式），因此它必須保留那一個範圍。

所以當你在一個 closure 裡面定義函式時，會影響那個 closure 的壽命；它**也可以**讓我們存取一般無法存取的東西。考慮這個範例：

```
let f;                          // 未定義的函式
{
    let o = { note: 'Safe' };
    f = function() {
        return o;
    }
}
let oRef = f();
oRef.note = "Not so safe after all!";
```

通常你無法使用不在範圍內的東西，但函式比較特殊，因為它們開了一扇窗，讓我們可以進入以其他方式無法進入的範圍。我們會在接下來的章節看到它的重要性。

立即呼叫函式運算式

在第六章，我們討論過函式運算式。函式運算式可讓我們建立所謂的**立即呼叫函式運算式**（*IIFE*）。IIFE 會宣告一個函式，接著立刻執行它。現在我們已經充分瞭解範圍與 closure 了，所以可以來瞭解為什麼要做這種事情。IIFE 長得像這樣：

```
(function() {
   // 這是 IIFE 本文
})();
```

我們使用函式運算式來建立一個匿名函式，接著馬上呼叫那個函式。IIFE 的優點是，在它裡面的任何東西都有它自己的範圍，而且因為它是個函式，所以可以將某些東西傳出範圍：

```
const message = (function() {
   const secret = "I'm a secret!";
   return `The secret is ${secret.length} characters long.`;
})();
console.log(message);
```

變數 secret 在 IIFE 的範圍內是安全的，外面無法存取它。你可以從 IIFE 裡面傳出任何想要的東西，它經常回傳陣列、物件與函式。考慮這個函式，它可以回傳它被呼叫的次數，且次數不會被篡改：

```
const f = (function() {
   let count = 0;
   return function() {
      return `I have been called ${++count} time(s).`;
   }
})();
f();  // "I have been called 1 time(s)."
f();  // "I have been called 2 time(s)."
//...
```

因為變數 count 已經安住在 IIFE 裡面了，所以任何方法都無法篡改它：f 永遠會準確地計算它被呼叫的次數。

雖然 ES6 的區塊範圍變數在某種程度上可減少對 IIFE 的依賴，但 IIFE 仍然很常見，而且當你想要建立一個 closure，並將某個東西傳出去時，它是很實用的。

函式範圍與懸掛

在 ES6 加入 let 之前，變數是用 var 來宣告的，而且有一種東西叫做**函式範圍**（全域變數是用 var 宣告的）。

當你用 let 宣告變數時，它不會在被宣告的地方之前出現。當你使用 var 宣告變數時，它可以在**目前範圍內的任何地方**使用，甚至在它被宣告之前。在看接下來的範例之前，請記得還沒被宣告的變數與擁有 undefined 值的變數之間的差別。未宣告的變數會產生錯誤，但已存在且擁有 undefined 值的變數不會：

```
let var1;
let var2 = undefined;
var1;                    // undefined
var2;                    // undefined
undefinedVar;            // ReferenceError: notDefined is not defined
```

使用 let 時，如果你試著在宣告變數的地方前面使用它，會產生錯誤：

```
x;              // ReferenceError: x is not defined
let x = 3;      // 我們永遠都不會來到這裡—程式因為錯誤而停止執行
```

但是，使用 var 宣告變數時，你可以在它們被宣告的地方之前使用它們：

```
x;              // undefined
var x = 3;
x;              // 3
```

這裡發生什麼事情？表面上看來，在變數被宣告的地方之前使用它是不合理的。使用 var 宣告變數，是採用一種稱為**懸掛**（*hoisting*）的機制。JavaScript 會掃描整個範圍（無論是函式或全域範圍），任何用 var 宣告的變數都會被**懸掛**在最上面。重點在於，只有宣告式會被懸掛，**賦值式不會**。所以 JavaScript 會將之前的範例解讀為：

```
var x;          // 宣告（但賦值沒有）被懸掛
x;              // undefined
x = 3;
x;              // 3
```

我們來看一個較複雜的範例，這裡會將程式與 JavaScript 解讀它的方式放在一起：

```
// 你寫的程式                    // JavaScript 解讀的方式
                                var x;
                                var y;
if(x !== 3) {                   if(x !== 3) {
    console.log(y);                 console.log(y);
    var y = 5;                      y = 5;
    if(y === 5) {                   if(y === 5) {
        var x = 3;                      x = 3;
    }                               }
    console.log(y);                 console.log(y);
}                               }
if(x === 3) {                   if(x === 3) {
    console.log(y);                 console.log(y);
}                               }
```

我們認為這是良好的 JavaScript 程式—在宣告變數之前使用它們，會產生沒必要的疑惑，而且容易出錯（而且沒有實際的理由需要這麼做）。但這個範例可以讓你清楚看到懸掛的動作。

關於使用 var 來宣告變數，還有一件事情：JavaScript 不在乎你是否重複定義變數：

```
// 你寫的程式          // JavaScript 解讀的方式
                          var x;
var x = 3;                x = 3;
if(x === 3) {             if(x === 3) {
    var x = 2;                x = 2;
    console.log(x);           console.log(x):
}                         }
console.log(x);           console.log(x);
```

你可以在這個範例中清楚看到（在同一個函式或全域範圍），var 可用來建立新的變數，且變數不會像 let 一樣被遮蓋。這個範例只有**一個**變數 x，就算在區塊中有第二個 var 定義。

同樣的，我不建議你採取這種做法，它只會造成疑惑。不細心的讀者（特別是熟悉其他語言的）可能會瞄一下這個範例，認為作者想要建立一個新的變數 x，它的範圍是用 if 陳述式形成的區塊，但事實上並非如此。

如果你在想：為什麼 var 可讓你做這些會造成困惑且沒有用的事情？你現在可以瞭解為什麼會有 let 了。你當然可以理智且明確地使用 var，但這樣也會很容易寫出造成困擾且不明不白的程式。ES6 無法直接“修改”var，因為這會破壞既有的程式，所以才加入 let。

我想不出哪一個使用 var 案例，無法用 let 來寫出更好或更清晰的程式。換句話說，var 無法提供任何 let 沒有的好處，而且 JavaScript 社群（包括我自己）相信，let 將會完全取代 var（var 的定義甚至很有可能會被棄用）。

那麼，為什麼我們要瞭解 var 與懸掛？這有兩個原因，首先，ES6 在短時間內還無法全面普及，也就是說，所有程式都必須轉換成 ES5，當然，既有的程式都是用 ES5 寫成的。所以直到那一天到來之前，瞭解 var 的動作仍然很重要。其次，函式宣告式也會被懸掛，這是下一個主題。

函式懸掛

如同使用 var 宣告的變數，函式宣告式也會被懸掛在範圍的最上面，讓你可以在函式被宣告之前的地方呼叫它：

```
f();                        // logs "f"
function f() {
    console.log('f');
}
```

注意，指派給變數的函式運算式**不會**被懸掛，因為它們受到變數範圍規則的約束。例如：

```
f();                        // TypeError: f is not a function
let f = function() {
    console.log('f');
}
```

暫時性死區

暫時性死區（*temporal dead zone*，*TDZ*）是一種誇張的說法，意思是使用 let 宣告的變數在你宣告它們之前不會存在。在範圍內，變數的 TDZ 是變數被宣告之前的程式碼。

大多數情況下，這不會造成困擾或產生問題，但有一件關於 TDZ 的事情，可能會讓熟悉 JavaScript ES6 之前的版本的使用者犯錯。

typeof 運算子通常會被用來判斷變數是否已被宣告，它被視為一種測試存在與否的“安全”方式。也就是說，在 let 與 TDZ 之前，對任何識別碼 x 來說，以下一定是安全的做法，不會產生任何錯誤：

```
if(typeof x === "undefined") {
    console.log("x doesn't exist or is undefined");
} else {
    // 參考 x 很安全 ....
}
```

但如果用 let 來宣告，這段程式就不安全了。以下程式會產生錯誤：

```
if(typeof x === "undefined") {
    console.log("x doesn't exist or is undefined");
} else {
    // 參考 x 很安全 ....
}
let x = 5;
```

在 ES6 中，比較不需要用 typeof 來檢查變數是否存在，所以在實務上，typeof 在 TDZ 中的行為應該不會造成問題。

嚴格模式

ES5 語法可編寫所謂的**隱式全域**，這是許多令人崩潰的程式錯誤的根源。簡單來說，如果你忘了用 var 宣告變數，JavaScript 會開心地假設你指的是一個全域變數。如果這個全域變數不存在，它會為你建立一個！你應該可以猜到它會造成什麼問題。

因為這個（與其他的）原因，JavaScript 加入一個**嚴格模式**的概念，可防止隱式全域。你可以在其他程式碼之前，使用獨立的一行字串 "use strict" 來啟用嚴格模式（可使用單引號或雙引號）。如果你在全域範圍中做這件事，整個指令碼都會執行嚴格模式，如果你在函式中做這件事，那個函式將會執行嚴格模式。

當你在全域範圍中使用嚴格模式時，它會影響整個指令碼，所以你必須小心地使用它。很多現代網站都會將許多程式組合在一起，其中一個程式的全域範圍嚴格模式將會讓所有程式都變成嚴格模式。雖然讓所有程式都在嚴格模式下執行是件好事，但並非所有程式都會採取這種做法。所以一般來說，使用全域範圍的嚴格模式是不適當的。如果你不想要在你寫的每個函式裡面啟用嚴格模式（誰想？），可以將所有程式包到一個立刻執行的函式裡面（我們會在第十三章學到）：

```
(function() {
    'use strict';

    // 你的所有程式從這裡開始…
    // 它會在嚴格模式下執行，
    // 但嚴格模式不會影響
    // 任何其他與這段程式
    // 結合的指令碼

})();
```

一般會將嚴格模式視為好事，我也建議你使用它。如果你要使用 linter（也應該使用），它會幫你去掉許多相同的問題，且提升一倍不造成問題的機會！

如果你想進一步學習嚴格模式的做法，可參考 MDN 的嚴格模式文章（*https://developer.mozilla.org/en-US/docs/Web/JavaScript/Reference/Strict_mode*）。

總結

瞭解範圍對學習任何一種語言來說都很重要。JavaScript 加入 `let`，讓它與大多數其他現代語言並駕齊驅。雖然 JavaScript 不是第一種具備 closure 的語言，但它是具備 closure 的語言其中一種流行（非學術）語言。JavaScript 社群採用 closure 已經得到很好的效果，它也是現代 JavaScript 開發的重點之一。

第八章

陣列與陣列處理

JavaScript 的陣列方法是這個語言我最喜歡的一種功能。許多程式語言都有處理資料集合的問題，但 JavaScript 流暢的陣列方法可以輕鬆處理它們。習慣使用這些方法，也可以幫助你進一步掌握 JavaScript。

回顧陣列

我們先來複習一下陣列的基本概念。陣列（與物件不同）本質上是有序的，索引是從零算起。JavaScript 的陣列可以是**非同型的**，也就是說，陣列內的元素不一定要是相同的型態（所以陣列裡面可以有其他的陣列或物件元素）。常值陣列是用方括號來建構的，你也可以同時使用方括號與索引來存取元素。每一個陣列都有一個 `length` 特性，讓你知道該陣列有多少元素。當你指派一個比陣列還要長的索引時，陣列會自動變大，未使用的索引會有 `undefined` 值。你也可以使用 `Array` 建構子來建構陣列，但這種做法不常見。在你繼續閱讀之前，請先確保可以瞭解以下的程式：

```
// 陣列常值
const arr1 = [1, 2, 3];                          // 數字陣列
const arr2 = ["one", 2, "three"];                // 非同型陣列
const arr3 = [[1, 2, 3], ["one", 2, "three"]];   // 陣列裡面有陣列
const arr4 = [                                   // 非同型陣列
   { name: "Fred", type: "object", luckyNumbers = [5, 7, 13] },
   [
      { name: "Susan", type: "object" },
      { name: "Anthony", type: "object" },
   ],
   1,
   function() { return "arrays can contain functions too"; },
   "three",
```

```
];

// 存取元素
arr1[0];                    // 1
arr1[2];                    // 3
arr3[1];                    // ["one", 2, "three"]
arr4[1][0];                 // { name: "Susan", type: "object" }

// 陣列長度
arr1.length;                // 3
arr4.length;                // 5
arr4[1].length;             // 2

// 增加陣列大小
arr1[4] = 5;
arr1;                       // [1, 2, 3, undefined, 5]
arr1.length;                // 5

// 存取（不是指派）比陣列大的索引
// "不會" 改變陣列的大小
arr2[10];                   // undefined
arr2.length;                // 3

// Array 建構式（很少使用）
const arr5 = new Array();          // 空陣列
const arr6 = new Array(1, 2, 3);   // [1, 2, 3]
const arr7 = new Array(2);         // 長度為 2 的陣列（所有元素都是 undefined）
const arr8 = new Array("2");       // ["2"]
```

操作陣列內容

在討論令人興奮的方法之前，我們先來討論操作陣列的方法（很方便）。陣列方法之所以讓人難懂，有一個原因是"就地"修改陣列的方法與回傳新陣列的方法之間的差異。這沒有一定的規則，但這是你唯一需要記的東西（例如，push 會就地修改陣列，但 concat 會回傳一個新陣列）。

有一些語言，例如 Ruby，會用一種方式來讓人清楚知道某個方法究竟會就地修改某個東西，還是會回傳複本。例如，在 Ruby 中，如果你有一個字串 str，當你呼叫 str.downcase 時，它會回傳一個小寫的版本，但 str 會保持不變。如果你呼叫 str.downcase!，它會就地修改 str。 JavaScript 的標準程式庫沒有提供哪些方法會回傳複本，哪些方法會就地修改的資訊，我認為這是這種語言的缺點，因為我們得另外記憶它。

在開頭或結尾處添加或移除一個元素

當我們談到陣列的**開頭**（或**最前面**）時，指的是第一個元素（元素 0），陣列的**結尾**（或**最後面**），是最大的元素（如果陣列是 arr，該元素是 arr.length-1）。push 與 pop 會分別在陣列的結尾加入與移除（就地）元素。shift 與 unshift 會分別在陣列的開頭移除與加入（就地）元素。

這些方法的名稱來自電腦科學術語。push 與 pop 是針對**堆疊**做的動作，在堆疊中，最重要的元素是最後被加入的那一個。shift 與 unshift 是將陣列視為**佇列**，佇列最重要的元素是最早被加入的那一個。

push 與 unshift 會在加入新元素之後回傳陣列的最新長度，而 pop 與 shift 會回傳被移除的元素。以下是這些方法的動作範例：

```
const arr = ["b", "c", "d"];
arr.push("e");                  // 回傳 4；現在 arr 是 ["b", "c", "d", "e"]
arr.pop();                      // 回傳 "e"；現在 arr 是 ["b", "c", "d"]
arr.unshift("a");               // 回傳 4；現在 arr 是 ["a", "b", "c", "d"]
arr.shift();                    // 回傳 "a"；現在 arr 是 ["b", "c", "d"]
```

在結尾處加入多個元素

concat 方法可在陣列中加入多個元素，並回傳複本。如果你將陣列傳入 concat，它會拆開這些陣列，並將它們的元素加入原本的陣列，例如：

```
const arr = [1, 2, 3];
arr.concat(4, 5, 6);          // 回傳 [1, 2, 3, 4, 5, 6]; arr 未被修改
arr.concat([4, 5, 6]);        // 回傳 [1, 2, 3, 4, 5, 6]; arr 未被修改
arr.concat([4, 5], 6);        // 回傳 [1, 2, 3, 4, 5, 6]; arr 未被修改
arr.concat([4, [5, 6]]);      // 回傳 [1, 2, 3, 4, [5, 6]]; arr 未被修改
```

留意 concat 只會直接拆開你提供給它的陣列，不會拆開這些陣列裡面的陣列。

取得子陣列

如果你想取得某個陣列的子陣列，可使用 slice。slice 有兩個引數。第一個引數是子陣列開始的地方，第二個引數是子陣列結束的地方（不含指定的字元）。如果你忽略結束引數，它會回傳字串結尾之前的元素。這種方法可以使用負索引來指出從字串結尾算回去的元素，這很方便。例如：

```
const arr = [1, 2, 3, 4, 5];
arr.slice(3);                // returns [4, 5]; arr 未被修改
arr.slice(2, 4);             // returns [3, 4]; arr 未被修改
arr.slice(-2);               // returns [4, 5]; arr 未被修改
arr.slice(1, -2);            // returns [2, 3]; arr 未被修改
arr.slice(-2, -1);           // returns [4]; arr 未被修改
```

在任何位置加入或移除元素

`splice` 可以就地修改字串，在任何索引加入或移除元素。第一個引數是要開始修改的索引；第二個引數是要移除的元素數量（如果你不想移除任何元素，就使用 `0`），其餘的引數是要加入的元素。例如：

```
const arr = [1, 5, 7];
arr.splice(1, 0, 2, 3, 4);    // 回傳 []; arr 現在是 [1, 2, 3, 4, 5, 7]
arr.splice(5, 0, 6);          // 回傳 []; arr 現在是 [1, 2, 3, 4, 5, 6, 7]
arr.splice(1, 2);             // 回傳 [2, 3]; arr 現在是 [1, 4, 5, 6, 7]
arr.splice(2, 1, 'a', 'b');   // 回傳 [5]; arr 現在是 [1, 4, 'a', 'b', 6, 7]
```

切割與替換陣列元素

ES6 加入一種新方法：`copyWithin`，它會將陣列內一系列的元素就地複製到該陣列的其他地方，覆寫原本的元素。第一個引數是被貼上的地方（目標），第二個引數是要開始複製的地方，最後一個引數（選用）是停止複製的地方。與 `slice` 一樣，你可以使用負數的開始與結束索引，它們代表從陣列結尾處算回來的位置。例如：

```
const arr = [1, 2, 3, 4];
arr.copyWithin(1, 2);         // 現在 arr 是 [1, 3, 4, 4]
arr.copyWithin(2, 0, 2);      // 現在 arr 是 [1, 3, 1, 3]
arr.copyWithin(0, -3, -1);    // 現在 arr 是 [3, 1, 1, 3]
```

在陣列中填入特定值

ES6 加入一種受歡迎的新方法：`fill`，你可以用它來將任何數量的元素設為固定值（就地）。它特別適合與 `Array` 建構式一起使用（你可以指定陣列的初始大小）。如果你只想要填入部分的陣列，可視情況指定開始與結束索引（負引數同樣有效）。例如：

```
const arr = new Array(5).fill(1);   // arr 初始值為 [1, 1, 1, 1, 1]
arr.fill("a");                      // arr 現在是 ["a", "a", "a", "a", "a"]
arr.fill("b", 1);                   // arr 現在是 ["a", "b", "b", "b", "b"]
arr.fill("c", 2, 4);                // arr 現在是 ["a", "b", "c", "c", "b"]
arr.fill(5.5, -4);                  // arr 現在是 ["a", 5.5, 5.5, 5.5, 5.5]
arr.fill(0, -3, -1);                // arr 現在是 ["a", 5.5, 0, 0, 5.5]
```

反轉與排序陣列

reverse 很容易理解，它會就地反轉陣列的順序：

```
const arr = [1, 2, 3, 4, 5];
arr.reverse();                    // 現在 arr 是 [5, 4, 3, 2, 1]
```

sort 會就地排序陣列：

```
const arr = [5, 3, 2, 4, 1];
arr.sort();                       // 現在 arr 是 [1, 2, 3, 4, 5]
```

你也可以指定一個方便的**排序函式**。例如，排序物件沒有任何意義：

```
const arr = [{ name: "Suzanne" }, { name: "Jim" },
   { name: "Trevor" }, { name: "Amanda" }];
arr.sort();                                 // arr 未改變
arr.sort((a, b) => a.name > b.name);        // arr 按照 name 特性的
                                            // 字母順序排序
arr.sort((a, b) => a.name[1] < b.name[1]); // arr 按照 name 特性的
                                            // 第二個字母反向排序
```

在這個 sort 範例中，我們回傳布林值。但是，sort 可接收數字回傳值。如果你回傳 0，sort 會將兩個元素視為“相等”，並維持它們的順序。舉例來說，你可以用它來按照字母順序排序單字，但除了 *k* 開頭的單字之外；所以所有單字都會按照字母順序排序，所有 *k* 單字都在所有 *j* 單字後面，並且在所有 *l* 單字前面，但 *k* 單字的順序會與原本的一樣。

搜尋陣列

如果你想要在陣列中尋找某些東西，有很多選項可供使用。我們會先從卑微的 indexOf 開始，它已經出現在 JavaScript 一段時間了。indexOf 會尋找第一個完全符合的元素，並回傳它的索引（另外還有 lastIndexOf 可從另一個方向搜尋，並回傳最後一個符合的索引）。如果你只想搜尋部分的陣列，也可以指定開始的索引。如果 indexOf（或 lastIndexOf）回傳 -1，代表它無法找到符合的元素：

```
const o = { name: "Jerry" };
const arr = [1, 5, "a", o, true, 5, [1, 2], "9"];
arr.indexOf(5);                  // 回傳 1
arr.lastIndexOf(5);              // 回傳 5
arr.indexOf("a");                // 回傳 2
arr.lastIndexOf("a");            // 回傳 2
```

```
arr.indexOf({ name: "Jerry" });   // 回傳 -1
arr.indexOf(o);                   // 回傳 3
arr.indexOf([1, 2]);              // 回傳 -1
arr.indexOf("9");                 // 回傳 7
arr.indexOf(9);                   // 回傳 -1

arr.indexOf("a", 5);              // 回傳 -1
arr.indexOf(5, 5);                // 回傳 5
arr.lastIndexOf(5, 4);            // 回傳 1
arr.lastIndexOf(true, 3);         // 回傳 -1
```

接下來是 findIndex，它與 indexOf 類似的地方在於它也會回傳索引（或找不到符合的 -1）。但是 findIndex 比較有彈性，因為你可以提供一個判斷元素是否符合條件的函式（findIndex 無法從任意的索引開始，findLastIndex 也是如此）。

```
const arr = [{ id: 5, name: "Judith" }, { id: 7, name: "Francis" }];
arr.findIndex(o => o.id === 5);              // 回傳 0
arr.findIndex(o => o.name === "Francis");    // 回傳 1
arr.findIndex(o => o === 3);                 // 回傳 -1
arr.findIndex(o => o.id === 17);             // 回傳 -1
```

如果你要尋找某個元素的索引，find 與 findIndex 都很好用。但是如果你不在乎元素的索引，只想取得元素本身呢？ find 很像 findIndex 的地方在於，你可以指定一個函式來找出想找的東西，但它會回傳元素本身，而不是索引（如果找不到元素，它會回傳 null）：

```
const arr = [{ id: 5, name: "Judith" }, { id: 7, name: "Francis" }];
arr.find(o => o.id === 5);         // 回傳物件 { id: 5, name: "Judith" }
arr.find(o => o.id === 2);         // 回傳 null
```

被傳入 find 與 findIndex 的函式，除了第一個引數可以接收元素之外，也可以接收目前元素的索引，以及整個陣列本身。你可以用這種功能來做很多事，例如，找出平方值：

```
const arr = [1, 17, 16, 5, 4, 16, 10, 3, 49];
arr.find((x, i) => i > 2 && Number.isInteger(Math.sqrt(x)));   // 回傳 4
```

find 與 findIndex 也可以指定 this 變數在呼叫函式過程中的值。如果你想要呼叫一個函式，就像它是個物件的方法，這很好用。考慮以下用 ID 搜尋 Person 物件的技術：

```
class Person {
   constructor(name) {
      this.name = name;
      this.id = Person.nextId++;
   }
}
```

```
Person.nextId = 0;
const jamie = new Person("Jamie"),
   juliet = new Person("Juliet"),
   peter = new Person("Peter"),
   jay = new Person("Jay");
const arr = [jamie, juliet, peter, jay];

// 選項 1：直接比較 ID：
arr.find(p => p.id === juliet.id);        // 回傳 juliet 物件

// 選項 2：使用 "this" 引數：
arr.find(p => p.id === this.id, juliet);  // 回傳 juliet 物件
```

你可能會認為在 find 與 findIndex 裡面指定 this 值的效用有限，但稍後你會看到更有用的技術。

如同我們不一定在乎陣列內的元素索引，有時我們也不會在乎索引或元素本身，我們只想知道它是否存在。顯然我們可以使用之前的函式來檢查它會回傳 -1 或 null，但 JavaScript 提供兩個程式來做這件事：some 與 every。

如果 some 找到符合條件的元素（只要一個，當它找到第一個之後，就不會尋找其他的），它會回傳 true，否則 false。例如：

```
const arr = [5, 7, 12, 15, 17];
arr.some(x => x%2===0);                          // true; 12 是偶數
arr.some(x => Number.isInteger(Math.sqrt(x)));  // false，沒有平方值
```

如果陣列中的每一個元素都符合條件，every 會回傳 true，否則 false。如果 every 找到一個不符合條件的元素，它就會立刻停止查看並回傳 false，否則它就必須掃描整個陣列：

```
const arr = [4, 6, 16, 36];
arr.every(x => x%2===0);                          // true；沒有奇數
arr.every(x => Number.isInteger(Math.sqrt(x)));  // false；6 不是平方數
```

本章的方法都可以接受方法，some 與 every 也都可接受第二個參數，你可以指定當函式被呼叫時，this 的值為何。

基本陣列操作：map 與 filter

在所有陣列操作中，最實用的是 map 與 filter。你可以用這兩種方法來做很多了不起的事情。

map 可以**轉換**陣列內的元素。轉換成什麼？由你決定。你是不是有一些用來儲存數字的物件，但你要的其實只有裡面的數字？很簡單。你的陣列是不是存有函式，但你需要 promise？很簡單。**如果你的陣列屬於某一種格式，但你需要另一種格式，可使用 map。**map 與 filter 都會回傳複本，不會修改原始的陣列。我們來看一些範例：

```
const cart = [ { name: "Widget", price: 9.95 }, { name: "Gadget", price: 22.95 }];
const names = cart.map(x => x.name);              // ["Widget", "Gadget"]
const prices = cart.map(x => x.price);            // [9.95, 22.95]
const discountPrices = prices.map(x => x*0.8);    // [7.96, 18.36]
const lcNames = names.map(String.toLowerCase);    // ["widget", "gadget"]
```

你應該不知道 lcNames 怎麼動作：它看起來與其他的不一樣。我們談過所有可接收函式的方法，包括 map，它們都不在乎你如何傳入函式。在 names、prices 與 discountPrices 的例子中，我們建構自己的函式（使用箭頭符號）。在 lcNames 中，我們使用既有的函式 String.toLowerCase。這個函式會接收一個字串引數，並回傳小寫的字串。我們也可以寫成 names.map（x ⇒ x.toLowerCase()），但瞭解“函式就是函式，無論它的形式為何”這一點很重要。

當你提供的函式被呼叫時，它會使用三個引數來處理元素：元素本身、元素索引與陣列本身（這很少用到）。考慮這個範例，物品與它的價格被放在兩個不同的陣列中，但我們想要結合它們：

```
const items = ["Widget", "Gadget"];
const prices = [9.95, 22.95];
const cart = items.map((x, i) => ({ name: x, price: prices[i]}));
// cart: [{ name: "Widget", price: 9.95 }, { name: "Gadget", price: 22.95 }]
```

這個範例比較複雜，但它可說明 map 函式的威力。在這裡，我們不但使用元素本身（x），也使用它的索引（i）。之所以需要索引，是因為我們想要將 items 與 prices 裡面的元素用它們的索引連結起來。在這裡，map 會將一個字串陣列轉換成物件陣列，做法是從各個陣列拉入資訊（注意，我們必須將物件用括號包起來，如果沒有括號，箭頭標記會將大括號視為區塊標示）。

filter 如同它的名稱，目的是移除陣列中不想要的東西。它與 map 一樣，會回傳一個已移除元素的新陣列。什麼元素？同樣的，完全由你決定。如果你猜到我們將會提供一個函式來決定要移除哪些元素，答對了。我們來看一些範例：

```
// 建立一副撲克牌
const cards = [];
for(let suit of ['H', 'C', 'D', 'S'])  // hearts, clubs, diamonds, spades
   for(let value=1; value<=13; value++)
      cards.push({ suit, value });
```

```
// 取得所有數字 2 的牌
cards.filter(c => c.value === 2);    // [
                                     //    { suit: 'H', value: 2 },
                                     //    { suit: 'C', value: 2 },
                                     //    { suit: 'D', value: 2 },
                                     //    { suit: 'S', value: 2 }
                                     // ]

// 為了節省篇幅，接下來只列出長度

// 取得所有鑽石：
cards.filter(c => c.suit === 'D');                 // 長度： 13

// 取得所有臉牌
cards.filter(c => c.value > 10);                   // 長度： 12

// 取得所有紅心臉牌
cards.filter(c => c.value > 10 && c.suit === 'H');  // 長度： 3
```

希望你可以開始看到 map 與 filter 的組合可產生很好的效果。例如，假如我們想要用短字串來表示卡牌。我們使用 Unicode 字碼來代表花色，並使用 “A”、“J”、“Q” 與 “K” 來代表 ace 與臉牌。因為寫出來的函式有點長，我將它寫成獨立的函式，而不是匿名函式：

```
function cardToString(c) {
   const suits = { 'H': '\u2665', 'C': '\u2663', 'D': '\u2666', 'S': '\u2660' };
   const values = { 1: 'A', 11: 'J', 12: 'Q', 13: 'K' };
   // 每次呼叫 cardToString 就建立字串不是很有效率，
   // 比較好的做法留給讀者練習
   for(let i=2; i<=10; i++) values[i] = i;
   return values[c.value] + suits[c.suit];
}

// 取得所有數字 2 的牌
cards.filter(c => c.value === 2)
   .map(cardToString);   // [ "2♥", "2♣", "2♦", "2♠" ]

// 取得所有紅心臉牌
cards.filter(c => c.value > 10 && c.suit === 'H')
   .map(cardToString);   // [ "J♥", "Q♥", "K♥" ]
```

陣列魔法：reduce

在所有陣列方法中，我最喜歡的是 reduce。map 可轉換陣列的每一個元素，但 reduce 會**轉換整個陣列**。它稱為 reduce 的原因是，它通常會被用來將陣列精簡為一個值，例如加總陣列的數字，或計算平均值，都是將陣列精簡為一個值的方式。但是，reduce 提供的單值可以是個物件或另一個陣列，所以 reduce 也有 map 與 filter 的功能（或我們討論過的所有其他陣列函式）。

reduce 與 map 及 filter 一樣，可讓你提供一個控制結果的函式。到目前為止，我們處理的所有回呼中，傳入回呼的第一個元素一定是目前的陣列元素。但 reduce 不是如此：第一個值是個*累加器*，它是陣列要被精簡成的東西。你可以猜到其餘的引數是什麼：目前的陣列元素、目前的索引，與陣列本身。

reduce 除了接收回呼之外，也可接收（選用）累加器的初始值。我們來看一個簡單的範例，它會將數字總結成一個陣列：

```
const arr = [5, 7, 2, 4];
const sum = arr.reduce((a, x) => a += x, 0);
```

被傳入 reduce 的函式會接收兩個參數：累積器（a）與目前的陣列元素（x）。在這個範例中，我們讓累積器的初始值是 0。因為這是我們第一次體驗 reduce，我們來逐步追隨 JavaScript 的腳步，以瞭解它的工作原理：

1. 當（匿名）函式被呼叫時，會使用第一個陣列元素（5）。a 的初始值是 0，x 的值是 5。這個函式會回傳 a 與 x 的總和（5），它會變成下一個步驟的 a 的值。
2. 當這個函式被呼叫時，會使用第二個陣列元素（7）。a 的初始值是 5（上一個步驟傳入的），x 的值是 7。這個函式會回傳 a 與 x 的總和（12），它會變成下一個步驟的 a 的值。
3. 當這個函式被呼叫時，會使用第三個陣列元素（2）。a 的初始值是 12（上一個步驟傳入的），x 的值是 2。這個函式會回傳 a 與 x 的總和（14）。
4. 當這個函式被呼叫時，會使用第四個與最後一個陣列元素（4）。a 的初始值是 14（上一個步驟傳入的），x 的值是 4。這個函式會回傳 a 與 x 的總和（18），它是 reduce 回傳的值（接著指派給 sum）。

敏銳的讀者可能會發現到，在這個很簡單的範例中，我們不需要對 a 賦值；重點在於函式回傳什麼東西（之前提過，箭頭標記法不需要明確使用 return 陳述式），所以我們可以直接回傳 a + x。但是在較複雜的案例中，你或許想要使用累積器來做更多事情，所以在函式內修改累積器是個好習慣。

在我們進入更有趣的 reduce 用法之前，先來討論一下，如果累積器初始值是 undefined 時，會發生什麼事情。此時，reduce 會將第一個陣列元素當成初始值，並開始用第二個元素來呼叫函式。我們來重新看一下範例，並忽略初始值：

```
const arr = [5, 7, 2, 4];
const sum = arr.reduce((a, x) => a += x);
```

1. 使用**第二個**陣列元素（7）來呼叫（匿名）函式。a 的初始值是 5（第一個陣列元素），x 的值是 7。這個函式會回傳 a 與 x 的總和（12），它會變成下一個步驟的 a 的值。

2. 使用第三個陣列元素（2）來呼叫函式。a 的初始值是 12，x 的值是 2。這個函式會回傳 a 與 x 的總和（14）。

3. 這個函式被呼叫時，使用第四個也就是最後一個陣列元素（4）。a 的初始值是 14（上一個步驟傳入的），x 的值是 4。這個函式會回傳 a 與 x 的總和（18），它是 reduce 回傳的值（接著指派給 sum）。

你可以看到它少了一個步驟，但結果是一樣的。在這個範例中（以及所有將第一個元素當成累積器初始值的案例），我們可以得到省略初始值的好處。

reduce 經常使用原子（atomic）值（數字或字串）來當成累積器的值，但將物件當成累積器來使用是一種非常強大的方法（且經常被忽視）。例如，如果你有一個字串陣列，而且你想要將字串分成字母陣列（*A* 開頭的單字、*B* 開頭的單字等等），可以使用物件：

```
const words = ["Beachball", "Rodeo", "Angel",
    "Aardvark", "Xylophone", "November", "Chocolate",
    "Papaya", "Uniform", "Joker", "Clover", "Bali"];
const alphabetical = words.reduce((a, x) => {
    if(!a[x[0]]) a[x[0]] = [];
    a[x[0]].push(x);
    return a; }, {});
```

這個範例比較複雜，但原理是一樣的。針對陣列的每一個元素，函式會檢查累積器，看看它有沒有一個特性是單字的第一個字母，如果沒有，它會加入一個空陣列（當它看到 "Beachball" 時，因為沒有特性 a.B，所以它會建立一個，且它的值是一個空陣列）。接著它會將單字加到對應的陣列（可能已被建立），最後，回傳累積器（a）（記得你**回傳**的值會被當成陣列的下一個元素的累積器）。

另一個案例是計算統計數據。例如，若要計算資料集的平均值與變分：

```
const data = [3.3, 5, 7.2, 12, 4, 6, 10.3];
// Donald Knuth 的變分演算法：
// Art of Computer Programming, Vol. 2: Seminumerical Algorithms, 3rd Ed., 1998
const stats = data.reduce((a, x) => {
        a.N++;
        let delta = x - a.mean;
        a.mean += delta/a.N;
        a.M2 += delta*(x - a.mean);
        return a;
    }, { N: 0, mean: 0, M2: 0 });
if(stats.N > 2) {
    stats.variance = stats.M2 / (stats.N - 1);
    stats.stdev = Math.sqrt(stats.variance);
}
```

同樣的，我們可以使用物件來當成累積器，因為我們需要多個變數（分別是 mean 與 M2：必要的話，我們可以使用索引引數（負一）來取代 N）。

接著我們要來看最後一個範例（而且很無聊），它會使用還沒有用過的累積器型態：字串，來凸顯 reduce 的彈性：

```
const words = ["Beachball", "Rodeo", "Angel",
    "Aardvark", "Xylophone", "November", "Chocolate",
    "Papaya", "Uniform", "Joker", "Clover", "Bali"];
const longWords = words.reduce((a, w) => w.length>6 ? a+" "+w : a, "").trim();
// longWords: "Beachball Aardvark Xylophone November Chocolate Uniform"
```

我們在這裡使用字串累積器來讓一個字串容納所有大於六個字母的字串。以下有一個給讀者的練習：試著改寫這個程式，使用 filter 與 join 來取代 reduce（問問自己，為什麼需要在 reduce 後面呼叫 trim）。

希望 reduce 的威力可以讓你振奮。在所有陣列方法中，它是最通用且最強大的一種。

陣列方法，與已被刪除或從未被定義的元素

關於從未被定義或已經被刪除的元素，有一種 Array 行為經常會讓人犯錯。map、 filter 與 reduce 不會為從未被賦值或已被刪除的元素呼叫函式。例如，在 ES6 之前，如果你自作聰明地用這種方式來初始化一個陣列，將會大失所望：

```
const arr = Array(10).map(function(x) { return 5 });
```

arr 仍然是個有 10 個元素的陣列，裡面全部都是 undefined。同樣的，如果你刪除一個陣列中間的元素，接著呼叫 map，你會得到裡面有一個 “洞” 的陣列：

```
const arr = [1, 2, 3, 4, 5];
delete arr[2];
arr.map(x => 0);    // [0, 0, <1 empty slot>, 0, 0]
```

在實務上，這不太會造成問題，因為你使用的陣列裡面的元素通常都會被明確地設定（除非你故意要在陣列中留下空隙，這很罕見，你不會對陣列使用 delete），但小心為上。

連接字串

我們有時只想要將陣列元素的（字串）值串接成字串，並在它們之間使用分隔符號。Array.prototype.join 可使用一個引數—分隔符號（如果你省略它，預設值是逗號），並回傳一個將元素連接在一起的字串（包括從未被定義與已刪除的元素，它會變成空字串；null 與 undefined 也會變成空字串）：

```
const arr = [1, null, "hello", "world", true, undefined];
delete arr[3];
arr.join();        // "1,,hello,,true,"
arr.join('');      // "1hellotrue"
arr.join(' -- '); // "1 -- -- hello -- -- true --"
```

如果你巧妙地使用（並且使用字串串接），Array.prototype.join 可建立像 HTML <ul> 串列這類的東西：

```
const attributes = ["Nimble", "Perceptive", "Generous"];
const html = '<ul><li>' + attributes.join('</li><li>') + '</li></ul>';
// html: "<ul><li>Nimble</li><li>Perceptive</li><li>Generous</li></ul>";
```

請小心，不要對空陣列做這件事：你會得到一個空的 <li> 元素！

總結

JavaScript 的 Array 陣列有許多強大的功能與彈性，但有時你會因為不知道它們的使用時機，而覺得它們不易親近。表 8-1 到 8-4 列出 Array 的功能。

對於接收函式的 Array.prototype 方法（find、findIndex、some、every、map、filter 與 reduce），你提供的函式會針對陣列的每一個元素接收表 8-1 的引數。

表 8-1　Array 函式引數（依序）

方法	說明
只限 reduce	累積器（初始值，或上一次呼叫的回傳值）
所有	元素（目前元素的值）
所有	目前元素的索引
所有	Array 本身（很少用到）

所有可接收函式的 Array.prototype 方法都可以接收一個 this 值（選用），你可以在函式被呼叫使用它，來將函式當成方法來呼叫。

表 8-2　陣列內容操作

當你需要…	使用…	就地或複製
建立堆疊（後進先出 [LIFO]）	push（回傳新長度），pop	就地
建立佇列（先進先出 [FIFO]）	unshift（回傳新長度），shift	就地
在結尾加入多個元素	concat	複製
取得子陣列	slice	複製
在任何位置加入或移除元素	splice	就地
在陣列內剪下並取代	copyWithin	就地
填充陣列	fill	就地
反轉陣列	reverse	就地
排序陣列	sort（傳入函式或自訂排序）	就地

表 8-3　陣列搜尋

當你想要知道 / 尋找…	使用…
某個項目的索引	`indexOf`（簡單值），`findIndex`（複雜值）
某個項目的最後一個索引	`lastIndexOf`（簡單值）
項目本身	`find`
陣列中是否有一個項目符合某種條件	`some`
陣列中的所有元素是否都符合某種條件	`every`

表 8-4　陣列轉換

當你想要…	使用…	就地或複製
轉換陣列中的所有元素	`map`	複製
刪除陣列中符合某些條件的元素	`filter`	複製
將整個陣列轉換成另一種資料型態	`reduce`	複製
將元素轉換成字串並接在一起	`join`	複製

第九章

物件與物件導向程式設計

我們已經在第三章討論物件的基本知識了，接著要來深入討論 JavaScript 的物件。

與陣列一樣，JavaScript 的物件是一種**容器**（也稱為**聚合**（*aggregate*）或**複合資料型態**（*complex data types*））。物件與陣列有兩種主要的差異：

- 陣列儲存值、用數字索引，物件儲存特性，用字串或符號索引。
- 陣列是有序的（`arr[0]` 一定在 `arr[1]` 前面），物件不是（你不能保證 `obj.a` 在 `obj.b` 之前）。

這些差異很深奧（但很重要），所以我們來看讓物件與眾不同的特性（沒有其他意思）。**特性**包含一個**鍵**（字串或符號）與一個**值**。讓物件與眾不同的地方在於，你可以用特性的鍵來存取它們。

特性枚舉

一般來說，如果你想要列出容器的內容（稱為**枚舉**），需要的應該是陣列，而不是物件。但因為物件是容器，而且提供特性枚舉功能，所以你需要注意它涉及的特殊複雜性。

關於特性枚舉，你要記得的第一件事，就是**它的順序不保證是對的**。你可能會在做一些測試時，發現特性的順序與它們被放入的順序不同，而且在**大多數情況下**，許多版本都會如此。但是 JavaScript 表明不保證順序，而且出於效率的考量，版本可能會隨時改變。所以不要因為做了幾次測試而產生安全的錯覺：**永遠不要**假設特性枚舉有一定的順序。

知道這個警告後，我們來考慮枚舉物件特性的主要方式。

for...in

傳統的物件特性枚舉方式，是使用 for...in。考慮一個具有一些字串特性，與一個符號特性的物件：

```
const SYM = Symbol();

const o = { a: 1, b: 2, c: 3, [SYM]: 4 };

for(let prop in o) {
  if(!o.hasOwnProperty(prop)) continue;
  console.log(`${prop}: ${o[prop]}`);
}
```

這看起來很簡單…但你或許不知道 hasOwnProperty 的用途，它可以處理 for...in 迴圈的一個危險的地方：繼承而來的屬性，本章稍後才會說明，在這個範例中，你可以忽略它，因為它不會造成影響。但是，如果你要枚舉其他型態的物件特性，尤其是來自其他地方的物件，你會發現意料之外的特性。我鼓勵你養成使用 hasOwnProperty 的習慣，我們很快就會知道為什麼它很重要，到時你也會知道何時可以安全地（或希望可以）省略它。

留意 for...in 迴圈不包含使用符號鍵的特性。

雖然你也可以使用 for...in 來迭代陣列，但這通常不是一種好方法。我建議使用一般的 for 迴圈或陣列的 forEach。

Object.keys

Object.keys 可產生一個陣列，它裡面枚舉物件的所有字串特性：

```
const SYM = Symbol();

const o = { a: 1, b: 2, c: 3, [SYM]: 4 };

Object.keys(o).forEach(prop => console.log(`${prop}: ${o[prop]}`));
```

這個範例產生的結果與 for...in 迴圈一樣（而且不需要檢查 hasOwnProperty）。當你需要陣列型式的物件特性鍵時，它很好用。例如，你可以輕鬆地列出所有以字母 *x* 開頭的物件特性：

```
const o = { apple: 1, xochitl: 2, balloon: 3, guitar: 4, xylophone: 5, };

Object.keys(o)
  .filter(prop => prop.match(/^x/))
  .forEach(prop => console.log(`${prop}: ${o[prop]}`));
```

物件導向程式設計

物件導向程式設計（OOP）是一種古老的電腦科學方法。我們現在知道的 OOP 概念，有一些都早在 1950 年代就出現了，但直到 Simula 67 問世，且 Smalltalk 出現之後，大家才真正認識 OOP。

OOP 的基本概念既簡單且直接：物件是一種在邏輯上與一群資料及功能有關的東西，它的設計，是為了對應我們對這個世界的理解方式。**車子**是一種擁有資料（製造者、型號、車門數量、車牌號碼等等）與功能（加速、檔位、開門、打開車頭燈等等）的物件。此外，OOP 可讓你用抽象（車）與具體（**特定**的車）的方式來思考。

在深入討論之前，我們先來看一下 OOP 的基本詞彙。**類別**代表一種統稱的東西（**一台**車）。**實例**（或**物件實例**）代表特定的東西（**特定**的車，例如"我的車"）。功能（加速）稱為**方法**。與類別有關的方法，但不屬於特定的實例，稱為**類別方法**（例如，"建立新的車牌號碼"應該是一種類別方法：它尚未代表特定的新車，而且我們不覺得一台車子必須具備產生新的、有效的車牌號碼的知識）。當你第一次建立實例時，會執行它的**建構式**，建構式會將物件實例初始化。

OOP 也提供一個以階層來分類類別的框架。例如，我們可以建立一個更通用的 *vehicle*（**交通工具**）類別。車輛可能會有**最長行駛距離**（*range*）（在沒有中途加油或充電的情況下，可行駛的距離），但與車子（car）不同的是，它有可能沒有輪子（船是一種沒有輪子的交通工具）。我們說交通工具是車子的**超類別**，但車子是交通工具的**子類別**。交通工具類別可能有許多子類別：車子、船、飛機、機車、腳踏車等等。子類別也可能有其他的子類別。例如，船子類別可能有它的子類別：帆船、划艇、獨木舟、拖船、水上摩托車等等。

這一章將會使用車子的例子，因為它是與我們習習相關的真實世界物件（就算我們沒有參與車子文化）。

建立類別與實例

在 ES6 之前，用 JavaScript 建立類別是一種模糊、難懂的工作。ES6 加入一些方便的類別建立語法：

```
class Car {
   constructor() {
   }
}
```

這段程式會建立一個新的類別，稱為 Car。現在我們還沒有建立任何實例（具體的車子），但我們可以立刻做這件事。要建立一部具體的車子，你必須使用 new 關鍵字：

```
const car1 = new Car();
const car2 = new Car();
```

現在我們已經有類別 Car 的兩個實例了。在讓 Car 類別更精良之前，我們來瞭解 instanceof 運算子，它可以告訴你某個物件是不是屬於某個類別的實例：

```
car1 instanceof Car        // true
car1 instanceof Array      // false
```

從這裡，我們可以看到 car1 是 Car 的實例，不是 Array 的。

我們來讓 Car 有趣一些，給它一些資料（廠商、型號）與一些功能（檔位）：

```
class Car {
   constructor(make, model) {
      this.make = make;
      this.model = model;
      this.userGears = ['P', 'N', 'R', 'D'];
      this.userGear = this.userGears[0];
   }
   shift(gear) {
      if(this.userGears.indexOf(gear) < 0)
         throw new Error(`Invalid gear: ${gear}`);
      this.userGear = gear;
   }
}
```

這裡使用 this 關鍵字來完成預期的目的：參考被呼叫的方法所屬的實例。你可以將它想成一個預留項目：當你編寫一個類別（抽象的），this 關鍵字是**特定**實例的預留符號，當方法被呼叫時，它的身分就可以確定。這個建構式可讓我們在建構物件時，指定車子的廠商與型號，也可以設定一些預設值：可用的檔位（userGears）與目前的檔位（gear），它的初始值是第一個可用的檔位（我將它們稱為**使用者**（*user*）檔位，因為如果那台車子是自動排檔時，當車子在行駛中，會有實際的機械檔位，它可能會不一樣）。除了在建立新物件時會私底下呼叫的建構式之外，我們也建立一個方法 shift，可用來改變有效的檔位。我們來看看它的動作：

```
const car1 = new Car("Tesla", "Model S");
const car2 = new Car("Mazda", "3i");
car1.shift('D');
car2.shift('R');
```

在這個範例中，當我們呼叫 car1.shift('D') 時， this 會被綁定 car1。同樣的，在 car2.shift('R')，它會被綁定 car2。我們可以確定 car1 在 D 檔，car2 在 R 檔。

```
> car1.userGear      // "D"
> car2.userGear      // "R"
```

動態特性

讓 Car 類別的 shift 方法有能力防止使用者不小心選擇無效的檔位是一種聰明的做法。但是，這種保護有限，因為沒有任何東西可阻止你直接設定它：car1.userGear = 'X'。大部分的 OO 語言都提供保護機制，可讓你指定方法與特性的存取等級，來避免這種濫用。但 JavaScript 沒有這種機制，這是這種語言經常被批評的地方。

動態特性[1] 可協助減緩這一種弱點。它們的語義，可讓特性具有方法的功能。我們來利用它，修改 Car 類別：

```
class Car {
   constructor(make, model) {
      this.make = make;
      this.model = model;
      this._userGears = ['P', 'N', 'R', 'D'];
      this._userGear = this._userGears[0];
   }

   get userGear() { return this._userGear; }
   set userGear(value) {
      if(this._userGears.indexOf(value) < 0)
         throw new Error(`Invalid gear: ${value}`);
      this._userGear = vaule;
   }

   shift(gear) { this.userGear = gear; }
}
```

1 將動態特性改稱為**存取器特性**比較正確，我們會在第二十一章進一步瞭解。

精明的讀者會發現，我們還沒有解決這個問題，因為我們仍然可以直接設定 _userGear：car1._userGear = 'X'。在這個範例中，我們使用“窮人版的存取限制”—將我們認為不能公開使用的特性的名稱開頭加上底線。這只能做到使用慣例的保護，可讓你在程式中快速看到不應該存取的特性。

如果你真的需要強制私用，可使用以範圍來保護的 WeakMap 實例（見第十章）（如果我們不使用 WeakMap，私用特性就永遠不會超出範例，即使它們參考的實例也是如此）。以下是修改 Car 類別，來讓底下的“目前檔位”特性真正變成私用的方式：

```
const Car = (function() {

   const carProps = new WeakMap();

   class Car {
      constructor(make, model) {
         this.make = make;
         this.model = model;
         this._userGears = ['P', 'N', 'R', 'D'];
         carProps.set(this, { userGear: this._userGears[0] });
      }

      get userGear() { return carProps.get(this).userGear; }
      set userGear(value) {
         if(this._userGears.indexOf(value) < 0)
            throw new Error(`Invalid gear: ${value}`);
         carProps.get(this).userGear = value;
      }

      shift(gear) { this.userGear = gear; }
   }

   return Car;
})();
```

我們在這裡使用立刻呼叫的函式運算式（見第十三章），來將 WeakMap 藏在一個 closure 裡面，讓它不會被外面的世界存取。因此那個 WeakMap 可以安全地儲存我們不希望類別外面可以存取的所有特性。

在特性名稱中使用符號是另一種做法，這也可以在某種程度上避免不小心使用，但類別的符號特性仍然會被修改，所以這種方法仍然會被忽視。

類別即函式

在 ES6 加入 class 關鍵字之前，要建立一個類別，你需要建立一個函式來扮演類別建構式的角色。雖然 class 語法比較直觀且簡單，但在引擎蓋下，JavaScript 類別的性質並沒有改變（class 只是加入一些糖衣語法），所以瞭解 JavaScript 的類別如何表現是很重要的事情。

類別其實只是一種函式。在 ES5 中，我們可以這樣製作 Car 類別：

```
function Car(make, model) {
   this.make = make;
   this.model = model;
   this._userGears = ['P', 'N', 'R', 'D'];
   this._userGear = this.userGears[0];
}
```

我們也可以在 ES6 做這件事：結果會一模一樣。我們可以藉由使用這兩種方式來確認這一點：

```
class Es6Car {}          // 為了簡潔，我們會省略建構式
function Es5Car {}
> typeof Es6Car          // "function"
> typeof Es5Car          // "function"
```

所以 ES6 其實沒有什麼新鮮事，我們只是多了一些方便的新語法。

原型

當你參考類別的實例的方法時，你參考的其實是**原型**（*prototype*）方法。例如，在參考 Car 實例的 shift 方法時，你參考的是原型方法，而且你會經常看到它被寫成 Car.prototype.shift（同樣的，Array 的 forEach 會被寫成 Array.prototype.forEach）。現在我們要來瞭解究竟什麼是原型，以及 JavaScript 如何使用**原型鏈**來執行**動態指派**。

愈來愈多人喜歡使用數字符號（#）來代表原型方法。例如，你會看到 Car.prototype.shift 被簡寫成 Car#shift。

每一種函式都有一種特殊特性叫做 prototype（你可以針對任何函式 f，在主控台輸入 **f.prototype** 來確認）。一般的函式不會用到原型，但它對扮演物件建構式的函式而言非常重要。

習慣上，物件建構式（即類別）也會用首字大寫來命名，例如 Car，雖然這種習慣不是強制性的，但是如果你試著用首字大寫來命名函式，或用小寫字母來命名物件建構式，許多 linter 都會發出警告。

當你使用 new 關鍵字來建立新實例時，函式的 prototype 特性就會變得很重要：新建立的物件可存取它的建構式的 prototype 物件。物件實例會將它存在它的 __proto__ 特性裡面。

__proto__ 特性被視為 JavaScript 的管路系統之一——所有前後使用雙底線的特性都是如此。你可以用這些特性來做一些非常邪惡的事情。有時，你可以很聰明且有效地使用它們，但是在你沒有非常瞭解 JavaScript 之前，我高度建議你看看這些特性就好，不要碰它們。

關於原型，有一種重要的機制，稱為**動態指派**（"指派" 是呼叫方法的另一種說法）。當你想要存取某個物件的特性或方法時，如果它不存在，JavaScript **會檢查物件的原型**，看看它有沒有在那裡。因為同一個類別的所有實例都會使用同一個原型，如果原型裡面有特性或方法，該類別的所有實例都可以存取那些特性或方法。

在類別的原型中設定資料特性通常沒有效果。所有實例會共用那個特性的值，但如果你在任何實例中*更改*那個值，那個值會被設為實例的值，而不是原型的。這可能會產生困擾與 bug。如果你想要讓所有實例都有一個初始的資料值，最好在建構式中設定它們。

注意，在實例中定義方法或特性，將會改寫原型的版本，請記得，JavaScript 會在檢查原型之前先檢查實例。我們來看一下它的動作：

```
// 類別 Car 的定義與之前一樣，有 shift 方法
const car1 = new Car();
const car2 = new Car();
car1.shift === Car.prototype.shift;     // true
car1.shift('D');
car1.shift('d');                        // 錯誤
car1.userGear;                          // 'D'
car1.shift === car2.shift               // true

car1.shift = function(gear) { this.userGear = gear.toUpperCase(); }
car1.shift === Car.prototype.shift;     // false
car1.shift === car2.shift;              // false
car1.shift('d');
car1.userGear;                          // 'D'
```

這個範例清楚地展示 JavaScript 執行動態指派的方式。一開始，物件 `car1` 沒有方法 `shift`，但是當你呼叫 `car1.shift('D')` 時，JavaScript 會查看 `car1` 的原型，找到擁有那個名稱的方法。當我們將 `shift` 換成自行開發的版本時，`car1` 與它的原型都有方法使用這個名稱。當我們呼叫 `car1.shift('d')` 時，呼叫的是 `car1` 的方法，而不是它的原型。

大多數情況下，你不需要瞭解原型鏈與動態指派的機制，但有時你會遇到一些問題，需要深入瞭解才能解決，此時知道事情的來龍去脈是很有幫助的。

靜態方法

到目前為止，我們看到的方法都是**實例方法**。也就是說，它們都是在特定的實例上使用的。另外還有一種**靜態方法**（或**類別方法**），它不是在特定的實例上使用的。在靜態方法中，`this` 會被綁定給類別本身，但通常最好的做法是使用類別的名稱，而不是 `this`。

靜態方法的用途，是執行與整個類別有關的工作，而不是與任何一個特定實例有關的工作。我們以車牌號碼（VIN）為例。讓每一台汽車可以產生自己的 VIN 不是合理的做法（這樣要怎麼避免一台汽車的 VIN 與別台汽車一樣？）但是，指派 VIN 是一種與汽車概念有關的抽象概念，因此，它是使用靜態方法的對象。此外，靜態方法通常會被用來處理多台汽車。例如，我們可能希望有一個方法稱為 `Similar`，它會在兩台車屬於同一個廠商與型號時回傳 `true`，有同樣的 VIN 時回傳 `areSame`。我們來看一下這些 `Car` 的靜態方法：

```
class Car {
   static getNextVin() {
      return Car.nextVin++;     // 我們也可以使用 this.nextVin++
                                // 但使用 Car 可強調
                                // 這是一個靜態方法
   }
   constructor(make, model) {
      this.make = make;
      this.model = model;
      this.vin = Car.getNextVin();
   }
   static areSimilar(car1, car2) {
      return car1.make===car2.make && car1.model===car2.model;
   }
   static areSame(car1, car2) {
      return car1.vin===car2.vin;
   }
}
Car.nextVin = 0;
```

```
const car1 = new Car("Tesla", "S");
const car2 = new Car("Mazda", "3");
const car3 = new Car("Mazda", "3");

car1.vin;      // 0
car2.vin;      // 1
car3.vin       // 2

Car.areSimilar(car1, car2);      // false
Car.areSimilar(car2, car3);      // true
Car.areSame(car2, car3);         // false
Car.areSame(car2, car2);         // true
```

繼承

在討論原型時，我們已經看過一些繼承了：當你建立一個類別實例時，它會繼承該類別的原型的功能。但是故事還沒結束：如果 JavaScript 無法在物件的原型中找到某個方法，它會檢查*原型的*原型。**原型鏈**就是透過這種方式產生的。JavaScript 會不斷追溯原型鏈，直到發現滿足請求的原型為止。如果它找不到這種原型，最後就會產生錯誤。

它的便利之處在於，它可以建立類別階層。我們已經說過，汽車是一種交通工具。原型鏈可讓我們指派功能。例如，一台車或許會有一個稱為 deployAirbags 的功能。我們也可以在通用的交通工具裡面加入這個的方法，但你看過有安裝安全氣囊的船嗎？另一方面，幾乎所有交通工具都可載運旅客，所以交通工具可能會有一個 addPassenger 方法（如果超過載客量，它會丟出錯誤）。我們來看如何用 JavaScript 寫出這種情況：

```
class Vehicle {
   constructor() {
      this.passengers = [];
      console.log("Vehicle created");
   }
   addPassenger(p) {
      this.passengers.push(p);
   }
}

class Car extends Vehicle {
   constructor() {
      super();
      console.log("Car created");
   }
   deployAirbags() {
      console.log("BWOOSH!");
   }
}
```

我們看到的第一種新功能是 extends 關鍵字；這個語法會將 Car 標成 Vehicle 的子類別。第二種初次見到的功能是呼叫 super()。這是 JavaScript 的特殊函式，可呼叫超類別的建構式。這是子類別必用的功能，如果你忽略它，就會看到錯誤。

我們來看一下這個範例的動作：

```
const v = new Vehicle();
v.addPassenger("Frank");
v.addPassenger("Judy");
v.passengers;                 // ["Frank", "Judy"]
const c = new Car();
c.addPassenger("Alice");
c.addPassenger("Cameron");
c.passengers;                 // ["Alice", "Cameron"]
v.deployAirbags();            // 錯誤
c.deployAirbags();            // "BWOOSH!"
```

留意，我們可以呼叫 c 的 deployAirbags，但不能呼叫 v 的。換句話說，繼承是單向的。Car 類別的實例可存取 Vehicle 類別的所有方法，但反過來就不行。

多型

令人生畏的**多型**（*polymorphism*）是一種 OO 術語，它不但會將一個實例視為它的類別的成員，也會將它視為所有超類別的成員。在許多 OO 語言中，多型是一種 OOP 的特殊功能。在 JavaScript 中，你可以在任何地方使用所有物件（但不保證會有正確的結果），所以在某種程度上，JavaScript 有終極的多型。

在 JavaScript 中，你寫的程式經常會採用某種形式的 *duck typing*。這項技術來自一句話"如果牠像鴨子一樣走路，像鴨子一樣叫…那麼它應該就是隻鴨子。"如果在 Car 範例中，有一個物件有 deployAirbags 方法，那麼你應該就可以合理地推論它是 Car 的實例。這或許是事實，也有可能不是，但它是個強烈的提示。

JavaScript 也提供 instanceof 運算子，它會告訴你某個物件是不是特定類別的實例。你也有可能會被欺騙，但只要你不使用 prototype 與 __proto__，它就是可以信賴的：

```
class Motorcycle extends Vehicle {}
const c = new Car();
const m = new Motorcyle();
c instanceof Car;          // true
c instanceof Vehicle;      // true
m instanceof Car;          // false
m instanceof Motorcycle;   // true
m instanceof Vehicle;      // true
```

JavaScript 的所有物件都是根類別 Object 的實例。也就是說，對於所有物件 o 來說，o instanceof Object 都是 true（除非你刻意設定它的 __proto__ 特性，但不應該這樣做）。對你來說，這沒有實際的意義，它的主要目的是提供所有的物件都要有的重要方法，例如 toString，本章稍後會討論它。

再談枚舉物件特性

我們已經看過如何使用 for...in 來枚舉物件中的特性了。現在我們已經瞭解原型繼承了，所以可以來討論當你在枚舉物件特性時，hasOwnProperty 有什麼用途。假設有一個物件 obj 與一個特性 x，當 obj 擁有特性 x 時，obj.hasOwnProperty(x) 會回傳 true，當這個特性沒有被定義，或被定義在原型鏈，它會回傳 false。

如果你正常使用 ES6 類別，資料特性一定會被定義在實例中，而不是在原型鏈。但是，因為 JavaScript 無法避免人們直接在原型中加入特性，最好還是使用 hasOwnProperty 來確定。考慮這個範例：

```
class Super {
   constructor() {
      this.name = 'Super';
      this.isSuper = true;
   }
}

// 這是有效的，但不是個好做法…
Super.prototype.sneaky = 'not recommended!';

class Sub extends Super {
   constructor() {
      super();
      this.name = 'Sub';
      this.isSub = true;
   }
}

const obj = new Sub();

for(let p in obj) {
   console.log(`${p}: ${obj[p]}` +
      (obj.hasOwnProperty(p) ? '' : ' (inherited)'));
}
```

當你執行這個程式時，會看到：

```
name: Sub
isSuper: true
isSub: true
sneaky: not recommended! (inherited)
```

特性 name、isSuper 與 isSub 都被定義在實例裡面，而不是在原型鏈裡面（注意，在超類別建構式中宣告的特性，也會被定義在超類別實例裡面）。另一方面，特性 sneaky 是手動加到超類別的原型。

你可以使用 Object.keys 來同時避免這個問題，它裡面只有被定義在原型中的特性。

字串表示

每一個物件最原始都是從 Object 繼承的，所以在預設情況下，所有物件都可以使用 Object 的方法。其中一種方法是 toString，它的目的是提供一個預設的字串來代表物件。toString 的預設行為是回傳 "[object Object]"，但這不是很實用。

使用 toString 來描述一些關於某個物件的資訊，在除錯時很實用，可讓你一眼就看出物件的重要資訊。例如，我們可以修改本章之前的 Car 類別，來讓它有個 toString 方法，以回傳廠商、型號與 VIN：

```
class Car {
   toString() {
      return `${this.make} ${this.model}: ${this.vin}`;
   }
   //...
```

現在呼叫 Car 實例的 toString，可得到一些該物件的識別資訊。

多重繼承、Mixin 與介面

有一些 OO 語言提供所謂的**多重繼承**功能，可讓一個類別擁有兩個直系超類別（而不是一個超類別，而那一個超類別又有一個超類別）。多重繼承會導致**碰撞**的風險。也就是說，如果有一個物件繼承兩個父系，且兩個父系都有一個 greet 方法，那麼子類別該繼承哪一個？許多語言選擇以單繼承來避免這種棘手的問題。

但是，當我們考慮現實世界的問題時，多重繼承通常是合理的。例如，汽車可能會同時繼承交通工具與保險（你可以替汽車或房子買保險，但房子顯然不是交通工具）。不支援多重繼承的語言通常會採用一種**介面**的觀念，來處理這種問題。一個類別（Car）只能繼承一個父系（Vehicle），但它可以擁有多個介面（Insurable、Container 等等）。

有趣的是，JavaScript 混合兩種做法。技術上，它是一種單繼承語言，因為原型鏈不會尋找多個父系，但它提供許多比多重繼承與介面還要好的方法（但有時比較不好）。

多重繼承產生的問題主要是因為 *mixin* 概念。mixin 代表功能一如預期地 "混合（mixed in）"。因為 JavaScript 是型態未定（untyped）、極其寬鬆的語言，你可以隨時在任何物件中混入幾乎所有功能。

我們來建立一個 "可投保" 的 mixin 讓汽車使用。我們會保持簡單。除了可投保 mixin 之外，我們也會建立一個 InsurancePolicy 類別。可投保 mixin 需要方法 addInsurancePolicy、getInsurancePolicy 與（為了方便）isInsured。我們來看一下它們的動作：

```
class InsurancePolicy() {}
function makeInsurable(o) {
   o.addInsurancePolicy = function(p) { this.insurancePolicy = p; }
   o.getInsurancePolicy = function() { return this.insurancePolicy; }
   o.isInsured = function() { return !!this.insurancePolicy; }
}
```

現在我們來讓物件可投保。就 Car 而言，我們要如何讓它可投保？首先你會想到：

```
makeInsurable(Car);
```

但你很快就會感到意外：

```
const car1 = new Car();
car1.addInsurancePolicy(new InsurancePolicy());        // 錯誤
```

或許你認為 "當然啊，addInsurancePolicy 並沒有在原型鏈裡面"，並前往類別的源頭。但這不能讓 Car 可投保，很合理：抽象概念的汽車是不可投保的，但具體的汽車可以。所以我們下一個動作是：

```
const car1 = new Car();
makeInsurable(car1);
car1.addInsurancePolicy(new InsurancePolicy());        // 可行
```

這是可行的，但現在我們必須記得呼叫每一台被我們做出來的車子的 makeInsurable。我們可以將這個呼叫式加入 Car 建構式，但現在我們要為每一台建立出來的車子複製這個功能。幸運的是，解決方法很簡單：

```
makeInsurable(Car.prototype);
const car1 = new Car();
car1.addInsurancePolicy(new InsurancePolicy());       // 可行
```

現在我們的方法就好像一直都是 Car 類別的一部分。而且從 JavaScript 的觀點來看，它們**的確如此**。從開發者的觀點來看，我們可以輕鬆地維護這兩個重要的類別。汽車工程部門負責管理與開發 Car 類別，保險部門管理 InsurancePolicy 類別與 makeInsurable mixin。誠然，這兩個部門還有使用介面互相溝通的空間，但是讓所有事物可在一個大型的 Car 類別中運作是比較好的方式。

mixin 不會解決衝突的問題：如果保險部門因為某些原因，要在他們的 mixin 中建立一個 shift 方法，它會破壞 Car。此外，我們無法使用 instanceof 來辨識物件是否可保險：我們的最佳做法是 duck typing（如果它有一個 addInsurancePolicy 方法，它一定是可保險的）。

我們可以用符號來改善一些問題。假設保險部門不斷加入很通用的方法，無意中與 Car 方法產生衝突，你可以要求他們的所有鍵都使用符號。他們的 mixin 將會長得像：

```
class InsurancePolicy() {}
const ADD_POLICY = Symbol();
const GET_POLICY = Symbol();
const IS_INSURED = Symbol();
const _POLICY = Symbol();
function makeInsurable(o) {
   o[ADD_POLICY] = function(p) { this[_POLICY] = p; }
   o[GET_POLICY] = function() { return this[_POLICY]; }
   o[IS_INSURED] = function() { return !!this[_POLICY]; }
}
```

因為符號是唯一的，這可確保 mixin 永遠不會與既有的功能衝突。它用起來會比較尷尬，但安全多了。比較中道的做法是使用一般的字串來代表方法，使用符號（例如 _POLICY）來代表資料特性。

總結

物件導向程式設計是很熱門的做法，這有很好的理由。在許多真實世界的問題中，它會鼓勵你用更容易維護、除錯與修改的方式來架構與封裝程式碼。JavaScript 的 OOP 做法招來許多批評，有的人甚至認為它不符合 OO 語言的定義（通常是因為缺乏控制資料存取的方式）。那些說法有的確實有其道理，但是當你習慣 JavaScript 的 OOP 之後，你會發現其實它很有彈性，而且很強大。而且你可以用它來做一些其他 OO 語言不敢做的事情。

第十章

Map 與 Set

ES6 加入兩種受歡迎的資料結構：*map* 與 *set*。Map 很像物件，因為它們可以將一個鍵對應到一個值，set 很像陣列，但它無法被複製。

Map

在 ES6 之前，當你需要將鍵對應到值時，你會使用物件，因為物件可讓你將字串鍵對應至任何型態的物件值。但是，這樣使用物件有許多缺點：

- 因為物件的原型特性，代表你有可能會對應到意外的東西。
- 你不容易知道一個物件裡面有多少對應。
- 鍵必須是字串或符號，讓你無法將物件對應到值。
- 物件不保證特性的順序。

`Map` 物件可解決這些缺點，而且它很適合將鍵對應到值（就算鍵是字串）。例如，想像你想要將使用者物件對應到角色：

```
const u1 = { name: 'Cynthia' };
const u2 = { name: 'Jackson' };
const u3 = { name: 'Olive' };
const u4 = { name: 'James' };
```

你可以從建立 map 開始：

```
const userRoles = new Map();
```

接著使用 map 的 set() 方法，來將使用者指派給角色：

```
userRoles.set(u1, 'User');
userRoles.set(u2, 'User');
userRoles.set(u3, 'Admin');
// 可憐的 James... 我們沒有指派角色給他
```

set() 方法也是可鏈結的，這可以節省一些打字：

```
userRoles
  .set(u1, 'User')
  .set(u2, 'User')
  .set(u3, 'Admin');
```

你也可以傳遞陣列的陣列（array of arrays）給建構式：

```
const userRoles = new Map([
  [u1, 'User'],
  [u2, 'User'],
  [u3, 'Admin'],
]);
```

如果我們想要知道 u2 的角色是什麼，可使用 get() 方法：

```
userRoles.get(u2);      // "User"
```

如果你在呼叫 get 時，使用 map 裡面沒有的鍵，它會回傳 undefined。你也可以使用 has() 方法來確定 map 裡面有沒有某個鍵：

```
userRoles.has(u1);      // true
userRoles.get(u1);      // "User"
userRoles.has(u4);      // false
userRoles.get(u4);      // undefined
```

如果你使用 map 裡面有的鍵來呼叫 set()，它的值會被換掉：

```
userRoles.get(u1);             // 'User'
userRoles.set(u1, 'Admin');
userRoles.get(u1);             // 'Admin'
```

size 特性會回傳 map 內的項目數量：

```
userRoles.size;         // 3
```

使用 keys() 方法來取得 map 內的鍵，values() 來回傳值，entries() 來取得項目陣列，其中第一個元素是鍵，第二個元素是值。這些方法都會回傳一個可迭代的物件，你可以用 for...of 迴圈來迭代它：

```
for(let u of userRoles.keys())
   console.log(u.name);

for(let r of userRoles.values())
   console.log(r);

for(let ur of userRoles.entries())
   console.log(`${ur[0].name}: ${ur[1]}`);

// 注意，我們可以使用解構
// 來讓這個迭代更自然：
for(let [u, r] of userRoles.entries())
   console.log(`${u.name}: ${r}`);

// entries() 方法是 Map 的預設迭代器
// 所以你可以將之前的範例簡化成：
for(let [u, r] of userRoles)
   console.log(`${u.name}: ${r}`);
```

如果你需要陣列（而不是可迭代的物件），可以使用擴張運算子：

```
[...userRoles.values()];      // [ "User", "User", "Admin" ]
```

要刪除 map 內的一個項目，你可以使用 `delete()` 方法：

```
userRoles.delete(u2);
userRoles.size;          // 2
```

最後，如果你想要移除 map 的所有項目，可以用 `clear()` 方法：

```
userRoles.clear();
userRoles.size;          // 0
```

Weak Map

`WeakMap` 與 `Map` 一模一樣，除了：

- 它的鍵必須是物件。
- `WeakMap` 的鍵可以被資源回收。
- `WeakMap` 無法被迭代或清除。

一般來說，只要 JavaScript 有某個地方參考一個物件，這個物件就會被保存在記憶體裡面。例如，如果你有一個物件，它是一個 `Map` 內的鍵，只要這個 `Map` 存在，JavaScript 就會把那個物件留在記憶體裡面。但 WeakMap 不是如此。因此，WeakMap 無法被迭代（在迭代時，將物件曝露在被資源回收的程序中，是很危險的事情）。

拜 WeakMap 這些特性之賜，你可以用它來將私用鍵存在物件實例內：

```
const SecretHolder = (function() {
   const secrets = new WeakMap();
   return class {
      setSecret(secret) {
         secrets.set(this, secret);
      }
      getSecret() {
         return secrets.get(this);
      }
   }
})();
```

我們在這裡將 WeakMap 放入 IIFE，以及一個使用它的類別。在 IIFE 外部，我們有一個類別 SecretHolder，它的實例可以儲存秘密。我們只能用 setSecret 方法來設定秘密，只能用 getSecret 來取得秘密：

```
const a = new SecretHolder();
const b = new SecretHolder();

a.setSecret('secret A');
b.setSecret('secret B');

a.getSecret();    // "secret A"
b.getSecret();    // "secret B"
```

我們也可以使用一般的 Map，但是如此一來，我們讓 SecretHolder 的實例知道的秘密就永遠不會被資源回收了！

Set

set 是一組不重複的資料（符合數學的集合定義）。在之前的範例中，我們可能想要賦與一個使用者多個角色。例如，所有的使用者可能都有 "User" 角色，但是管理者會同時擁有 "User" 與 "Admin" 角色。但是，讓一個使用者擁有多個同樣的角色是不符合邏輯的。集合就是適合這種情況的資料結構。

首先，建立一個 Set 實例：

```
const roles = new Set();
```

如果我們想要為一個使用者增加角色，可以使用 add() 方法：

```
roles.add("User"); // Set [ "User" ]
```

要讓這個使用者成為管理者，需要再次呼叫 add()：

```
roles.add("Admin"); // Set [ "User", "Admin" ]
```

如同 Map，Set 也有 size 特性：

```
roles.size;    // 2
```

以下是 set 很棒的地方：我們不需要在加入某個東西之前，先檢查看看它有沒有在集合裡面。當我們加入已經在集合內的東西時，將不會發生任何事情：

```
roles.add("User");    // Set [ "User", "Admin" ]
roles.size;           // 2
```

要移除角色，我們只要呼叫 delete()，如果該角色在集合內，它會回傳 true，否則 false：

```
roles.delete("Admin");  // true
roles;                  // Set [ "User" ]
roles.delete("Admin");  // false
```

Weak Set

weak set 只可以容納物件，且它們容納的物件是可以被資源回收的。與 WeakMap 一樣，WeakSet 內的值不能迭代，所以很少人使用它；它們沒有什麼適合的使用案例。實際上，唯一會使用 weak set 的情況，就是判斷某個物件有沒有在集合內。

例如，聖誕老公公可能有個 WeakSet 稱為 naughty，讓他決定該將煤炭送給誰：

```
const naughty = new WeakSet();

const children = [
   { name: "Suzy" },
   { name: "Derek" },
];

naughty.add(children[1]);

for(let child of children) {
   if(naughty.has(child))
      console.log(`Coal for ${child.name}!`);
```

```
    else
      console.log(`Presents for ${child.name}!`);
  }
```

打破物件習慣

如果你是有經驗的 JavaScript 程式員，但還不瞭解 ES6，很有可能會用物件來做 map。你已經學到所有技巧來避免物件 map 的陷阱了，但現在你有真正的 map 了，就應該使用它們！同樣的，你可能習慣用布林值物件來做 set，但現在不需要這樣做了。當你發現自己正在建立物件時，暫停一下，問問自己，“我只是要用這個物件來建立 map 嗎？”如果答案是“是”，請考慮改用 Map。

第十一章

例外與錯誤處理

雖然我們都希望住在一個沒有錯誤的世界，但這只是一種不切實際的想法。就算是最簡單的應用程式，也會讓你在意外的情況下產生錯誤。要編寫強健、高品質的軟體，第一步是認知它終究會有錯誤，第二步是預先知道這些錯誤，並且用合理的方式來處理它們。

例外處理是一種機制，它會以管制的方式來處理錯誤。之所以稱為**例外**處理（而不是**錯誤**處理），是因為它的目的是為了處理例外的情況，也就是說，這些情況不是你預期的錯誤，而是非預期的。

預期的錯誤與非預期錯誤（例外）之間的界線很模糊，而且是視情況而定的。設計給一般、未受過訓練的大眾使用的應用程式所產生的意外行為，可能會比設計給受過訓練的使用者使用的應用程式還要多。

在表單中填入無效的 email 地址是一種預期中的錯誤：人們**經常**會打錯字。意外的錯誤可能包括：沒有磁碟空間，或以前可靠的服務變成無法使用。

Error 物件

JavaScript 有一種內建的 `Error` 物件，它很適合用來處理任何種類的錯誤（例外或預期的）。你可以在建立一個 `Error` 實例時提供一個錯誤訊息：

```
const err = new Error('invalid email');
```

建立 Error 實例本身不會做任何事情，只會給你一個可以用來溝通錯誤的東西。想像有一個負責驗證 email 地址的函式，如果函式驗證成功，它會回傳 email 地址的字串。如果沒有，它會回傳 Error 的實例。為了簡單起見，我們會將任何有 at 符號（@）的 email 地址視為有效的（見第十七章）：

```
function validateEmail(email) {
   return email.match(/@/) ?
      email :
      new Error(`invalid email: ${email}`);
}
```

要使用它，我們可以使用 typeof 運算子來決定它是否回傳一個 Error 實例。我們提供的錯誤訊息可從特性 message 取得：

```
const email = "jane@doe.com";

const validatedEmail = validateEmail(email);
if(validatedEmail instanceof Error) {
   console.error(`Error: ${validatedEmail.message});
} else {
   console.log(`Valid email: ${validatedEmail}`);
}
```

雖然使用 Error 實例是有效且實用的方式，但它通常會被用來處理例外，接下來討論。

使用 try 與 catch 來處理例外

例外是用 try...catch 陳述式來處理的。它的概念是：你會“嘗試（try）”一件事，如果出現任何例外，例外就會被“捕捉（catch）”。在之前的範例中，validateEmail 會處理預期的錯誤（有人忘了 email 的 at 符號），但也有可能會發生預期外的錯誤：例如有任性的程式員將 email 設為非字串的東西。如果在之前的範例中，將 email 設為 null 或數字或物件（除了字串之外的東西）都會產生錯誤，且程式會以一種很不友善的方式停擺。要防止這種意外的錯誤，我們可以將程式放在 try...catch 陳述式裡面：

```
const email = null; // 唉呀

try {
   const validatedEmail = validateEmail(email);
   if(validatedEmail instanceof Error) {
      console.error(`Error: ${validatedEmail.message});
   } else {
      console.log(`Valid email: ${validatedEmail}`);
   }
```

```
    } catch(err) {
        console.error(`Error: ${err.message}`);
    }
```

因為我們抓到錯誤了，程式不會停擺—我們會記下錯誤，並繼續執行。如果我們需要有效的 email，這種做法仍然會有問題，我們的程式或許無法有意義地繼續執行，但至少現在可以較優雅地處理錯誤。

留意，只要錯誤出現，控制權就會轉移到 catch 區塊，也就是說，呼叫 validateEmail 之後的 if 陳述式不會執行。你可以在 try 區塊中使用任意的陳述式數量，第一個產生錯誤的陳述式，會將控制權轉換到 catch 區塊。如果沒有錯誤，catch 區塊就不會執行，程式會繼續執行下去。

丟出錯誤

在之前的範例中，我們使用 try...catch 陳述式來捕捉 JavaScript 自己產生的錯誤（當我們呼叫 match 方法時，使用不是字串的東西）。你也可以自己“丟出”錯誤，它會引發例外處理機制。

與其他可以處理例外的語言不同的是，在 JavaScript 中，你可以丟出任意值：數字或字串，或任何其他型態，但是傳統的做法是丟出 Error 的實例。大部分的 catch 區塊都期望看到 Error 的實例。請記得，你不一定能夠決定丟出的錯誤被捕捉的地方（你寫的函式可能會被其他的程式員使用，他可能會認為，所有被丟出的錯誤都是 Error 的實例）。

例如，如果你要為銀行應用程式編寫帳單支付功能，當帳戶餘額無法支付帳單時，你可能會丟出一個例外（它之所以是例外的原因是，你應該要在支付帳單之前先檢查餘額）：

```
function billPay(amount, payee, account) {
    if(amount > account.balance)
        throw new Error("insufficient funds");
    account.transfer(payee, amount);
}
```

當你呼叫 throw 時，目前的函式會立刻停止執行（所以，在我們的範例中，account.transfer 不會被呼叫，這是我們期望的行為）。

例外處理與呼叫堆疊

典型的程式都會呼叫函式，且這些函式也會呼叫其他函式，那些函式又會呼叫其他函式，以此類推。JavaScript 解譯器必須追蹤它們全部。如果函式 a 呼叫函式 b，且函式 b 呼叫函式 c，當函式 c 結束時，控制權會回到函式 b，當 b 結束時，控制權會回到函式 a。因此，當 c 在執行時，a 與 b 都還沒有完成任務。這種未完成的函式嵌套稱為**呼叫堆疊**。

如果 c 裡面有一個錯誤，a 與 b 會發生什麼事？發生這種情形時，它會在 b 裡面產生一個錯誤（因為 b 可能會依賴 c 的回傳），接著造成 a 裡面的錯誤（因為 a 可能會依賴 b 的回傳）。基本上，錯誤會在呼叫堆疊中往上傳播，直到它被捕捉為止。

錯誤會在呼叫堆疊的任一層中被捕捉；如果它們沒有被抓到，JavaScript 解譯器會毫不客氣地停止你的程式。這稱為**未處理的例外**，或**未捕獲的例外**，它會讓程式當機。因為錯誤可能會在許多地方發生，會讓你很難捕捉所有的錯誤，這就是程式當機的原因。

當錯誤被捕獲，呼叫堆疊會提供實用的資訊來協助診斷問題。例如，如果函式 a 呼叫函式 b，b 再呼叫函式 c，且 c 出現錯誤，呼叫堆疊會告訴你，錯誤不但出現在 c 裡面，它也會在 c 被 b 呼叫，b 被 a 呼叫時發生。如果你的程式有許多地方會呼叫函式 c，這種資訊會很實用。

在大部分的 JavaScript 版本中，Error 實例裡面有一個 stack 特性，它會用字串來表示堆疊（它不是標準的 JavaScript 功能，但你可在大部分的環境使用）。知道這件事之後，我們可以寫一個範例來展示例外處理：

```
function a() {
    console.log('a: calling b');
    b();
    console.log('a: done');
}
function b() {
    console.log('b: calling c');
    c();
    console.log('b: done');
}
function c() {
    console.log('c: throwing error');
    throw new Error('c error');
    console.log('c: done');
}
function d() {
```

```
    console.log('d: calling c');
    c();
    console.log('d: done');
}

try {
    a();
} catch(err) {
    console.log(err.stack);
}

try {
    d();
} catch(err) {
    console.log(err.stack);
}
```

在 Firefox 執行這個範例，會產生以下的主控台輸出：

```
a: calling b
b: calling c
c: throwing error
c@debugger eval code:13:1
b@debugger eval code:8:4
a@debugger eval code:3:4
@debugger eval code:23:4

d: calling c
c: throwing error
c@debugger eval code:13:1
d@debugger eval code:18:4
@debugger eval code:29:4
```

有 @ 符號的那幾行是堆疊追蹤（stack trace），從"最深的" `function (c)` 開始，結束的地方完全沒有函式（瀏覽器本身）。你可以看到，我們有兩個不同的堆疊追蹤：一個顯示 `c` 被 `b` 呼叫，`b` 被 `a` 呼叫，另一個顯示 `d` 直接呼叫 `c`。

try...catch...finally

有時 `try` 區塊內的程式與某種資源有關，例如 HTTP 連結或檔案。無論有沒有錯誤，我們都希望可以釋放這些資源，避免它永遠黏在程式裡面。因為 `try` 可容納任何陳述式，它們任何一個都有可能產生錯誤，所以這不是個釋放資源的好地方（因為錯誤可能會在我們有機會做這件事之前發生）。在 `catch` 區塊中釋放資源也不安全，因為如果沒有錯誤，它就不會被釋放。此時，finally 最適合處理這件事，無論有沒有錯誤，它都會被呼叫。

因為我們還沒有討論檔案處理與 HTTP 連結，我們只會使用 console.log 陳述式來展示 finally 區塊：

```
try {
   console.log("this line is executed...");
   throw new Error("whoops");
   console.log("this line is not...");
} catch(err) {
   console.log("there was an error...");
} finally {
   console.log("...always executed");
   console.log("perform cleanup here");
}
```

無論你會不會使用 throw 陳述式，finally 區塊都會執行。

讓例外成為例外

你已經知道什麼是例外處理，以及怎麼做了，你應該想要用它來處理預期的常見錯誤與非預期的錯誤。畢竟，丟出錯誤很容易，“放棄”你不知道如何處理的狀況也很方便。但例外處理需要付出成本。除了有永遠抓不到例外的風險之外（因此讓你的程式當機），例外也會消耗一些計算成本。因為例外必須“解開”堆疊追蹤，直到遇到 catch 區塊為止，所以 JavaScript 必須做額外的整理工作。隨著電腦速度不斷增加，已經不太有人注意這一點了，但是在經常執行的路徑上丟出例外，仍然會影響效能。

請記得，每當你丟出例外時，就必須捕捉它（除非你想要讓程式當機）。你不能不做任何事情，就想要得到期望的結果。最佳做法是將例外當成最後一道防線，來處理無法預期的例外錯誤，以及用控制流程陳述式來管理預期的錯誤。

第十二章

迭代器與產生器

ES6 加入兩種很重要的概念：**迭代器與產生器**。產生器會使用迭代器，所以我們從迭代器開始。

迭代器大致上相當於書籤：它可以讓你知道你在哪裡。陣列是一種**可迭代**物件：它可容納許多東西（就像書頁），並且可以給你一個迭代器（就像書籤）。我們來比喻一下：想像你有一個陣列稱為 book，它的每一個元素都是代表一張書頁的字串。為了配合本書的格式，我使用 Lewis Carroll 的 *Alice's Adventures in Wonderland* 裡面的"Twinkle, Twinkle, Little Bat"（你可以將它想成童書，每一頁只有一行文字）：

```
const book = [
   "Twinkle, twinkle, little bat!",
   "How I wonder what you're at!",
   "Up above the world you fly,",
   "Like a tea tray in the sky.",
   "Twinkle, twinkle, little bat!",
   "How I wonder what you're at!",
];
```

我們有一個 book 陣列，可以用它的 values 方法來取得迭代器：

```
const it = book.values();
```

繼續比喻，迭代器（通常會縮寫成 it）是個書籤，但它只適用於這一本書。此外，我們還沒有把它放在任何一個地方，因為還沒有開始閱讀。要"開始閱讀"時，我們要呼叫迭代器的 next 方法，它會回傳一個物件，這個物件有兩個特性：value（保存你目前的"頁數"）與 done，當你讀完最後一頁時，它會變成 false。我們的書本只有六頁，所以很容易就可以展示將它全部讀完的方法：

```
it.next();  // { value: "Twinkle, twinkle, little bat!", done: false }
it.next();  // { value: "How I wonder what you're at!", done: false }
it.next();  // { value: "Up above the world you fly,", done: false }
it.next();  // { value: "Like a tea tray in the sky.", done: false }
it.next();  // { value: "Twinkle, twinkle, little bat!", done: false }
it.next();  // { value: "How I wonder what you're at!", done: false }
it.next();  // { value: undefined, done: true }
it.next();  // { value: undefined, done: true }
it.next();  // { value: undefined, done: true }
```

這裡有一些重點。第一點是，當 next 到書的最後一頁時，它會告訴我們還沒有讀完。這有點違反書籍的比喻：當你讀到書的最後一頁時，就讀完了，不是嗎？迭代器的用途不是只有書，知道何時完成並非都是這麼簡單。當你**已經**完成時，注意 value 是 undefined，也注意，你可以繼續呼叫 next，它會不斷告訴你同樣的事情。當迭代器完成時，它就完成了，它不應該提供之前資料[1]。

雖然這個範例無法直接說明，但你應該可以知道，我們可以在 it.next() **之間**做些事情。換句話說，它會為我們保存位置。

如果我們需要枚舉陣列，可使用 for 迴圈或 for...of 迴圈。for 迴圈的機制很簡單：我們知道陣列中的元素是數值且循序的，所以可使用索引變數來依序存取陣列中的每一個元素。for...of 迴圈怎麼做呢？沒有索引，要怎麼完成它的特異功能？真相是，它會使用迭代器：for...of 迴圈可以與**任何**提供迭代器的東西合作，我們很快就會看到如何使用它。首先，我們要用一個 while 迴圈與迭代器的新知識來模擬 for...of 迴圈：

```
const it = book.values();
let current = it.next();
while(!current.done) {
   console.log(current.value);
   current = it.next();
}
```

注意，迭代器是獨特的，也就是說，每當你建立一個新的迭代器時，就會從頭開始，你也可以在不同的地方使用許多迭代器：

```
const it1 = book.values();
const it2 = book.values();
// 這兩個迭代器都還沒有開始

// 用 it1 讀兩頁：
it1.next();  // { value: "Twinkle, twinkle, little bat!", done: false }
```

1 因為物件可以提供它們自己的迭代機制，我們很快就會看到，它其實可以建立一個"壞迭代器"來修改 done 值；這應該視為一種有缺陷的迭代器。一般來說，你要使用正確的迭代器行為。

```
it1.next();  // { value: "How I wonder what you're at!", done: false }

// 用 it2 讀一頁：
it2.next();  // { value: "Twinkle, twinkle, little bat!", done: false }

// 用 it1 再讀一頁：
it1.next();  // { value: "Up above the world you fly,", done: false }
```

在這個範例中，兩個迭代器是獨立的，它們會按照它們自己的時程來迭代陣列。

迭代協定

迭代器本身不是很有趣，但它們可提供有趣的行為。**迭代器協定**可讓任何物件都是可迭代的。想像你想要建立一個記錄類別，它可為訊息加上時戳。在內部，你可以使用一個陣列來儲存加上時戳的訊息：

```
class Log {
   constructor() {
      this.messages = [];
   }
   add(message) {
      this.messages.push({ message, timestamp: Date.now() });
   }
}
```

目前為止一切都還好…但如果我們想要迭代記錄項目時怎麼辦？當然，我們可以存取 `log.messages`，但如果我們可以直接使用可迭代的方式來處理記錄，就像處理陣列一樣，不是比較好嗎？我們可以透過迭代協定來做這件事。迭代協定說，如果你的類別提供一個符號方法 `Symbol.iterator`，且它會回傳一個具有迭代行為的物件（即，它有一個 `next` 方法，可回傳具有 `value` 與 `done` 特性的物件），那麼它就是可迭代的！我們來修改 `Log` 類別，讓它有一個 `Symbol.iterator` 方法：

```
class Log {
   constructor() {
      this.messages = [];
   }
   add(message) {
      this.messages.push({ message, timestamp: Date.now() });
   }
   [Symbol.iterator]() {
      return this.messages.values();
   }
}
```

現在我們可以迭代 Log 的實例，就像它是個陣列：

```
const log = new Log();
log.add("first day at sea");
log.add("spotted whale");
log.add("spotted another vessel");
//...

// 迭代 Log 的實例，就像它是個陣列！
for(let entry of log) {
   console.log(`${entry.message} @ ${entry.timestamp}`);
}
```

在這個範例中，我們遵循迭代協定，在 messages 陣列提供一個迭代器，但我們也可以編寫我們自己的迭代器：

```
class Log {
   //...

   [Symbol.iterator]() {
      let i = 0;
      const messages = this.messages;
      return {
         next() {
            if(i >= messages.length)
               return { value: undefined, done: true };
            return { value: messages[i++], done: false };
         }
      }
   }
}
```

到目前為止，我們編寫的範例都迭代預定的元素數量：書本的書頁、記錄中的訊息。但是，迭代器也可以用來表示值永遠不會結束的物件。

我們來考慮一個很簡單的範例：產生 Fibonacci 數字。Fibonacci 不難產生，它們都需要依賴前面的那個數字。Fibonacci 序列的數字是它前面兩個數字的總和。序列是從 1 與 1 開始的，下一個數字是 1 + 1，也就是 2。再下一個是 1 + 2，也就是 3。第四個數字是 2 + 3，也就是 5，以此類推。序列長成這樣：

1, 1, 2, 3, 5, 8, 13, 21, 34, 55, 89, 144,...

Fibonacci 序列會不斷繼續下去。我們的應用程式不知道需要多少元素，所以它很適合當成迭代器範例。這個範例與前一個不同的地方在於，這個迭代器的 done 永遠不會回傳 true：

```
class FibonacciSequence {
   [Symbol.iterator]() {
      let a = 0, b = 1;
      return {
         next() {
            let rval = { value: b, done: false };
            b += a;
            a = rval.value;
            return rval;
         }
      };
   }
}
```

如果我們在 for...of 迴圈中使用 FibonacciSequence 實例，最後會得到一個無窮迴圈⋯我們永遠不會結束 Fibonacci 數字！為了避免這件事，我們在 10 個元素之後加上一個 break 陳述式：

```
const fib = new FibonacciSequence();
let i = 0;
for(let n of fib) {
   console.log(n);
   if(++i > 9) break;
}
```

產生器

產生器是一種函式，它會使用迭代器來控制執行的方式。一般的函式會接收引數與回傳一個值，但除此之外，呼叫方沒辦法控制函式。當你呼叫函式時，就會放棄對函式的控制權，直到它回傳結果為止。但如果使用產生器的話就不是如此，你可以控制函式的執行。

產生器可做兩件事：第一件事，是可以控制函式的執行，讓它以分開的步驟（discrete step）來執行；第二件事，是你可以在函式運行時與它溝通。

產生器就像一般的函式，但有兩個不同的地方：

- 函式可以在任何地方將控制權“歸還”給呼叫方。
- 當你呼叫產生器時，它不會馬上執行，但你會得到一個迭代器。當你呼叫迭代器的 next 方法時，函式才會執行。

在 JavaScript 中，產生器的表示法是在 function 關鍵字後面加上一個星號，除此之外，它的語法與一般的函式一模一樣。如果一個函式是個產生器，除了 return 之外，你也可以使用 yield。

我們來看一個簡單的範例，這個產生器會回傳彩虹的所有顏色：

```
function* rainbow() {    // 星號將它標成產生器
   yield 'red';
   yield 'orange';
   yield 'yellow';
   yield 'green';
   yield 'blue';
   yield 'indigo';
   yield 'violet';
}
```

現在我們來看如何呼叫這個產生器。請記得，當你呼叫產生器時，你會得到一個迭代器。我們要來呼叫函式，並逐步執行迭代器：

```
const it = rainbow();
it.next();  // { value: "red", done: false }
it.next();  // { value: "orange", done: false }
it.next();  // { value: "yellow", done: false }
it.next();  // { value: "green", done: false }
it.next();  // { value: "blue", done: false }
it.next();  // { value: "indigo", done: false }
it.next();  // { value: "violet", done: false }
it.next();  // { value: undefined, done: true }
```

因為 rainbow 產生器會回傳一個迭代器，我們也可以在 for...of 迴圈中使用它：

```
for(let color of rainbow()) {
   console.log(color):
}
```

這會顯示彩虹的所有顏色！

yield 運算式與雙向溝通

之前提過，產生器可在產生器與它的呼叫方之間進行**雙向**溝通。這是透過 yield 運算式來進行的。之前提過，運算式會產生一個值，正因為 yield 是個運算式，所以它必須求出某個東西的值。它用來求值的東西，是呼叫方每次呼叫產生器的迭代器的 next 時提供的引數。考慮一個可以對話的產生器：

```
function* interrogate() {
  const name = yield "What is your name?";
  const color = yield "What is your favorite color?";
  return `${name}'s favorite color is ${color}.`;
}
```

當我們呼叫這個產生器時，會得到一個迭代器，這時還不會執行產生器的任何部分。當我們呼叫 next 時，它會試著執行第一行。但是，因為那一行裡面有一個 yield 運算式，產生器必須將控制權交還給呼叫方。呼叫方必須再次呼叫 next，才能處理第一行，且 name 可接收 next 回傳的值。這是當我們完成執行這個產生器之後的樣子：

```
const it = interrogate();
it.next();          // { value: "What is your name?", done: false }
it.next('Ethan');   // { value: "What is your favorite color?", done: false }
it.next('orange');  // { value: "Ethan's favorite color is orange.", done: true }
```

圖 12-1 是執行這個產生器的事件序列。

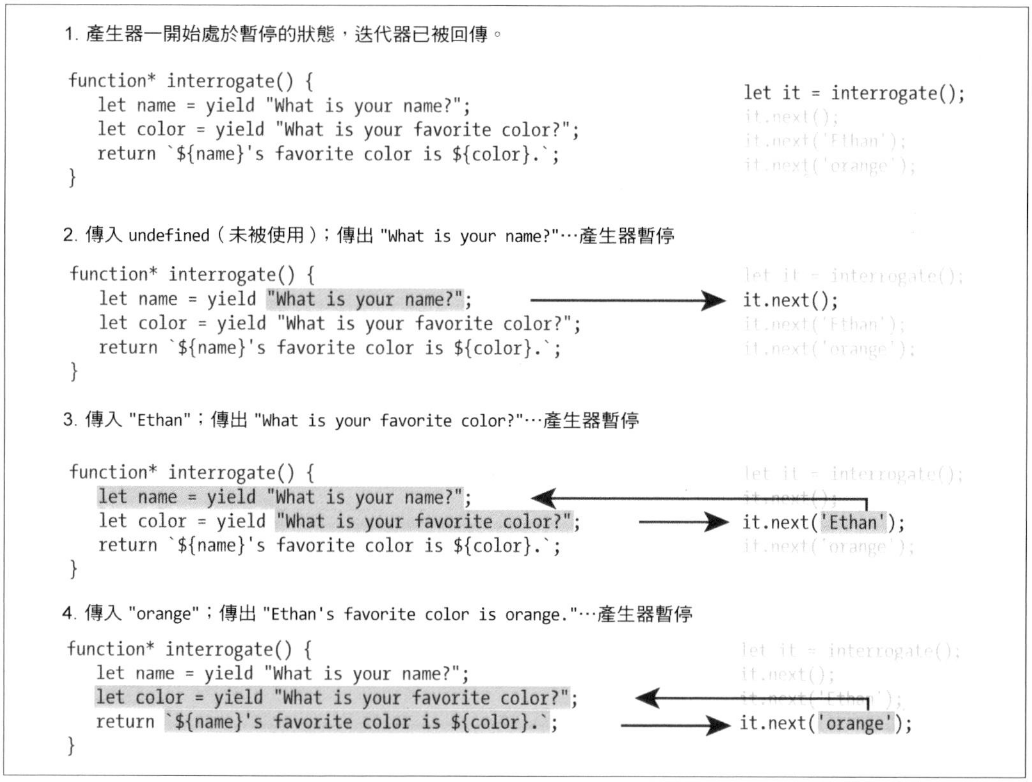

1. 產生器一開始處於暫停的狀態，迭代器已被回傳。

```
function* interrogate() {                                          let it = interrogate();
  let name = yield "What is your name?";                           it.next();
  let color = yield "What is your favorite color?";                it.next('Ethan');
  return `${name}'s favorite color is ${color}.`;                  it.next('orange');
}
```

2. 傳入 undefined（未被使用）；傳出 "What is your name?"…產生器暫停

```
function* interrogate() {                                          let it = interrogate();
  let name = yield "What is your name?";          ----------->     it.next();
  let color = yield "What is your favorite color?";                it.next('Ethan');
  return `${name}'s favorite color is ${color}.`;                  it.next('orange');
}
```

3. 傳入 "Ethan"；傳出 "What is your favorite color?"…產生器暫停

```
function* interrogate() {                                          let it = interrogate();
  let name = yield "What is your name?";          <-----------     it.next();
  let color = yield "What is your favorite color?";   -------->    it.next('Ethan');
  return `${name}'s favorite color is ${color}.`;                  it.next('orange');
}
```

4. 傳入 "orange"；傳出 "Ethan's favorite color is orange."…產生器暫停

```
function* interrogate() {                                          let it = interrogate();
  let name = yield "What is your name?";                           it.next();
  let color = yield "What is your favorite color?";   <--------    it.next('Ethan');
  return `${name}'s favorite color is ${color}.`;     -------->    it.next('orange');
}
```

圖 12-1 產生器範例

這個範例顯示產生器的功能很強大，可讓呼叫方控制函式的執行。此外，因為呼叫方可傳遞資訊給產生器，產生器甚至可以根據傳入的資訊來修改它自己的行為。

箭頭標記法不能用來建立產生器，你必須使用 function*。

產生器與 return

yield 陳述式本身不會結束產生器，就算它是產生器的最後一個陳述式。在產生器的任何地方呼叫 return，會讓 done 變成 true，而 value 特性是你想要回傳的東西。例如：

```
function* abc() {
   yield 'a';
   yield 'b';
   return 'c';
}

const it = count();
it.next();  // { value: 'a', done: false }
it.next();  // { value: 'b', done: false }
it.next();  // { value: 'c', done: true }
```

雖然這是正確的行為，但請記得，產生器的使用者不一定會注意當 done 是 true 時的 value 特性。例如，如果我們在 for...of 迴圈中使用它，"c" 完全不會被印出來：

```
// 會印出 "a" 與 "b"，但不會印出 "c"
for(let l of abc()) {
   console.log(l);
}
```

我建議你不要在產生器裡面使用 return 來回傳有意義的值。如果你想要將實用的值丟出產生器，應使用 yield；return 只應該用來提早停止產生器。因此，我通常建議，當你呼叫產生器的 return 時，完全不要提供任何值。

總結

迭代器是一種標準的機制，可讓集合或物件來提供複數值。雖然在 ES6 之前，迭代器無法提供任何東西，但它們可將重要且常見的動作標準化。

產生器可讓你進一步控制與訂製函式：呼叫方再也不是只能在事前提供資料，等待函式回傳，接收函式的結果。在實質上，產生器可延遲執行，且只在必要時執行。我們會在第十四章看到，它們可以提供強大的模式來管理非同步執行。

第十三章

函式與抽象思考的威力

如果說 JavaScript 是百老匯戲劇，函式就是亮眼的巨星，它們是萬眾矚目的焦點，而且會在謝幕時，得到如雷的掌聲（當然也會有一些噓聲，因為你沒辦法取悅所有人）。我們已在第六章討論過函式的機制了，現在我們要來討論函式的使用方式，以及它們會如何改變你解決問題的做法。

函式就像變色龍：在不同的情境中，你會對它們有不同的看法。我們要看的第一個且最簡單的觀點，就是重複使用程式的機制。

將函式當成副程式

副程式（*subroutine*）是很古老的概念，這是一種管理複雜問題的做法。如果沒有副程式，編寫程式就會變成不斷做相同事情的工作。副程式只是將一些重複的功能包起來，給它一個名稱，讓你隨時可以藉由那個名稱來執行那些功能。

副程式還有其他的名稱：*procedure*、*routine*、*subprogram*、*macro* 與很平淡籠統的**可呼叫單位**（*callable unit*）。注意在 JavaScript 中，我們其實不會使用 *subroutine* 這個字，我們只會將函式稱為函式（或方法）。之所以在這裡使用 *subroutine*，是為了強調函式有一種簡單的功用。

副程式經常會被用來包裝**演算法**，它只是一個執行特定工作的方法。我們來考慮一個判斷目前的日期所屬的年份是不是閏年的演算法：

```
const year = new Date().getFullYear();
if(year % 4 !== 0) console.log(`${year} is NOT a leap year.`)
else if(year % 100 != 0) console.log(`${year} IS a leap year.`)
else if(year % 400 != 0) console.log(`${year} is NOT a leap year.`)
else console.log(`{$year} IS a leap year`);
```

想像一下，如果我們必須在程式中執行這段程式碼 10 次…甚至更糟，100 次。再想像一下，如果你想要修改印到主控台的文字，就必須找出所有使用這段程式的地方，並且修改四個字串！這正是副程式要解決的問題。在 JavaScript 中，函式可滿足這個需求：

```
function printLeapYearStatus() {
   const year = new Date().getFullYear();
   if(year % 4 !== 0) console.log(`${year} is NOT a leap year.`)
   else if(year % 100 != 0) console.log(`${year} IS a leap year.`)
   else if(year % 400 != 0) console.log(`${year} is NOT a leap year.`)
   else console.log(`{$year} IS a leap year`);
}
```

我們現在已建立一個**可重複使用**的副程式（函式）了，它叫做 `printLeapYearStatus`。你應該已經很擅長做這件事了。

注意我們取的函式名稱：`printLeapYearStatus`。為什麼不叫它 `getLeapYearStatus`，或單純的 `leapYearStatus` 或 `leapYear` 就好？雖然這些名稱比較短，但它們沒辦法說明重要的細節：這個函式只會印出目前的閏年狀態。命名一個有意義的函式名稱，是一種科學，也是一種藝術。這個名稱不是給 JavaScript 看的，JavaScript 不在乎你使用什麼名稱。名稱是給別人看的（或未來的你）。當你為函式命名時，仔細想一下，如果別人只能看到函式名稱，他們會怎麼理解函式。在理想情況下，你會用完全符合函式功能的名稱，但如此一來，你可能會取一個冗長的函式名稱。例如，你可能會將這個函式命名為 `calculateCurrentLeapYearStatusAndPrintToConsole`，但是這個冗長的名稱又有許多多餘的資訊，這就是藝術的部分。

將函式當成會回傳一個值的副程式

在之前的範例中，`printLeapYearStatus` 符合一般人對副程式的認知：它只是將一些功能包裝起來，方便大家使用，但你會發現自己不太會使用這種簡單的用法，尤其是當你的程式寫作技巧變得更精密且抽象時，更是如此。我們接著進入抽象思考，將函式當成一個**會回傳一個值**的副程式。

我們的 printLeapYearStatus 很好，但是當我們繼續發展程式時，主控台上的訊息也快速地成長。現在我們想要使用 HTML 來輸出結果，或將結果寫入一個檔案，或用目前的閏年狀態來做**其他的**計算，但副程式沒辦法做這些事。但是，我們同樣不希望每次想要知道今年是不是閏年時，都要再背一次演算法。

還好，改寫函式（與改名！），讓它回傳一個值很簡單：

```
function isCurrentYearLeapYear() {
   const year = new Date().getFullYear();
   if(year % 4 !== 0) return false;
   else if(year % 100 != 0) return true;
   else if(year % 400 != 0) return false;
   else return true;
}
```

接著我們來看一些範例，瞭解如何使用新函式的回傳值：

```
const daysInMonth =
   [31, isCurrentYearLeapYear() ? 29 : 28, 31, 30, 31, 30,
      31, 31, 30, 31, 30, 31];
if(isCurrentYearLeapYear()) console.log('It is a leap year.');
```

在繼續下去之前，先來看一下我們怎樣命名這個函式。我們經常會將回傳布林值（或在布林情境下使用）的函式名稱開頭加上 is。我們也在函式名稱中加入 *current* 這個字，為什麼？因為這個函式顯然會取得**目前的日期**。換句話說，如果你在 2016 年 12 月 31 日執行它，以及在隔天的 2017 年 1 月 1 日執行它，兩次執行回傳的值是不一樣的。

將函式當成…函數

現在我們已經討論一些看待函式的方式了，是時候來將函式想成…好吧，函數了。如果你是數學家，會將函數寫成一種**關係**：對它輸入，它會產生輸出。每一個輸入都與一些輸出有關。如果函式符合數學定義的函數，有些程式員會將它稱為**純函式**。甚至有些程式語言（例如 Haskell）只允許使用純函式。

純函式與之前討論的函式有什麼不同？首先，純函式必須是**相同的輸入組合只能產生相同的輸出**。isCurrentYearLeapYear 不是一種純函式，因為它會根據你呼叫它的時間而回傳不同的東西（某年它會回傳 true，但是在下一年它會回傳 false）。此外，函式不能有**副作用**，也就是說，呼叫函式之後，程式的狀態不會被改變。在我們討論過的函式中，還沒有看過有副作用的函式（我們不認為主控台輸出是一種副作用）。考慮一個簡單的範例：

```
const colors = ['red', 'orange', 'yellow', 'green',
   'blue', 'indigo', 'violet'];
let colorIndex = -1;
function getNextRainbowColor() {
   if(++colorIndex >= colors.length) colorIndex = 0;
   return colors[colorIndex];
}
```

函式 getNextRainbowColor 每次都會回傳不同的顏色，輪流輸出彩虹的顏色。這個函式同時破壞純函式的兩條規則：就算每次都輸入相同的值，它也會有不同的回傳值（它沒有引數，所以沒有輸入），而且它會造成副作用（colorIndex 變數會改變）。colorIndex 變數不是函式的一部分，呼叫 getNextRainbowColor 會修改它，這是一種副作用。

暫時回到閏年問題，我們如何將閏年函式改成純函式？答案很簡單：

```
function isLeapYear(year) {
   if(year % 4 !== 0) return false;
   else if(year % 100 != 0) return true;
   else if(year % 400 != 0) return false;
   else return true;
}
```

這個新函式對於相同的輸入只會回傳相同的輸出，它不會造成副作用，所以是個純函式。

我們的 getNextRainbowColor 比較麻煩。我們可以將外部變數放入一個 closure 來消除副作用：

```
const getNextRainbowColor = (function() {
   const colors = ['red', 'orange', 'yellow', 'green',
      'blue', 'indigo', 'violet'];
   let colorIndex = -1;
   return function() {
      if(++colorIndex >= colors.length) colorIndex = 0;
      return colors[colorIndex];
   };
})();
```

我們有一個無副作用的函式了，但它不是純函式，因為相同的輸入不一定有相同的結果。要解決這個問題，我們必須小心地思考：我們會如何使用這個函式。我們很有可能會重複呼叫它，例如在瀏覽器中，每半秒改變某個元素的顏色（我們會在第十八章學習更多瀏覽器程式）：

```
setInterval(function() {
   document.querySelector('.rainbow')
      .style['background-color'] = getNextRainbowColor();
}, 500);
```

這看起來不錯，當然我們的目的很明顯：擁有類別 rainbow 的 HTML 元素會循環顯示彩虹的顏色。問題在於，如果其他東西呼叫 getNextRainbowColor()，它會干擾這段程式！此時，我們應該暫停一下，問問自己，讓一個函式沒有副作用是不是件好事。這個案例使用迭代器或許比較好：

```
function getRainbowIterator() {
   const colors = ['red', 'orange', 'yellow', 'green',
      'blue', 'indigo', 'violet'];
   let colorIndex = -1;
   return {
      next() {
         if(++colorIndex >= colors.length) colorIndex = 0;
         return { value: colors[colorIndex], done: false };
      }
   };
}
```

現在 getRainbowIterator 是個純函式：它每次都會回傳同樣的東西（迭代器），而且沒有副作用。我們必須採取不同的方式來使用它，但它安全多了：

```
const rainbowIterator = getRainbowIterator();
setInterval(function() {
   document.querySelector('.rainbow')
      .style['background-color'] = rainbowIterator.next().value;
}, 500);
```

你可能在想，難道 next() 方法不是每次都會回傳不同的值嗎？是的，但記得，next() 是個*方法*，不是函式。它會在它所屬的物件中運作，所以它的行為是受到那個物件控制的。如果我們在程式的其他地方使用 getRainbowIterator，它們會產生不同的迭代器，這些迭代器不會干擾任何其他的迭代器。

那又如何？

我們已經看過三種不同的函式面貌了（副程式、可回傳值的副程式，與純函式），先暫停一下，問問自己"那又如何？"區分它們的重要性在哪裡？

在這一章，我的目的是不要解釋太多 JavaScript 語法，來讓你知道它的**原理**。為什麼你需要函式？將函式想成副程式，可提供一個解答：為了避免重複的程式。副程式可以讓你將經常用到的功能包裝起來，這是一種明顯的好處。

包裝程式來避免重複是一種基本的概念，所以它有自己的縮寫詞：DRY（don't repeat yourself）。雖然這句話在語法上有問題，但你會看到很多人用這個縮寫詞來說明程式碼："這段程式比較 DRY。" 如果有人對你說這句話，代表他們說你無謂地重複編寫程式。

純函式比較無法讓人接受，用較抽象的方式來回答"為什麼要使用"也是如此。使用它的其中一個答案或許是"因為它們會讓程式比較像數學！"一這個答案可能會產生另一個問題："為什麼這是件好事？"較好的答案，或許是"因為純函式可讓你的程式更容易測試，更容易理解，且更容易移植。"

如果函式會根據不同情況回傳不同值，或具有副作用，**它們都與它們所處的環境有緊密的關係**。如果你有一個很好用的函式，但它有副作用，當你將它拿到另一個程式裡面時，就有可能無法動作，甚至更糟糕的是，它 99% 的時間可以動作，但 1% 的時間會造成恐怖的 bug。所有程式員都知道，突發性的 bug 是最嚴重的 bug：它們會潛伏一段很長的時間，但是當它們被發現時，要找出有問題的地方，就像在大海裡面撈針一樣困難。

如果你認為我要說的是純函式比較好，是的！**你永遠都要優先使用純函式**。我說"優先"，是因為寫出具有副作用的函式很容易。如果你是初學者，一定會經常不小心做這件事。我不要求你不要做，而是想挑戰你先暫停一下，想想有沒有可能找到寫出純函式的方式，經過一段時間，你就會發現自己可以自然地使用純函式了。

第九章討論的物件導向程式設計提供的模式，可讓你限制副作用的範圍，在受控制且明智的情況下使用副作用。

將函式當成物件

在 JavaScript 中，函式是 `Function` 物件的實例。從實務的觀點來看，這不會影響你使用它們的方式，它只是個可忽略的消息。但值得一提的是，如果你試著查看變數 `v` 的型態，如果它是函式，`typeof v` 會回傳 `"function"`。相較於當 `v` 是陣列時，它會回傳 `"object"`，這是很合理的訊息。所以你可以使用 `typeof v` 來辨識函式。但是，要注意的是，如果 `v` 是函式，`v instanceof Object` 將會是 true，所以如果你想要分辨函式與其他型態的物件，必須先測試 `typeof`。

IIFE 與非同步程式

我們已經在第六章討論過 IIFE 了（立即呼叫函式運算式），也已經知道它們是一種建立 closure 的方式。我們來看一個重要的範例（第十四章會再看到它），來瞭解 IIFE 如何協助我們編寫非同步程式。

IIFE 最重要的用途之一，就是在新的範圍建立新的變數，讓非同步程式碼可以正確地執行。考慮一個傳統的範例，有一個計時器會從 5 秒開始，倒數到 "go!" 為止（0 秒）。這段程式會使用內建的函式 setTimeout，它會按照第二個引數（某個毫秒數）來延遲執行第一個引數（函式）。例如，這會在 1.5 秒之後印出 hello：

```
setTimeout(function() { console.log("hello"); }, 1500);
```

知道這件事後，這是我們的倒數計時函式：

```
var i;
for(i=5; i>=0; i--) {
   setTimeout(function() {
       console.log(i===0 ? "go!" : i);
    }, (5-i)*1000);
}
```

注意一下，我們在這裡使用 var 而不是 let；我們必須回去瞭解一下，IIFE 為什麼重要。如果你認為它會印出 5, 4, 3, 2, 1, go! 將會很失望。因為你會看到它印出六次 -1。原因是，在迴圈內部，被傳入 setTimeout 的函式沒有被呼叫：它會在未來的某個時候被呼叫。所以迴圈會執行，且 i 會從 5 開始，最後到達 -1…它們都會在函式被呼叫之前發生。所以當函式被呼叫時，i 的值是 -1。

雖然使用區塊等級的範圍（使用 let 變數）可以實質解決這個問題，但如果你是非同步程式設計的新手，這個範例相當重要。它或許有些困難，但瞭解非同步執行是很重要的（第十四章的主題）。

在討論區塊範圍的變數之前，解決這個問題的方式，是使用其他的函式。使用其他的函式來建立一個新範圍，這樣就可以在每一個步驟捕捉 i 的值（在 closure 裡面）。先考慮使用一個有名稱的函式：

```
function loopBody(i) {
   setTimeout(function() {
      console.log(i===0 ? "go!" : i);
   }, (5-i)*1000);
}
var i;
```

```
for(i=5; i>0; i--) {
   loopBody(i);
}
```

迴圈內的每一個步驟都會呼叫函式 loopBody。之前提過在 JavaScript 中，引數是以值傳入的。所以在每一步驟中，被傳入函式的不是變數 i，而是 i 的值。所以第一次會傳入值 5，第二次是值 4，以此類推。我們在兩個地方都使用相同的變數名稱（i）是沒關係的：其實我們建立了六個不同的範圍與六個獨立的變數（外部範圍一個，每次呼叫 loopBody 時各一個）。

但是，幫迴圈建立一個只會用一次具名函式是很無聊的做法。在 IIFE，它們基本上是建立對等的匿名函式，且會被立刻呼叫。以下是上個範例使用 IIFE 的做法：

```
var i;
for(i=5; i>0; i--) {
   (function(i) {
      setTimeout(function() {
         console.log(i===0 ? "go!" : i);
      }, (5-i)*1000);
   })(i);
}
```

它有很多括弧！不過，仔細想想，它做了一模一樣的事情：我們建立一個函式，它會接收一個引數，並且在迴圈的每一步呼叫它（見圖 13-1）。

```
var i;
for(i=5; i>0; i--) {
   (loopBody(i))(i);
}
```

```
var i;
for(i=5; i>0; i--) {
   (function(i) {
      setTimeout(function() {
         console.log(i===0 ? "go!" : i);
      }, (5-i)*1000);                  })(i);
}
```

具名函式呼叫式會被匿名函式取代

圖 13-1　立刻呼叫的函式運算式

區塊範圍的變數可解決這個問題，不需要額外用一個函式來建立新範圍。這個範例使用區塊範圍變數來大幅度簡化：

```
for(let i=5; i>0; i--) {
   setTimeout(function() {
      console.log(i===0 ? "go!" : i);
   }, (5-i)*1000);
}
```

留意，我們在 for 迴圈引數**裡面**使用 let 關鍵字。如果我們將它放入 for 迴圈，就會遇到之前的問題。以這種方式來使用 let 關鍵字可提醒 JavaScript，在迴圈的每一個步驟，會有一個新的、獨立的 i 變數版本。所以當被傳到 setTimeout 的函式在未來被執行時，它們接收自己範圍裡面的變數的值。

函式變數

如果你是程式寫作新手，現在或許要倒杯咖啡，正襟危坐：這一節對初學來說比較難，但它說明很重要的觀念。

將數字、字串，甚至陣列想成變數很簡單，所以我們會自然地認為變數是一種資料（或者就陣列或物件而言，一群資料）。但是如果你用這種方式來看待變數，就比較難以發揮函式的所有潛能，因為你只會將函式當作其他的變數來傳遞。因為函式是**主動的**，我們不能將它想成一種資料（被視為被動的）。而且，當函式**被呼叫時**，它的確是主動的。但是，在它被呼叫之前…它就如同其他的變數，是被動的。

以下有個比喻或許可以幫助你理解。當你去超商時，會將水果想成一種資料：2 串香蕉、1 顆蘋果等等。因為你想要用水果來做冰沙，所以也會買一個攪拌器。攪拌器比較像函式：它會做些事情（也就是把水果變成好吃的冰沙）。但是當攪拌器在你的購物車中（沒有被插上電），它只是一個被放在購物車內的東西，你可以對它做的事情與水果一樣：把它從車子放到輸送帶、付錢、將它放入購物袋、帶回家等等。唯有當你將它插上電、把水果放進去、打開開關時，它才會變成與水果不一樣的東西。

所以可以使用變數的地方，就可以使用函式。這是什麼意思？這代表你可以做以下的事情：

- 為函式取個別名，做法是建立一個變數來指向它。
- 將函式放入陣列（可能與其他型態的資料混合在一起）。
- 將函式當成物件的特性來使用（見第九章）。
- 將函式傳入函式。

- 從函式回傳函式。
- 從函式回傳一個函式，這個函式本身接收一個函式引數。

你的頭腦還在運轉嗎？這種寫法看起來異常抽象，你或許想知道 "為什麼我要在人世間做這些事？" 事實上，這個彈性相當強大，而且經常有人會做那些事情。

我們從最容易理解的清單項目開始：為函式取一個別名。想像一下，有一個函式有相當長的名稱，而且你經常使用它，但是打它的名稱很費力，而且會產生難以閱讀的程式。因為函式只是另一種資料型態，所以你可以建立一個新變數，使用較短的名稱：

```
function addThreeSquareAddFiveTakeSquareRoot(x) {
   // 這個函式很蠢，不是嗎？
   return Math.sqrt(Math.pow(x+3, 2)+5);
}

// 改變前
const answer = (addThreeSquareAddFiveTakeSquareRoot(5) +
   addThreeSquareAddFiveTakeSquareRoot(2)) /
   addThreeSquareAddFiveTakeSqureRoot(7);

// 改變後
const f = addThreeSquareAddFiveTakeSquareRoot;
const answer = (f(5) + f(2)) / f(7);
```

留意在 "改變後" 範例中，**我們沒有在** `addThreeSquareAddFiveTakeSquareRoot` **後面加上括號**。如果我們加上括號，就會**呼叫**函式，`f` 就不會是 `addThreeSquareAddFiveTakeSquareRoot` 的別名，而會儲存呼叫它的**結果**。當我們試著把它當成函式來使用（例如 `f(5)`）時，它會產生一個錯誤，因為 `f` 不是函式，但你只能呼叫函式。

當然，這是刻意安排的例子，你不會經常看到它。但是，它會經常在**設定命名空間**中看到，這個動作經常在 Node 開發發生（見第二十章）。例如：

```
const Money = require('math-money');  // require 是一種 Node 函式，
                                      // 目的是匯入程式庫
const oneDollar = Money.Dollar(1);
// 或者，如果我們不想要到處使用 "Money.Dollar"：
const Dollar = Money.Dollar;
const twoDollars = Dollar(2);
// 留意，oneDollar 與 twoDollars 都是同一種型態的實例
```

在這個案例中，我們將 `Money.Dollar` **更名**為 `Dollar`，這看起來比較合理。

現在我們的大腦已經完成暖身運動了，接著要進入更刺激的抽象思考。

陣列中的函式

在歷史上，這個模式不常用到，但它的用法是漸進式的，而且它在某些情況下很好用。它的其中一種用法是**管道**（*pipeline*）的概念，也就是一組會被頻繁使用的獨立步驟。使用陣列的優點在於，你可以隨時修改陣列。需要取出一個步驟？你只要將它移出陣列就好了。需要加入一個步驟？你只要將一個東西加入陣列。

它的其中一種範例是圖形變換。如果你要建構某種視覺化的軟體，通常會有一個變換"管道"，你會將它用在許多點上面。以下是常見的 2D 變換範例：

```
const sin = Math.sin;
const cos = Math.cos;
const theta = Math.PI/4;
const zoom = 2;
const offset = [1, -3];

const pipeline = [
   function rotate(p) {
      return {
         x: p.x * cos(theta) - p.y * sin(theta),
         y: p.x * sin(theta) + p.y * cos(theta),
      };
   },
   function scale(p) {
      return { x: p.x * zoom, y: p.y * zoom };
   },
   function translate(p) {
      return { x: p.x + offset[0], y: p.y + offset[1]; };
   },
];

// 現在 pipeline 是特定的 2D 變形的函式陣列
// 現在我們可以變換一點

const p = { x: 1, y: 1 };
let p2 = p;
for(let i=0; i<pipeline.length; i++) {
   p2 = pipeline[i](p2);
}

// 現在 p2 是 p1 繞著原點旋轉 45 度（pi/4 弧度），
// 放大兩倍，
// 並往右移 1 個單位，往下移 3 個單位
```

這個範例是非常基本的圖形變換，但希望你可以在這裡看到將函式存入陣列的威力。留意當我們將各個函式放入管道時使用的語法：pipeline[i] 會存取管道的第 i 個元素。接著這個函式會被呼叫（括號）。點會被傳入，接著指派給自己。透過這種方式，那一點就是執行管道中的每一個步驟之後累積的結果。

管道處理不是只會出現在圖形應用程式中，它也經常出現在音訊處理以及許多科學與工程應用程式中。在現實生活中，只要你有一系列的函式需要按照特定的順序來執行，那麼管道就是很實用的抽象功能。

將函式傳入函式

我們已經看過一些將函式傳入函式的案例了：我們曾將函式傳入 setTimeout 與 forEach。將函式傳入函式的另一個原因，是為了管理非同步程式，這是一種愈來愈受歡迎的做法。要做非同步執行，常見的方式是將一個函式（通常稱為**回呼** *callback*，且縮寫成 *cb*）傳入另一個函式。當包覆回呼函式的函式完成它的工作之後，回呼函式才會被呼叫。我們會在第十四章廣泛地討論回呼。

將函式傳入另一個函式不是只限於回呼，它也是一種很棒的“注入”功能的做法。假設有一個函式叫做 sum，它會將陣列中的所有數字加總（為了簡化，我們不會檢查陣列的元素有沒有非數字，或者處理錯誤）。這是很簡單的練習，但如果我們還需要用一個函式來回傳**平方**的總和，該怎麼做？當然，我們可以直接寫一個新的函式，稱為 sumOfSquares…但是如果我們需要三次方的總和呢？這時傳遞函式就可以派上用場了。考慮這個 sum 的程式：

```
function sum(arr, f) {
   // 如果不提供函式，可使用一個“null 函式”，
   // 它只會回傳未修改的引數
   if(typeof f != 'function') f = x => x;

   return arr.reduce((a, x) => a += f(x), 0);
}
sum([1, 2, 3]);                           // 回傳 6
sum([1, 2, 3], x => x*x);                 // 回傳 14
sum([1, 2, 3], x => Math.pow(x, 3));      // 回傳 36
```

藉由傳遞任意函式給 sum，我們可以讓它做…嗯，任何希望做的事情。你需要平方根的總和？沒問題。需要 4.233 次方的總和？也沒問題。注意，我們希望可以在呼叫 sum 時，不需要做任何特別的事情…也就是不使用函式。在函式內，參數 f 的值將會是 undefined，如果我們試著呼叫它，它會造成錯誤。為了避免這件事，我們要將任何不是

函式的東西換成“null 函式”，在本質上，它不會做任何事情。也就是說，如果你傳給它 5，它會回傳 5，以此類推。我們還有許多有效的方式可處理這個情況（例如呼叫不同的函式，而不需要額外呼叫每一個元素的 null 函式），但是用這種方式來看到“安全”的函式被建立，是一種良好的做法。

從函式回傳函式

從函式回傳函式或許是最深奧的函式用法，但它非常好用。你可以將“從函式回傳函式”想成 3D 印表機：它是一種可以做出某種東西（例如函式）的東西，做出來的東西也可以做出某種東西。而且最令人興奮的地方是，你可以訂製要取回來的函式，就像你可以訂製 3D 印表機印出的東西一樣。

我們來考慮之前的 sum，它會接收一個選用的函式，來操作每一個元素，再加總它。還記得我們之前說過，如果想要的話，我們可以建立一個獨立的函式，稱為 sumOfSquares 嗎？我們來考慮一下**需要**這種函式的情況。具體來說，一個會接收一個陣列**與**一個函式的函式並不夠好，我們顯然需要一個**只能**接收陣列並回傳平方和的函式（如果你不知道什麼時候會發生這種情況，但可想像有一個 API 可讓你提供一個 sum 函式，但它只接受一個引數的函式）。

其中一種做法是建立一個新函式，直接用它來呼叫我們的舊函式：

```
function sumOfSquares(arr) {
    return sum(arr, x => x*x);
}
```

雖然這種做法很好，而且如果我們只需要這個函式，它也可以動作，但如果我們想要可以不斷重複使用這個模式時，該怎麼辨？解決方案是建立一個函式，來回傳訂製的函式：

```
function newSummer(f) {
    return arr => sum(arr, f);
}
```

這個新函式（newSummer）會建立一個全新的 sum 函式，它只有一個引數，但使用自訂的函式。我們來看如何用它來取得不同種類的累加器：

```
const sumOfSquares = newSummer(x => x*x);
const sumOfCubes = newSummer(x => Math.pow(x, 3));
sumOfSquares([1, 2, 3]);    // 回傳 14
sumOfCubes([1, 2, 3]);      // 回傳 36
```

這門技術（將一個多引數函式轉換成只有一個引數的函式）稱為 *currying*，源自它的發明者，美國數學家 Haskell Curry。

由函式回傳函式的應用通常既深奧且複雜。如果你想要看到更多範例，可查看 Express 或 Koa（受歡迎的 JavaScript web 開發框架）的中介軟體套件；中介軟體通常是一個會回傳函式的函式。

遞迴

另一種常見且重要的函式使用方式，就是**遞迴**。遞迴指的是函式會呼叫它自己。如果函式會使用逐漸縮小的輸入集合來做同一件事情時，這是一種特別強大的技術。

我們來看一個故意設計的範例：在乾草堆裡面找出一根針。如果你在現實生活中面對一堆乾草，而且要在裡面找出一根針，可能會採取這種做法：

1. 如果你可以在乾草堆中看到針，前往第 3 步。
2. 從乾草堆移除一根草。回到第 1 步。
3. 完成！

基本上，你是不斷移除乾草，直到找到針為止，實質上，這是一種遞迴。我們來看一下如何將這個例子轉成程式碼：

```
function findNeedle(haystack) {
   if(haystack.length === 0) return "no haystack here!";
   if(haystack.shift() === 'needle') return "found it!"
   return findNeedle(haystack);   // 乾草堆少一個元素
}

findNeedle(['hay', 'hay', 'hay', 'hay', 'needle', 'hay', 'hay']);
```

這個遞迴函式的重點是，它會處理所有的可能性：無論草堆是空的（此時沒有東西需要尋找），針是陣列的第一個元素（完成！），或不是（在陣列的其他地方，所以我們要移除第一個元素，並重複執行函式一注意，`Array.prototype.shift` 會就地移除陣列的第一個元素）。

遞迴函式有一個**停止條件**，如果沒有它，它會不斷遞迴執行，直到 JavaScript 解譯器認為呼叫堆疊過深為止（這會造成程式當機）。在 `findNeedle` 函式中，我們有兩個停止條件：因為找到針而停止，或沒有乾草而停止。因為我們每次都會減少乾草堆的大小，所以最後一定會遇到其中一種停止條件。

我們來考慮一種更實用、歷史悠久的範例：找出一個數字的階乘。數字的階乘是將一個數字乘以它之前的每一個數字，它是用數字加上一個驚嘆號來表示。所以 4! 是 4 × 3 × 2 × 1 = 24。以下是用遞迴函式來做這件事的方法：

```
function fact(n) {
   if(n === 1) return 1;
   return n * fact(n-1);
}
```

這裡有一個停止條件（`n === 1`），而且每次我們發出遞迴呼叫時，都會將數字 `n` 減一。所以它最後會變成 1（如果你對這個函式傳入 `0` 或負數，它就會失敗，當然，我們可以加入一些錯誤條件來避免這件事發生）。

總結

如果你曾經使用其他泛函語言，如 ML、Haskell、Clojure 或 F#，這一章對你來說可能就像小菜一碟。如果沒有，它可能有點刺激你的頭腦，讓你對泛函程式設計的抽象可能性感到頭暈腦脹（相信我，當我第一次接觸這些概念時，也是如此）。你可能會對於使用各種方式來完成相同的事情感到不知所措，而且不知道哪一種“比較好”。我也無法隨便告訴你答案，通常這取決於你手上的問題，有些問題使用某種技術比較好，有些是由你決定：你對哪些技術特別有感覺？如果你不是很瞭解本章介紹的技術，鼓勵你多複習幾次。這裡的概念非常強大，如果你想要知道，它們對你來說是不是一種實用的技術，唯一的方式，就是花點時間來瞭解它們。

第十四章

非同步程式設計

當我們在第一章討論回應使用者的動作時，已經稍微提到非同步程式設計了。使用者互動當然是非同步的：你無法控制使用者按下滑鼠、碰觸螢幕、說話或打字的時機。但是使用者輸入並不是唯一使用非同步執行的理由：因為 JavaScript 的本質，很多地方都必須使用它。

當 JavaScript 應用程式執行時，它會以**單執行緒來執行**。也就是說，JavaScript 一次只會做一件事。大部分的現代電腦一次都可以做很多件事情（如果它們有多核心），甚至連只有單核心的電腦都會因為速度很快，而可以模擬一次執行多件事情，做法是先做一些工作 A，再做一些工作 B，接著再做一些工作 C，不斷重複，直到所有工作都完成為止（這稱為**先佔式多工**（*preemptive multitasking*））。從使用者的觀點來看，工作 A、B、C 是同時執行的，不管這些工作是不是真的在多核心同時執行。

所以 JavaScript 的單執行緒性質可能會讓你感到受限，但它其實可讓你免於擔心一些多執行緒程式設計會碰到的棘手問題。不過，這種自由是要付出代價的：它代表如果你想編寫可順利運行的軟體，就必須用非同步的方式來思考，而且不是只針對使用者輸入。一開始用這種方式來思考或許有點困難，特別是當你原本使用的是同步執行的語言時。

最早期的 JavaScript 就已經有一種非同步執行的機制了。但是，隨著 JavaScript 程式數量（與軟體的複雜度）的成長，這個語言也加入新的功能，來管理非同步程式設計。事實上，我們可以將 JavaScript 想成擁有三個不同時代的非同步支援：回呼時代、promise 時代，與產生器時代。如果產生器比之前的東西都要好，我們只要解釋產生器的工作方式就可以了，讓其他的功能停留在過去，但事情不是這麼簡單。產生器本身無法提供任何類型的非同步支援：它們必須依賴 promise 或特殊型態的回呼來提供非同步行為。同樣的，雖然 promise 很實用，它們也依賴回呼（且回呼本身對事件這類的東西來說仍然很好用）。

除了使用者輸入之外，還有三件事會用到非同步技術：

- 網路請求（例如 Ajax 呼叫）
- 檔案系統操作（讀取 / 寫入檔案等等）
- 會故意延遲時間的功能（例如鬧鐘）

比喻

我喜歡用這件事來比喻回呼與 promise：在未訂位的情況下，取得客滿的餐廳的桌位。有間餐廳可讓你不需要排隊等候，當你有位置時，餐廳會撥打你的手機號碼，這就是回呼：你必須提供一些東西，讓它可以在有位置時通知你。餐廳會忙他們的工作，你也可以做你自己的事，沒有人需要等候別人。另一間餐廳會給你一個呼叫器，它會在有位置時發出聲音，這比較像 promise：別人會給你一個東西，來讓你知道已經有位置了。

你可以在接下來討論回呼與 promise 時，記得這些比喻，特別是當你是非同步程式設計的新手時。

回呼

回呼是 JavaScript 最古老的非同步機制，我們已經用它來處理過使用者輸入與逾時了。回呼只是一個你自己編寫的函式，它會在未來的某個時機被呼叫。這個函式本身沒有什麼特別的地方，它只是一般的 JavaScript 函式。一般情況下，你會將這些回呼函式提供給其他的函式，或將它們設定為物件的特性（或較罕見的，把它們放在陣列中提供）。回呼通常是非同步函式（但不是一定如此）。

我們從一個簡單的範例開始，使用一個內建的 `setTimeout` 函式，它會延遲幾毫秒之後再執行：

```
console.log("Before timeout: " + new Date());
function f() {
   console.log("After timeout: " + new Date());
}
setTimeout(f, 60*1000); // 一分鐘
console.log("I happen after setTimeout!");
console.log("Me too!");
```

除非你打字很慢，否則當你在主控台執行它時，會看到：

```
Before timeout: Sun Aug 02 2015 17:11:32 GMT-0700 (Pacific Daylight Time)
I happen after setTimeout!
Me too!
After timeout: Sun Aug 02 2015 17:12:32 GMT-0700 (Pacific Daylight Time)
```

對初學者來說，比較難理解的地方是，我們寫的程式，與這段程式實際執行的順序不一樣。有些人希望電腦可以完全按照程式的編寫順序來執行它們。換句話說，他們希望看到：

```
Before timeout: Sun Aug 02 2015 17:11:32 GMT-0700 (Pacific Daylight Time)
After timeout: Sun Aug 02 2015 17:12:32 GMT-0700 (Pacific Daylight Time)
I happen after setTimeout!
Me too!
```

或許我們希望看到這種結果…但如此一來，它就不是非同步了。非同步執行的主要目的，就是讓它不會**阻礙**任何事情。因為 JavaScript 是單執行緒，如果我們要求它先等候 60 秒再處理某段程式，那就是採取同步的做法，沒有任何事情會發生，你的程式會凍住：它不會接收使用者輸入、不會更新螢幕等等。我們都有這種經驗，而且這是讓人很討厭的情況。非同步技術可協助避免這種阻礙。

為了更清楚地說明，在這個範例中，我們對 setTimeout 傳入具名函式。除非你有令人信服的理由使用具名函式，否則一般都會使用匿名函式：

```
setTimeout(function() {
   console.log("After timeout: " + new Date());
}, 60*1000);
```

setTimeout 有一些問題，因為數字的逾時參數是最後一個引數，使用匿名函式，特別是函式名稱很長時，那個參數可能會被遺漏，或看起來像函式的一部分。但這很常見，你將會習慣看到 setTimeout（與它的夥伴 setInterval）使用匿名函式。你只要記得最後一行有一個延遲參數就可以了。

setInterval 與 clearInterval

除了執行函式一次之後就會停止的 setTimeout 之外，還有一種 setInterval，它會不斷地在指定的間隔執行回呼，或者直到你呼叫 clearInterval 為止。這個範例會每 5 秒執行一次，直到一分鐘結束為止，或執行 10 次，看哪一個先發生：

```
const start = new Date();
let i=0;
const intervalId = setInterval(function() {
   let now = new Date();
   if(now.getMinutes() !== start.getMinutes() || ++i>10)
      return clearInterval(intervalId);
   console.log(`${i}: ${now}`);
}, 5*1000);
```

我們在這裡看到，`setInterval` 會回傳一個 ID，之後我們可用它來取消（停止）執行。另外還有 `clearTimeout`，它的工作方式相同，可讓你在逾時執行之前停止它。

`setTimeout`、`setInterval` 與 `clearInterval` 都被定義在全域物件裡面（瀏覽器的 `window`，Node 的 `global`）。

範圍與非同步執行

非同步執行有一種經常造成困惑（與錯誤）的地方，就是範圍與 closure 影響非同步執行的方式。每當你呼叫函式時，就會建立一個 closure：在函式裡面建立的所有變數（包括引數），都會存留，可讓某個東西存取它們。

我們之前已經看過這個範例了，但因為從中可學到重要的知識，所以要重新看一下。考慮一個稱為 `countdown` 的函式，它的目的是建立 5 秒的倒數計時：

```
function countdown() {
   let i;                     // 注意，我們在 for 迴圈的外面宣告 let
   console.log("Countdown:");
   for(i=5; i>=0; i--) {
      setTimeout(function() {
         console.log(i===0 ? "GO!" : i);
      }, (5-i)*1000);
   }
}
countdown();
```

先在你的腦海中思考這個範例。你或許還記得，上次看到它時，有件事不對勁。看起來，它似乎會從 5 開始倒數，但是當你真的去執行它時，會得到六個 `-1`，而且沒有 `"GO!"`。我們第一次看到它時，使用的是 `var`，這次我們使用 `let`，但它是在 `for` 迴圈外面宣告的，所以我們有同樣的問題：`for` 迴圈會全部執行，讓 `i` 的值是 `-1`，之後回呼才會開始執行。問題在於，當它們執行時，`i` 的值已經是 `-1` 了。

這裡的重點是瞭解範圍與非同步執行之間的關係。當我們呼叫 countdown 時，會建立一個 closure，裡面有變數 i。我們在 for 迴圈裡面建立的所有回呼（非同步）都可存取 i—都是同一個 i。

這個範例整潔的地方在於，在迴圈裡面，我們可看到 i 兩種不同的用法。當我們用它來計算逾時（(5-i)*1000）時，它會如預期地動作：第一個逾時是 0，第二個逾時是 1000，第三個逾時是 2000，以此類推。因為它是同步計算的。事實上，呼叫 setTimeout 也是同步的（需要讓計算發生，讓 setTimeout 知道何時呼叫回呼）。非同步的地方在於被傳入 setTimeout 的函式，它也是發生問題的地方。

之前提過，我們可以使用立即呼叫函式運算式（IIFE）來解決這個問題，或更簡單的，直接將 i 的宣告移到 for 迴圈宣告裡面：

```
function countdown() {
   console.log("Countdown:");
   for(let i=5; i>=0; i--) {      // 現在 i 是區塊等級
      setTimeout(function() {
         console.log(i===0 ? "GO!" : i);
      }, (5-i)*1000);
   }
}
countdown();
```

這裡的重點是，你必須小心宣告回呼的範圍：它們都可以存取那個範圍（closure）裡面的任何東西。而且因為如此，當回呼實際執行時，值可能會不一樣。這個原則適用於*所有*非同步技術，不是只有回呼。

錯誤優先回呼

在 Node 佔據優勢地位的某個時刻，出現一種稱為**錯誤優先回呼**的慣用方式。因為回呼會讓人難以處理例外（我們很快就會看到），所以需要一種標準的做法，來將錯誤回報給回呼。大家習慣使用回呼的第一個引數來接收錯誤物件。如果那個錯誤是 null 或 undefined，就是沒有錯誤。

當你在處理錯誤優先回呼時，要做的第一件事，就是檢查錯誤引數，並採取適當的動作。考慮在 Node 中讀取檔案的內容，它會遵循錯誤優先回呼做法：

```
const fs = require('fs');

const fname = 'may_or_may_not_exist.txt';
fs.readFile(fname, function(err, data) {
   if(err) return console.error(`error reading file ${fname}: ${err.message}`);
```

```
    console.log(`${fname} contents: ${data}`);
});
```

我們在回呼中做的第一件事，就是查看 err 是不是 truthy。如果是，就有一個與讀取檔案有關的問題，所以會將它回報給主控台，並且**立刻** *return*（console.error 不會產生有意義的值，但我們不會使用回傳值，所以直接將它結合成一個陳述式）。這或許是錯誤優先回呼最被低估的錯誤：程式員會記得檢查它，或許也會記錄錯誤，但不會回傳。如果函式可以繼續執行，或許必須依賴回呼的成功，但它沒有成功（當然，也有可能回呼不會完全依賴成功，此時記下錯誤並繼續執行也是可以的）。

錯誤優先回呼是 Node 開發的標準（不使用 promise 時），如果你要編寫一個會接收回呼的介面，我強烈建議你遵循錯誤優先慣例。

回呼地獄

雖然回呼可讓你管理非同步執行，但它們有個缺點：當你需要等待很多事情才可以繼續工作時，將會很難管理它們。想像一下這個情形：你要等候一個 Node app，它需要取得三個不同檔案的內容，接著再等待 60 秒，才能結合這些檔案的內容，並寫到第四個檔案：

```
const fs = require('fs');

fs.readFile('a.txt', function(err, dataA) {
    if(err) console.error(err);
    fs.readFile('b.txt', function(err, dataB) {
        if(err) console.error(err);
        fs.readFile('c.txt', function(err, dataC) {
            if(err) console.error(err);
            setTimeout(function() {
                fs.writeFile('d.txt', dataA+dataB+dataC, function(err) {
                    if(err) console.error(err);
                });
            }, 60*1000);
        });
    });
});
```

這就是程式員所謂的“回呼地獄”，它通常有個三角形的程式碼區塊，使用嵌套到天際的大括號。更糟糕的是錯誤處理時會發生的問題。在這個範例中，我們只會記錄錯誤，但如果我們想要丟出例外，就可能會遇到另一種討厭的情形。考慮以下這個比較簡單的範例：

```
const fs = require('fs');
function readSketchyFile() {
   try {
      fs.readFile('does_not_exist.txt', function(err, data) {
         if(err) throw err;
      });
   } catch(err) {
      console.log('warning: minor issue occurred, program continuing');
   }
}
readSketchyFile();
```

它乍看之下沒什麼問題，而且因為我們是防衛性的寫作者，所以會處理例外，只不過它無法動作。試著執行一下：這個程式會當掉，雖然我們已經小心地確保這個半預期的錯誤不會造成問題。那是因為 `try...catch` 區塊只可以在同一個函式內工作。`try...catch` 區塊在 `readSketchyFile` 裡面，但錯誤是被丟入 `fs.readFile` 當成回呼來呼叫的匿名函式裡面。

此外，沒有任何方式可以避免你的回呼不小心被呼叫兩次，或永遠不會被呼叫。如果你希望它被呼叫一次，且只有一次，這個語言本身沒有提供任何保護機制來避免你的期望落空。

它們都不是無法克服的問題，但隨著非同步程式碼的流行，它們會讓你很難寫出無 bug、易維護的程式，此時，promise 應運而生。

Promise

promise 的目的，是為了克服回呼的一些缺點。使用 promise（雖然有時很麻煩），通常可寫出較安全、較容易維護的程式。

promise 的目的不是為了取代回呼，事實上，你仍然可以在回呼中使用 promise。promise 的工作，是為了確保回呼一定可以用某種可預測的方式來處理，以去除單獨使用回呼時可能遇到的意外，與難以尋找的 bug。

promise 的基本概念很簡單：當你呼叫一個使用 promise 的非同步函式時，它會回傳一個 `Promise` 實例。那個 promise 只會發生兩件事：它可被**履行**（成功）或**拒絕**（失敗）。你可以確定它**只會**發生其中一件事（它不會先被履行，之後再被拒絕），且結果只會發生**一次**（如果它被履行，它只會被履行一次，如果它被拒絕，它只會被拒絕一次）。當 promise 被履行或被拒絕時，它就會被視為**已解決**。

promise 比回呼還要方便的另一個地方在於，因為它是物件，所以可以四處傳遞。如果你想要啟動一個非同步程序，但想要讓其他人處理結果，可以將 promise 傳給他們（這相當於將訂位呼叫器拿給一個朋友，餐廳不在乎訂位的人是誰，只要人數相同即可）。

建立 Promise

建立 promise 很簡單：你只要建立一個新的 Promise 實例，在裡面寫一個函式，讓這個函式有 resolve（履行）與 reject 回呼即可（我說過，使用 promise 不代表不會用到回呼）。我們來使用 countdown 函式，將它參數化（所以我們就不會只能夠倒數 5 秒），並且在倒數結束時，回傳一個 promise：

```
function countdown(seconds) {
   return new Promise(function(resolve, reject) {
      for(let i=seconds; i>=0; i--) {
         setTimeout(function() {
            if(i>0) console.log(i + '...');
            else resolve(console.log("GO!"));
         }, (seconds-i)*1000);
      }
   });
}
```

這還不是個很有彈性的函式。我們可能不想要使用相同的文字…甚至完全不想要使用主控台。這不太適合在網頁上使用，因為我們想要用倒數計時來更新 DOM。但是它仍然是個開始…而且它展示了如何建立 promise。注意，resolve（與 reject 一樣）是個函式。你可能會想"啊！我可以呼叫 resolve 很多次，破壞 promise 的承諾。"我們的確可以多次呼叫 resolve 或 reject，或輪流呼叫它們…但只有第一次的呼叫有效。promise 可確保使用你的 promise 的人只會被履行或拒絕一次（目前我們的函式還沒有拒絕）。

使用 Promise

我們來看如何使用 countdown 函式。我們可以直接呼叫它，並忽略 promise：countdown(5)。我們仍然可取得 countdown，且完全不用在 promise 上作文章。但如果我們想要利用 promise 的功能呢？以下是使用被回傳的 promise 的方式：

```
countdown(5).then(
   function() {
      console.log("countdown completed successfully");
   },
   function(err) {
```

```
        console.log("countdown experienced an error: " + err.message);
      }
   );
```

在這個範例中，我們沒有將回傳的 promise 指派給一個變數，而是直接呼叫它的 then 處理器。這個處理器會接收兩個回呼：第一個是履行回呼，第二種是錯誤回呼。至少，只有其中一個函式會被呼叫。promise 也提供一種 catch 處理器，所以你可以拆開兩種處理器（我們也會將 promise 存入一個變數來展示）：

```
const p = countdown(5);
p.then(function() {
      console.log("countdown completed successfully");
});
p.catch(function(err) {
      console.log("countdown experienced an error: " + err.message);
});
```

我們來修改 countdown 函式，讓它有個錯誤條件。假設我們很迷信，當我們算到數字 13 時，想產生一個錯誤。

```
function countdown(seconds) {
   return new Promise(function(resolve, reject) {
      for(let i=seconds; i>=0; i--) {
         setTimeout(function() {
            if(i===13) return reject(new Error("DEFINITELY NOT COUNTING THAT"));
            if(i>0) console.log(i + '...');
            else resolve(console.log("GO!"));
         }, (seconds-i)*1000);
      }
   });
}
```

繼續把玩，你會發現一些有趣的行為。顯然，你可以從任何小於 13 的數字開始倒數，它們的行為都會是正常的。如果你從 13 以上開始倒數，就會在它遇到 13 時失敗。但是…主控台記錄仍然會出現。呼叫 reject（或 resolve）不會停止你的函式，它只會管理 promise 的狀態。

顯然我們需要稍微改善 countdown 函式。一般來說，你不希望函式在完成任務之後（成功或其他狀況）繼續工作，但我們的函式會這樣。我們也提過，主控台記錄並不是很有彈性，它們其實沒有給我們想要的控制權。

promise 讓我們有定義良好且安全的機制來做非同步工作，無論是要履行或拒絕，但它們無法（目前）提供任何回報**進度**的方式。也就是說，promise 不是被履行，就是被拒絕，永遠不會“完成 50%”。有些 promise 程式庫[1]加入相當實用的進度回報功能，未來的 JavaScript promise 也很有可能會加入那些功能，但就目前而言，我們只能在沒有這種功能的情況下湊合著使用它…

事件

事件是愈來愈受歡迎的 JavaScript 舊概念。事件的概念很簡單：事件發射者會廣播事件，任何想要監聽（或訂閱）這些事件的人可以監聽。你該如何訂閱事件？當然是用回呼。建立你自己的事件系統很容易，但 Node 提供內建的支援。如果你要製作瀏覽器，jQuery 也提供一種事件機制（*http://api.jquery.com/category/events/*）。為了改善 `countdown`，我們會使用 Node 的 `EventEmitter`。雖然你可以同時使用 `countdown` 這種函式與 `EventEmitter`，但它的設計是在類別中使用的。所以我們會將 `countdown` 函式放入 `Countdown` 類別：

```
const EventEmitter = require('events').EventEmitter;

class Countdown extends EventEmitter {
   constructor(seconds, superstitious) {
      super();
      this.seconds = seconds;
      this.superstitious = !!superstitious;
   }
   go() {
      const countdown = this;
      return new Promise(function(resolve, reject) {
         for(let i=countdown.seconds; i>=0; i--) {
            setTimeout(function() {
               if(countdown.superstitious && i===13)
                  return reject(new Error("DEFINITELY NOT COUNTING THAT"));
               countdown.emit('tick', i);
               if(i===0) resolve();
            }, (countdown.seconds-i)*1000);
         }
      });
   }
}
```

1 例如 Q（*https://github.com/kriskowal/q*）。

Countdown 類別 extends EventEmitter，EventEmitter 讓它可以發出事件。go 方法是實際啟動倒數並回傳 promise 的東西。注意，在 go 方法裡面，我們做的第一件事是將 this 指派給 countdown。原因是我們需要使用 this 的值來取得 countdown 的長度，無論**在回呼裡面**會不會迷信地倒數。之前提過，this 是個特殊變數，它在回呼中不會有相同的值。所以我們必須儲存目前 this 的值，來在 promise 裡面使用。

神奇的事情會在呼叫 countdown.emit('tick', i) 時發生。所有想要監聽 tick 事件（我們可以將它稱為任何東西，但“tick”應該是最好的）的人都可以這麼做。我們來看一下如何使用這個新的、改善過的倒數程式：

```
const c = new Countdown(5);

c.on('tick', function(i) {
   if(i>0) console.log(i + '...');
});

c.go()
   .then(function() {
      console.log('GO!');
   })
   .catch(function(err) {
      console.error(err.message);
})
```

EventEmitter 的 on 方法就是可讓你監聽事件的東西。在這個範例中，我們提供一個回呼給每個 tick 事件使用。如果那個 tick 不是 0，我們就會將它印出。接著我們呼叫 go，它會開始倒數。倒數完成時，我們會記錄 GO!。當然，我們也可以將 GO! 放在 tick 事件監聽器裡面，但這種做法是為了強調事件與 promise 的差異。

它當然比原本的 countdown 函式還要詳細，但我們也得到許多功能。現在我們可以完全控制在 countdown 中回報 tick 的方式，而且我們有一個 promise 會在倒數完成時履行。

還有一個工作要做—我們還沒有解決迷信的 Countdown 實例會在經過 13 之後繼續倒數的問題，就算它已經拒絕 promise：

```
const c = new Countdown(15, true)
   .on('tick', function(i) {             // 注意，我們可以將這個呼叫式鏈結到 'on'
      if(i>0) console.log(i + '...');
   });

c.go()
   .then(function() {
      console.log('GO!');
```

```
    })
    .catch(function(err) {
        console.error(err.message);
})
```

我們仍然可以取得所有的 tick，一直到 0 為止（就算不印出它）。這個問題有點麻煩，因為我們已經建立所有的逾時了（當然，當建立的迷信計時器是 13 秒以上時，我們可以“作弊”，馬上失敗，但這就無法練習了）。要解決這個問題，當我們發現無法繼續時，就必須清除所有擱置的逾時：

```
const EventEmitter = require('events').EventEmitter;

class Countdown extends EventEmitter {
    constructor(seconds, superstitious) {
        super();
        this.seconds = seconds;
        this.superstitious = !!superstitious;
    }
    go() {
        const countdown = this;
        const timeoutIds = [];
        return new Promise(function(resolve, reject) {
            for(let i=countdown.seconds; i>=0; i--) {
                timeoutIds.push(setTimeout(function() {
                    if(countdown.superstitious && i===13) {
                        // 清除所有擱置的逾時
                        timeoutIds.forEach(clearTimeout);
                        return reject(new Error("DEFINITELY NOT COUNTING THAT"));
                    }
                    countdown.emit('tick', i);
                    if(i===0) resolve();
                }, (countdown.seconds-i)*1000));
            }
        });
    }
}
```

鏈結 Promise

promise 有一個優點在於，它們可以**鏈結**，也就是說，當一個 promise 被履行時，它可以立刻呼叫另一個會回傳 promise 的函式…以此類推。我們來建立一個函式，稱為 launch，將它鏈結至一個 countdown：

```
function launch() {
   return new Promise(function(resolve, reject) {
      console.log("Lift off!");
      setTimeout(function() {
         resolve("In orbit!");
      }, 2*1000);    // 好快的火箭
   });
}
```

你可以輕鬆地將這個函式鏈結至 countdown：

```
const c = new Countdown(5)
   .on('tick', i => console.log(i + '...'));

c.go()
   .then(launch)
   .then(function(msg) {
      console.log(msg);
   })
   .catch(function(err) {
      console.error("Houston, we have a problem....");
   })
```

promise 鏈結有一個優點，就是你不需要在每一個步驟中捕捉錯誤，如果在鏈結中的任何地方有錯誤，鏈結會停止，並交給 catch 處理器處理。如果你將 countdown 改為 15 秒迷信倒數，你會發現 launch 永遠都不會被呼叫。

防止不會執行的 Promise

promise 可以簡化你的非同步程式，並預防回呼被呼叫超過一次的問題，但它們無法讓你避免 promise 永遠無法執行的問題（也就是說，你忘了呼叫 resolve 或 reject）。這種錯誤可能會很難以追蹤，因為它不會產生錯誤（error）…在複雜的系統中，未被執行的 promise 可能只會遺失。

其中一種避免這種情形的方式，是為 promise 指定一個逾時，如果 promise 在一段合理的時間之內沒有執行，就自動拒絕它。顯然，"一段合理的時間" 是由你來定義的。如果你有一個複雜的演算法，預計會花 10 分鐘來執行，那就不要設定一個 1 秒鐘的逾時。

我們在 launch 函式中插入一個人工的失敗。假設我們的火箭是**非常**實驗性質的，大概有一半的時間會失敗：

```
function launch() {
   return new Promise(function(resolve, reject) {
      if(Math.random() < 0.5) return;    // 火箭失敗
      console.log("Lift off!");
      setTimeout(function() {
         resolve("In orbit!");
      }, 2*1000);    // 真是個快速的火箭
   });
}
```

在這個範例中，失敗的方式很合理：我們沒有呼叫 reject，甚至不會將所有東西都 log 到主控台。我們只是在一半的時間中，默默地失敗。如果你執行這段程式幾次，會看到有時它可以動作，有時不會…而且沒有錯誤訊息。這顯然是不可取的做法。

我們可以編寫一個函式，來將逾時指派給 promise：

```
function addTimeout(fn, timeout) {
   if(timeout === undefined) timeout = 1000; // 預設的逾時
   return function(...args) {
         return new Promise(function(resolve, reject) {
            const tid = setTimeout(reject, timeout,
               new Error("promise timed out"));
            fn(...args)
               .then(function(...args) {
                  clearTimeout(tid);
                  resolve(...args);
               })
               .catch(function(...args) {
                  clearTimeout(tid);
                  reject(...args);
               });
         });
   }
}
```

如果你說 "哇…一個會回傳函式的函式，回傳的函式會回傳一個 promise，那個 promise 會呼叫一個會回傳 promise 的函式…我的頭快炸了！"，我不怪你：要將逾時加入一個回傳 promise 的函式並不難，但需要先瞭解那些繞口令。完全瞭解這個函式，就留給進階的讀者練習。但是，使用這個函式很容易，我們可以將逾時加到任何會回傳 promise 的函式。假設我們最慢的火箭會在 10 秒之內到達軌道（未來的火箭科技是不是很棒？），只要設定一個 11 秒的逾時：

```
c.go()
   .then(addTimeout(launch, 4*1000))
   .then(function(msg) {
```

```
      console.log(msg);
   })
   .catch(function(err) {
      console.error("Houston, we have a problem: " + err.message);
   });
```

現在我們的 promise 鏈結永遠都會執行，就算 launch 函式表現不好也是如此。

產生器

第十二章提過，產生器可讓函式與它的呼叫方進行雙向溝通。產生器的性質是同步的，但是當它與 promise 一起使用時，可提供強大的 JavaScript 非同步程式管理技術。

我們來回顧非同步程式的主要困難之處：它比編寫同步程式還要難。當我們面對一個問題時，我們的頭腦是用同步的方式來解決的：步驟 1、步驟 2、步驟 3 等等。但是，這種方式可能會造成效能上的問題，這就是非同步程式存在的理由。如果你可以得到非同步的效能，而且不需要絞盡腦汁，是不是很好？這就是產生器可以提供協助的地方。

考慮之前的“回呼地獄”範例：讀取三個檔案，延遲一分鐘，接著將前三個檔案的內容寫入第四個檔案。人類的頭腦喜歡用這種虛擬碼的方式來編寫程式：

```
dataA = read contents of 'a.txt'
dataB = read contents of 'b.txt'
dataC = read contents of 'c.txt'
wait 60 seconds
write dataA + dataB + dataC to 'd.txt'
```

產生器可讓我們寫出很像它的程式…但我們必須做些前置作業。

要做的第一件事，就是將 Node 的錯誤優先回呼轉成 promise。我們將它封裝到一個稱為 nfcall 的函式裡面（Node 函式呼叫）：

```
function nfcall(f, ...args) {
   return new Promise(function(resolve, reject) {
      f.call(null, ...args, function(err, ...args) {
         if(err) return reject(err);
         resolve(args.length<2 ? args[0] : args);
      });
   });
}
```

這個函式的名稱，來自（且根據）Q promise 程式庫的 `nfcall` 方法（*https://github.com/kriskowal/q*）。如果你需要這個功能，或許可使用 Q。它裡面不但有這個方法，也有許多好用的 promise 相關方法。我在這裡提供 `nfcall` 版本，是為了展示沒有任何"魔法"的存在。

我們現在可以將 Node 風格的方法轉換成 promise 了。我們也需要 `setTimeout`，它會接收一個回呼…但因為它比 Node 早出現，並未遵循錯誤優先慣例。所以，我們要來建立 `ptimeout`（promise timeout）：

```
function ptimeout(delay) {
   return new Promise(function(resolve, reject) {
      setTimeout(resolve, delay);
   });
}
```

我們接著需要**產生器執行器**（*generator runner*）。之前提過，產生器不是天生就是非同步的，但因為產生器可讓函式與呼叫方通訊，我們可以建立一個函式來管理那個通訊，並瞭解如何處理非同步呼叫。我們要來建立一個稱為 `grun`（generator run）的函式。

```
function grun(g) {
   const it = g();
   (function iterate(val) {
      const x = it.next(val);
      if(!x.done) {
         if(x.value instanceof Promise) {
            x.value.then(iterate).catch(err => it.throw(err));
         } else {
            setTimeout(iterate, 0, x.value);
         }
      }
   })();
}
```

`grun` 重度依賴 `runGenerator`，它是 Kyle Simpson 討論產生器的傑出系列文章提出的（*http://davidwalsh.name/es6-generators*）。我強烈建議你閱讀這些補充文章。

這是非常好配合的遞迴產生器執行器。你將一個產生器函式傳給它，它就會執行它。第六章提過，呼叫 `yield` 的產生器會暫停，直到迭代器的 `next` 被呼叫為止。這個函式會遞迴執行這件事。如果迭代器回傳 promise，它會等待 promise 被履行，再恢復執行迭代器。另一方面，如果迭代器回傳一個簡單的值，它會立刻恢復執行迭代。你可能會想，為什麼我們要呼叫 setTimeout，而不是直接呼叫 iterate 就好，原因是，我們想要避免使用同步遞迴來讓效能更好一些（非同步遞迴可讓 JavaScript 引擎更快速地釋出資源）。

你可能會認為“這真是麻煩！”，以及“這是為了簡化我的生活？”，困難的地方已經過去了。nfcall 可讓我們將之前的東西（Node 錯誤優先回呼函式）應用到現在（promise），且 grun 可讓我們預先使用未來的功能（ES7 預計有 await 關鍵字，它基本上是像 grun 的函式，但使用更自然的語法）。現在我們已經將路途中最困難的地方排除了，接著看看它會怎麼讓我們的生活更輕鬆。

還記得本章稍早的“不是更好嗎”虛擬程式嗎？現在我們可以理解了：

```
function* theFutureIsNow() {
   const dataA = yield nfcall(fs.readFile, 'a.txt');
   const dataB = yield nfcall(fs.readFile, 'b.txt');
   const dataC = yield nfcall(fs.readFile, 'c.txt');
   yield ptimeout(60*1000);
   yield nfcall(fs.writeFile, 'd.txt', dataA+dataB+dataC);
}
```

它看起來比回呼地獄好多了，不是嗎？它也比單獨存在的 promise 簡潔。它會按照我們想像的流程進行。執行它很簡單：

```
grun(theFutureIsNow);
```

走一步，退兩步？

你可能（很合理）在想，我們找*這麼多麻煩*，來瞭解非同步執行，接著讓它較簡單…現在回到起點，不過這次不會使用複雜的產生器，以及將東西轉換成 promise 與 grun。事實上，在 theFutureIsNow 函式中，我們在丟掉不想要的東西時，連一些重要的東西都一起拋棄了。它比較容易編寫，比較容易閱讀，我們也得到**一些**非同步的好處，但不是全部。這裡有個尖銳的問題：以平行的方式讀取這三個檔案，不是比較有效率嗎？問題的答案與問題本身、JavaScript 引擎、你的作業系統與你的檔案系統有很大的關係。但我們先暫時把這些複雜的東西丟到一旁，先認識到讀取這三個檔案的順序是*無關緊要的*，我們可以想像，讓讀取這些檔案的動作同時發生，將會提升效率。這是產生器執行器會讓我們自以為很厲害的原因：我們用這種方式來編寫函式，是因為它似乎很簡單，而且很直觀。

問題（假設有問題的話）很容易解決。Promise 提供一種方法，稱為 all，它會在陣列內的所有 promise 都履行時履行…可能的話，它可以平行執行非同步程式。我們要做的是修改函式來使用 Promise.all：

```
function* theFutureIsNow() {
   const data = yield Promise.all([
      nfcall(fs.readFile, 'a.txt'),
      nfcall(fs.readFile, 'b.txt'),
      nfcall(fs.readFile, 'c.txt'),
   ]);
   yield ptimeout(60*1000);
   yield nfcall(fs.writeFile, 'd.txt', data[0]+data[1]+data[2]);
}
```

Promise.all 回傳的 promise 提供一個陣列，裡面有每個 promise 的完成值，**按照它們出現在陣列內的順序**。就算 *c.txt* 有可能在 *a.txt* 之前被讀取，data[0] 仍然會保存 *a.txt* 的內容，且 data[1] 仍然會保存 *c.txt* 的內容。

這一節的重點應該不是 Promise.all（雖然這是可以瞭解的好用工具），而是**考慮程式有哪些部分可以平行執行，哪些部分不行**。在這個範例中，逾時甚至可以與讀取檔案平行執行：這取決於你要解決的問題。如果我們的重點是讀取三個檔案**之後**等待 60 秒，**再**將串接的結果寫到另一個檔案，我們已經得到想要的結果了。另一方面，我們可能想要讀取三個檔案，並且**在 *60* 秒內**將結果寫到第四個檔案，此時，我們想要將逾時移入 Promise.all。

不要編寫你自己的產生器執行器

雖然編寫自己的產生器執行器是一種很好的練習，如同我們的 grun，但我們可以對它做許多細微的修改與改善。最好不要重新發明輪胎。co 產生器執行器（*https://github.com/tj/co*）的功能很完整，而且很強健。如果你想要建構網站，可研究 Koa（*http://koajs.com/*），它的設計是與 co 一起使用，可讓你用 yield 來編寫 web 處理器，如同我們在 theFutureIsNow 的做法。

產生器執行器的例外處理

產生器執行器的另一種重要優點，就是它們可以讓你用 try/catch 來處理例外。之前提過，回呼與 promise 在處理例外時是有問題的，在回呼內丟出的例外，無法被回呼外的東西捕捉。因為產生器執行器可在使用同步語義的同時保留非同步執行，所以在使用 try/catch 有額外的好處。我們在 theFutureIsNow 函式裡面加入一些例外處理器：

```
function* theFutureIsNow() {
    let data;
    try {
        data = yield Promise.all([
          nfcall(fs.readFile, 'a.txt'),
          nfcall(fs.readFile, 'b.txt'),
          nfcall(fs.readFile, 'c.txt'),
        ]);
    } catch(err) {
        console.error("Unable to read one or more input files: " + err.message);
        throw err;
    }
    yield ptimeout(60*1000);
    try {
        yield nfcall(fs.writeFile, 'd.txt', data[0]+data[1]+data[2]);
    } catch(err) {
        console.error("Unable to write output file: " + err.message);
        throw err;
    }
}
```

我不是要強調 try...catch 處理例外的能力天生比 promise 的 catch 處理器或錯誤優先回呼好，但它是很容易理解的例外處理機制，如果你比較喜歡同步語法，你也會希望用它來處理例外。

總結

充分掌握非同步程式複雜的地方，以及它的各種管理機制，對瞭解現代 JavaScript 開發來說很重要。我們已經學會：

- JavaScript 的非同步執行是用回呼來管理的。
- promise 不會取代回呼，其實，promise 需要 then 與 catch 回呼。
- promise 可排除回呼被呼叫很多次的問題。
- 如果你想要讓回呼被呼叫好幾次，可考慮使用事件（它可以與 promise 一起使用）。
- promise 無法保證它會被執行，但是你可以將它包在逾時裡面來預防這件事。
- promise 可以鏈結，可輕鬆地組合。
- promise 可以與產生器執行器結合，來啟用同步語法，且不會失去非同步執行的優點。

- 當你用同步語法來編寫產生器函式時，應瞭解你的演算法的哪些部分可以平行執行，並使用 `Promise.all` 來執行這些部分。
- 不要編寫你自己的產生器執行器，請使用 co（*https://github.com/tj/co*）或 Koa（*http://koajs.com/*）。
- 不要編寫自己的程式來將 Node 風格的回呼轉換成 promise，請使用 Q（*https://github.com/kriskowal/q*）。
- 例外處理可以使用同步語法，以產生器執行器來啟用。

如果你只用過採取同步語法的程式語言，學習 JavaScript 的同步程式設計可能令你卻步，對我來說也是如此。但是，對現代 JavaScript 專案來說，它是必備的技能。

第十五章

日期與時間

大部分的現實世界應用程式都會使用日期與時間資料。不幸的是，JavaScript 的 Date 物件（也會儲存時間資料）不是這個語言設計得最好的功能。因為這個內建物件的功用有限，我將會介紹 *Moment.js*，它擴充了 Date 物件的功能，涵蓋經常用到的功能。

這是一段有趣的歷史：JavaScript 的 Date 物件原本是 Netscape 程式員 Ken Smith 做的，他基本上是將 Java 的 java.util.Date 移植到 JavaScript。所以說 JavaScript 與 Java 毫無牽連並不是**完全**正確的，如果有人問你它們之間有什麼關係，你可以說，“嗯，除了 Date 物件與它們有共同的語法祖先之外，沒有太大的關係。”

因為我們不需要不斷重複說“日期與時間”，所以我會使用“日期”來代表日期與時間。沒有時間的日期，其實暗指當天的 12:00 A.M.。

日期、時區、時戳與 Unix Epoch

我們來面對現實：西曆是一種模糊、過度複雜的東西，它用從 1 算起的數字、奇怪的時間刻度與閏年。時區甚至增加更多的複雜度。但是，它（幾乎）是全世界共用的，我們必須與它共存。

我們會從簡單的東西開始：秒。與西曆複雜的時間刻度不同的是，秒很簡單。用秒來表示的日期與時間是一個數字，可整齊地在一條時間線上排序。因此，用秒來表示的日期與時間很適合拿來計算。但是，對於人類的溝通來說，它不是那麼好用：“嘿，Byron，想要在 1437595200 吃午餐嗎？”（1437595200 是太平洋標準時間的 2015 年 7 月 22 日，星期三，下午 1 點）。如果用秒來表示日期，那麼什麼 0 代表什麼日期？事實上，它不是耶穌的生日，而是一個沒特殊意義的日期：1970 年 1 月 1 日，00:00:00 UTC。

你可能有發現到，這個世界被分成許多時區（TZ），所以，無論早上你在哪裡，7 A.M. 都是早上，7 P.M. 都是晚上。時區很複雜，尤其是當你考慮日光節約時間時。我不想解釋西曆與時區的細節—維基百科已經有詳細的說明了。但是，瞭解一些基本知識，可協助我們瞭解 JavaScript `Date` 物件（與 Moment.js 帶來的好處）。

所有的時區都被定義成**國際標準時間**（*Coordinated Universal Time*）的偏差值（參考維基百科，縮寫 UTC 有複雜且好笑的原因）。UTC 有時（而且不完全正確）會被稱為格林威治標準時間（GMT）。例如，目前我在 Oregon，這裡屬於太平洋時區。太平洋時區晚於 UTC 八或七個小時。等等，八或七？到底是哪一個？這取決於一年中的時間點。夏天是日光節約時間，所以偏移量是七。其他時間是標準時間，所以偏移量是八。這裡的重點不是要你記憶時區，而是瞭解偏移量如何表示。當我開啟 JavaScript 終端機，輸入 `new Date()` 時，會看到：

```
Sat Jul 18 2015 11:07:06 GMT-0700 (Pacific Daylight Time)
```

留意，這是很詳細的格式，同時使用 UTC 的偏移值（`GMT-0700`）與名稱（`Pacific Daylight Time`）來表示時區。

在 JavaScript 中，所有 `Date` 實例都會被存成單一數字：從 Unix Epoch 算起的毫秒數（不是秒數）。當你請求 JavaScript 時，它通常會將這個數字轉換成人類看得懂的西曆日期（如同剛剛所示）。如果你想要看數字表示方式，只要使用 `valueOf()` 方法即可：

```
const d = new Date();
console.log(d);             // 用 TZ 格式化的西曆日期
console.log(d.valueOf());  // 從 Unix Epoch 算起的毫秒數
```

建構 Date 物件

`Date` 物件有四種建構方式。如果你沒有使用任何引數（如之前所示），它只會回傳一個表示目前日期的 `Date` 物件。我們也可以提供一個字串來讓 JavaScript 試著解析，或指定一個特定（區域）日期，最小單位可到毫秒。範例如下：

```
// 以下都視為地區時間
new Date();                         // 目前日期

// 注意，月份在 JavaScript 中是從零算起的： 0 = 一月，1 = 二月，以此類推。
new Date(2015, 0);                  // 2015 年 1 月 1 日 12:00 A.M.
new Date(2015, 1);                  // 2015 年 2 月 1 日 12:00 A.M.
new Date(2015, 1, 14);              // 2015 年 2 月 14 日 12:00 A.M.
new Date(2015, 1, 14, 13);          // 2015 年 2 月 14 日 3:00 P.M.
new Date(2015, 1, 14, 13, 30);      // 2015 年 2 月 14 日 3:30 P.M.
```

```
new Date(2015, 1, 14, 13, 30, 5);       // 2015 年 2 月 14 日 3:30:05 P.M.
new Date(2015, 1, 14, 13, 30, 5, 500); // 2015 年 2 月 14 日 3:30:05.5 P.M.

// 用 Unix Epoch 時戳來建立日期
new Date(0);                            // 1970 年 1 月 1 日 12:00 A.M. UTC
new Date(1000);                         // 1970 年 1 月 1 日 12:00:01 A.M. UTC
new Date(1463443200000);                // 2016 年 5 月 16 日 5:00 P.M. UTC

// 使用負數日期來取得 Unix Epoch 之前的日期
new Date(-365*24*60*60*1000);           // 1969 年 1 月 1 日 12:00 A.M. UTC

// 解析日期字串（預設值為地區時間）
new Date('June 14, 1903');              // 1903 年 1 月 14 日 12:00 A.M. 地區時間
new Date('June 14, 1903 GMT-0000');     // 1903 年 1 月 14 日 12:00 A.M. UTC
```

如果你嘗著執行這些範例，你會發現結果都是地區時間。除非你的位置在 UTC（你好，Timbuktu、Madrid 與 Greenwich ！），UTC 的結果會與這個範例顯示的不同。這是 JavaScript Date 物件讓人氣餒的主要原因：你無法指定時區。它一定會在內部將物件存為 UTC，並根據地區時間來格式化（由你的作業系統定義）。因為 JavaScript 原本是瀏覽器使用的指令碼語言，這原本是“做正確的事”。如果你要使用日期，應該是想要顯示以使用者的時區表示的日期。但是，因為 Internet 的全球性（以及 Node 將 JavaScript 帶到伺服器），更強健地處理時區是很有必要的。

Moment.js

雖然這本書討論的是 JavaScript 語言本身（不是程式庫），但處理日期是非常重要且常見的問題，所以我想要介紹一種傑出且強大的日期程式庫：*Moment.js*。

Moment.js 有兩種版本：支援時區與不支援時區。因為支援時區版本大很多（包含世界的所有時區），你可以選擇使用不提供時區的 Moment.js。為了簡化，以下的說明都使用有時區的版本。如果你想要使用較小的版本，可參考 *http://momentjs.com* 來瞭解你有什麼選擇。

如果你要做 web 專案，可參考 CDN 的 Moment.js，例如 cdnjs：

```
<script src="//cdnjs.cloudflare.com/ajax/libs/moment-timezone/0.4.0/ ↩
moment-timezone.min.js"></script>
```

如果你要使用 Node，可用 `npm install --savemoment-timezone` 來安裝 Moment.js，接著在你的指令碼中，用 `require` 來參考它：

```
const moment = require('moment-timezone');
```

Moment.js 很大也很強健，如果你需要操作日期，它應該已經擁有你需要的功能。你可以參考它傑出的文件來瞭解更多資訊（*http://momentjs.com/*）。

JavaScript 的實用日期做法

我們已經具備基本的知識了，而且你已經取得 Moment.js，所以我們要用稍微不一樣的方式來討論這個資訊。對大部分的人來說，詳細地說明 `Date` 物件的方法是既枯燥且不實用的。此外，如果你需要瞭解那方面的資訊，MDN 對 `Date` 物件的說明（*https://developer.mozilla.org/en-US/docs/Web/JavaScript/Reference/Global_Objects/Date*）很詳盡，而且寫得挺好的。

所以，這本書會採取比較類似食譜的做法，並討論常見的日期處理，適時使用 `Date` 與 Moment.js。

建構日期

我們已經討論 JavaScript 的 `Date` 物件的建構選項了，在大多數情況下，它們是可提供幫助的。當你想要建構一個沒有明確時區的日期時，必須考慮將要使用什麼時區，這將會依照日期被建構的**地點**而定。之前很多初學者會在這裡遇到麻煩：他們會在 Los Angeles, California 的使用者的瀏覽器上，使用位於 Arlington, Virginia 的伺服器上的日期程式，然後對於日期落後三個小時感到吃驚。

在伺服器上建構日期

如果你要在伺服器上建構日期，我建議你一定要使用 UTC 或明確地指定時區。如果你使用雲端的方式來開發應用程式，相同的基礎程式有可能會在世界各地的伺服器運行，用地區日期來建構程式，就是在自找麻煩。如果你想使用 UTC 日期，就可以用 `Date` 物件的 `UTC` 方法來建構它們：

```
const d = new Date(Date.UTC(2016, 4, 27));  // 2016 年 5 月 27 日，UTC
```

Date.UTC 接收的引數與 Date 建構式一樣，但它不會回傳一個新的 Date 實例，而是回傳日期值。你可以再將那個數字傳入 Date 建構式來建立一個日期實例。

如果你需要在位於特定時區的伺服器上建構日期（而且不想要親手轉換時區），可使用 moment.tz 來建構使用特定時區的 Date 實例：

```
// 傳遞一個陣列給 Moment.js，使用與 JavaScript 的 Date 建構式一樣的參數，
// 包含從零算起的月份，(0 = 一月，1 = 二月，以此類推)。
// toDate() 會轉換回 JavaScript Date 物件
const d = moment.tz([2016, 3, 27, 9, 19], 'America/Los_Angeles').toDate();
```

在瀏覽器建構日期

一般來說，JavaScript 的預設行為比較適合瀏覽器。瀏覽器可從作業系統知道它在哪個時區，使用者通常喜歡使用地區時間。如果你要建構的 app 需要在其他時區處理日期，那麼你就需要使用 Moment.js 來進行轉換，並顯示其他時區的日期。

傳輸日期

傳輸日期是件有趣的事情（無論是伺服器傳給瀏覽器，或相反）。伺服器與瀏覽器可能會在不同的時區，而使用者想要看他們的時區的日期。幸運的是，因為 JavaScript Date 實例會以 UTC、Unix Epoch 偏移量的方式來儲存日期，所以四處傳遞 Date 物件通常沒有問題。

我們使用含糊的“傳遞”字眼，它的意思到底是什麼？在 JavaScript，最能夠確保日期被安全傳遞的做法，是使用 *JavaScript Object Notation*（JSON）。JSON 規格其實沒有指定日期的資料型態，這是不幸的事，因為它會防止 JSON 的對稱解析（symmetric parsing）：

```
const before = { d: new Date() };
before.d instanceof date            // true
const json = JSON.stringify(before);
const after = JSON.parse(json);
after.d instdanceof date            // false
typeof after.d                      // "string"
```

因此，壞消息是，JSON 無法無縫且對稱地處理 JavaScript 的日期。好消息是，JavaScript 使用的字串序列化是一致的，所以你可以將日期“恢復”：

```
after.d = new Date(after.d);
after.d instanceof date          // true
```

無論你原本使用什麼時區來建立日期，當它被編碼為 JSON 時，它就是 UTC，且當你將 JSON 編碼的字串傳入 Date 建構式，日期就會用地區時區來顯示。

另一種在用戶端與伺服器之間安全地傳遞日期的方式，是直接使用日期的數字值：

```
const before = { d: new Date().valueOf() };
typeof before.d                    // "number"
const json = JSON.stringify(before);
const after = JSON.parse(json);
typeof after.d                     // "number"
const d = new Date(after.d);
```

雖然用 JSON 編碼的日期字串在 JavaScript 中是一致的，但其他語言與平台提供的 JSON 程式庫**並非如此**。尤其是 .NET JSON 序列器會將 JSON 編碼的日期物件包裝成它們自己專有的格式。所以如果你會遇到其他系統的 JSON，請謹慎地瞭解它如何將日期序列化。如果你可以操控原始程式，此時將數值的日期轉換成 Unix Epoch 的偏移值或許比較安全。但是，就算如此你也要很小心，日期程式庫通常會用秒來表示數值，而不是毫秒。

顯示日期

顯示經過格式化的日期，通常會讓新人受到很大的挫折。JavaScript 內建的 Date 物件只有少量的內建日期格式，如果它們不符合你的需求，自己做格式化將會很痛苦。幸運的是，Moment.js 特別擅長這些事情，如果你特別重視日期的顯示，我建議你使用它。

要用 Moment.js 來將日期格式化，可使用它的 format 方法。這個方法會接收一個使用中繼字元的字串，將它轉換成適當的日期元件。例如，字串 "YYYY" 會被換成四個數字的年份。以下範例示範使用 Date 物件的內建方法，以及更強健的 Moment.js 方法，來將日期格式化：

```
const d = new Date(Date.UTC(1930, 4, 10));

// 以下是顯示給 Los Angeles 的人看的輸出

d.toLocaleDateString()      // "5/9/1930"
```

```
d.toLocaleFormat()         // "5/9/1930 4:00:00 PM"
d.toLocaleTimeString()     // "4:00:00 PM"
d.toTimeString()           // "17:00:00 GMT-0700 (Pacific Daylight Time)"
d.toUTCString()            // "Sat, 10 May 1930, 00:00:00 GMT"

moment(d).format("YYYY-MM-DD");                // "1930-05-09"
moment(d).format("YYYY-MM-DD HH:mm");          // "1930-05-09 17:00
moment(d).format("YYYY-MM-DD HH:mm Z");        // "1930-05-09 17:00 -07:00
moment(d).format("YYYY-MM-DD HH:mm [UTC]Z"); // "1930-05-09 17:00 UTC-07:00

moment(d).format("dddd, MMMM [the] Do, YYYY");  // "Friday, May the 9th, 1930"

moment(d).format("h:mm a");                    // "5:00 pm"
```

這個範例展示內建的日期格式化有多麼不一致且沒彈性。就 JavaScript 的做法而言，這些內建格式化項目是為了提供適合使用者的地區的格式。如果你需要提供多個地區的日期格式，這是一種廉價但沒彈性的做法。

我們不想要詳盡地介紹 Moment.js 提供的格式化項目，你可以參考它的線上文件。它可支援溝通的地方在於，如果你有日期格式化的需求，Moment.js 幾乎可以滿足。如同許多這類的日期格式化中繼語言，它也有一些共同的使用慣例。比較多字母代表比較詳細的資訊，也就是說，"M" 會給你 1, 2, 3,...，"MM" 會給你 01, 02, 03,...，"MMM" 會給你 January, February, March,...。小寫的 "o" 會給你一個序數字："Do" 會給你 1st, 2nd, 3rd, 等等。如果你想要加入不想要被解譯成中繼字元的字母，可用中括號將它們包起來："[M]M" 會給你 M1、M2，以此類推。

Moment.js 有一個無法完全解決的問題：時區縮寫的使用，例如 EST 與 PST。由於缺乏一致的國際標準，Moment.js 已棄用 z 格式化字元。關於時區縮寫問題的詳細說明，請參考 Moment.js 文件。

Date 元件

如果你需要存取 Date 實例的各個元件，有一些方法可做這些事：

```
const d = new Date(Date.UTC(1815, 9, 10));

// 這些是 Los Angeles 的人會看到的結果
d.getFullYear()      // 1815
d.getMonth()         // 9 - October
d.getDate()          // 9
```

```
d.getDay()          // 1 - Monday
d.getHours()        // 17
d.getMinutes()      // 0
d.getSeconds()      // 0
d.getMilliseconds() // 0

// 也有對應以上日期的 UTC：
d.getUTCFullYear()  // 1815
d.getUTCMonth()     // 9 - October
d.getUTCDate()      // 10
// ... 等等
```

當你使用 Moment.js 時，你會發現不太需要使用個別的元件，但知道這件事仍然會有幫助。

比較日期

要做簡單的日期比較（日期 A 是在日期 B 之前還是之後？），你可以使用 JavaScript 的內建比較運算子。Date 實例會將日期存成數字，所以你可以直接使用比較運算子來比較數字：

```
const d1 = new Date(1996, 2, 1);
const d2 = new Date(2009, 4, 27);

d1 > d2     // false
d1 < d2     // true
```

日期算術

因為日期只是數字，你可以將日期相減，來取得它們之間的毫秒數差距：

```
const msDiff = d2 - d1;                   // 417740400000 ms
const daysDiff = msDiff/1000/60/60/24;    // 4834.96 天
```

因為這個特性，你也可以輕鬆地用 Array.prototype.sort 來排序日期：

```
const dates = [];
// 建立一些隨機的日期
const min = new Date(2017, 0, 1).valueOf();
const delta = new Date(2020, 0, 1).valueOf() - min;
for(let i=0; i<10; i++)
   dates.push(new Date(min + delta*Math.random()));
// 日期是隨機且（可能）雜亂的
```

```
// 我們可以排序它們（降冪）：
dates.sort((a, b) => b - a);
// 或升冪：
dates.sort((a, b) => a - b);
```

Moment.js 有許多強大的方法可做常見的日期算術，可讓你增加或減去隨意的時間單位：

```
const m = moment();            // 現在
m.add(3, 'days');              // m 現在是三天後
m.subtract(2, 'years');        // m 現在是兩年前加三天

m = moment();                  // 重置
m.startOf('year');             // m 現在是今年的 1 月 1 日
m.endOf('month');              // m 現在是今年的 1 月 31 日
```

Moment.js 也可以讓你鏈結方法：

```
const m = moment()
   .add(10, 'hours')
   .subtract(3, 'days')
   .endOf('month');

// m 是當你往未來移動 10 小時，再往過去移動 3 天時，
// 那個月的月底
```

方便使用者的相對日期

用相對的方式來表示日期資訊，經常是很好的做法：Moment.js 可以讓你輕鬆地使用"三天前"，而不是那個日期：

```
moment().subtract(10, 'seconds').fromNow();     // 幾秒前
moment().subtract(44, 'seconds').fromNow();     // 幾秒前
moment().subtract(45, 'seconds').fromNow();     // 一分鐘前
moment().subtract(5, 'minutes').fromNOw();      // 5 分鐘前
moment().subtract(44, 'minutes').fromNOw();     // 44 分鐘前
moment().subtract(45, 'minutes').fromNOw();     // 一小時前
moment().subtract(5, 'hours').fromNOw();        // 4 小時前
moment().subtract(21, 'hours').fromNOw();       // 21 小時前
moment().subtract(22, 'hours').fromNOw();       // 一天前
moment().subtract(344, 'days').fromNOw();       // 344 天前
moment().subtract(345, 'days').fromNOw();       // 一年前
```

你可以看到，Moment.js 可以隨意（但合理）地決定何時該顯示不同的單位。你很容易就可以取得方便的相對日期。

總結

如果這一章有三個重點，它是：

- 在內部，日期會以從 Unix Epoch（UTC 1970 年 1 月 1 日）算起的毫秒數來表示。
- 當你要建構日期時，小心處理時區。
- 如果你想要使用複雜的日期格式，可考慮 Moment.js。

在大多數的現實世界應用程式中，你應該不會不需要處理與操作日期。希望這一章可以讓你具備重要的概念。Mozilla Developer Network 與 Moment.js 文件可提供詳細的說明。

第十六章

數學

這一章要說明 JavaScript 內建的 Math 物件，它裡面有開發應用程式時，經常會用到的數學函式（如果你要做複雜的數字分析，就必須另尋第三方程式庫）。

在我們討論程式庫之前，先來提醒一下自己，JavaScript 如何處理數字。重點在於，它沒有專用的整數類別，所有數字都是 IEEE 754 64 位元浮點數字。對 math 的大部分函式來說，這可以簡化一些事情：數字就是數字。雖然沒有電腦可以完全表示任意的實數，但站在實用的角度來看，你可以將 JavaScript 數字視為實數。注意，JavaScript 沒有內建的複數支援。如果你需要複數、大數字，或較複雜的結構或演算法，我建議你使用 Math.js（*http://mathjs.org/*）。

除了基本觀念之外，這一章的設計，不是要教你數學，它們有屬於自己的書籍。

在這一章的程式註解中，我會在最前面使用波狀符號（~）來表示那個值是近似值。我也會將 Math 物件的特性稱為**函式**，而不是**方法**。雖然它們在技術上是靜態方法，但這兩者的區別是學術性的，Math 物件提供命名空間（namespacing），不是環境（context）。

格式化數字

格式化數字是常見的功能，也就是說，將 2.0093 顯示成 2.1，或將 1949032 顯示成 1,949,032[1]。

JavaScript 內建的格式化數字的功能有限，但也支援固定數字的十進位、固定精確度，與指數標記法。此外，它也可以用其他的基數來顯示數字，例如二進位、八進位與十六進位。

1 有一些文化會將句點當成千元分隔符號，逗點當成小數點分隔符號，可能與你的習慣相反。

基於必要性，JavaScript 的數字格式化方法都會回傳字串，不是數字，只有字串可以保存你想要的格式（但是，必要時，可以輕鬆地轉換成數字）。也就是說，你應該在顯示數字之前才格式化它們，你會儲存它們，或拿它們來計算，所以它們應該維持未格式化的數字型態。

固定小數

如果你希望小數點後面的位數是固定的，可使用 Number.prototype.toFixed：

```
const x = 19.51;
x.toFixed(3);     // "19.510"
x.toFixed(2);     // "19.51"
x.toFixed(1);     // "19.5"
x.toFixed(0);     // "20"
```

請注意，它不是捨去法，輸出的結果會四捨五入到指定的小數位數。

指數標記法

如果你想要用指數標記法來顯示數字，可使用 Number.prototype.toExponential：

```
const x = 3800.5;
x.toExponential(4);  // "3.8005e+4";
x.toExponential(3);  // "3.801e+4";
x.toExponential(2);  // "3.80e+4";
x.toExponential(1);  // "3.8e+4";
x.toExponential(0);  // "4e+4";
```

如同 Number.prototype.toFixed，它的輸出是四捨五入，不是無條件捨去。你指定的精確度，就是小數點後的位數。

固定精確度

如果你關心的是固定的位數（無論小數點在哪裡），可使用 Number.prototype.toPrecision：

```
let x = 1000;
x.toPrecision(5);     // "1000.0"
x.toPrecision(4);     // "1000"
x.toPrecision(3);     // "1.00e+3"
x.toPrecision(2);     // "1.0e+3"
x.toPrecision(1);     // "1e+3"
x = 15.335;
x.toPrecision(6);     // "15.3350"
```

```
x.toPrecision(5);    // "15.335"
x.toPrecision(4);    // "15.34"
x.toPrecision(3);    // "15.3"
x.toPrecision(2);    // "15"
x.toPrecision(1);    // "2e+1"
```

它的輸出是四捨五入，一定是指定的精確度位數。必要時，輸出是指數標記法。

不同的基數

如果你想要用不同的基數來顯示數字（例如二進位、八進位，或十六進位），可透過 `Number.prototype.toString` 傳入一個引數來指定基數（範圍 2 至 36）：

```
const x = 12;
x.toString();       // "12"  （基數 10）
x.toString(10);     // "12"  （基數 10）
x.toString(16);     // "c"   （十六進位）
x.toString(8);      // "14"  （八進位）
x.toString(2);      // "1100"（二進位）
```

進階數字格式化

如果你要在應用程式中顯示許多數字，JavaScript 方法可能無法滿足你的需求。常見的需求有：

- 千位分隔符號
- 以不同的方式來顯示負數（例如，使用括號）
- 工程符號（類似指數標記法）
- 前置 SI（milli-、micro-、kilo-、mega- 等等）

如果你想要自己練習，可自行創作這些功能。如果不是，我推薦 Numeral.js 程式庫（*http://numeraljs.com/*），它除了具備以上所有功能之外，還有其他功能。

常數

你可以透過 `Math` 物件的特性來使用常用的常數：

```
// 基本常數
Math.E     // 自然對數的根：~2.718
Math.PI    // 圓周率：~3.142
```

```
// 對數常數 -- 你可以透過呼叫程式庫來使用它們，
// 但它們經常被用到，足以保證方便性
Math.LN2        // 2 的自然對數：~0.693
Math.LN10       // 10 的自然對數：~2.303
Math.LOG2E      // Math.E 的基數 2 對數：~1.433
Math.LOG10E     // Math.E 的基數 10 對數：0.434

// 代數常數
Math.SQRT1_2    // 1/2 的平方根：~0.707
Math.SQRT2      // 2 的平方根：~1.414
```

代數函數

乘冪

基本的乘冪函式是 Math.pow，此外也有方便的平方根、立方根與 e 乘冪函式，如表 16-1 所示。

表 16-1 乘冪函式

函式	說明	範例
Math.pow(x, y)	x^y	Math.pow(2, 3) // 8 Math.pow(1.7, 2.3) // ~3.39
Math.sqrt(x)	$\sqrt{x}$ 相當於 Math.pow(x, 0.5)	Math.sqrt(16) // 4 Math.sqrt(15.5) // ~3.94
Math.cbrt(x)	x 的立方根， 相當於 Math.pow(x, 1/3)	Math.cbrt(27) // 3 Math.cbrt(22) // ~2.8
Math.exp(x)	e^x 相當於 Math.pow(Math.E, x)	Math.exp(1) // ~2.718 Math.exp(5.5) // ~244.7
Math.expm1(x)	$e^x - 1$ 相當於 Math.exp(x) - 1	Math.expm1(1) // ~1.718 Math.expm1(5.5) // ~243.7
Math.hypot(x1, x2,...)	引數平方和的平方根： $\sqrt{x1^2 + x2^2 + ...}$	Math.hypot(3, 4) // 5 Math.hypot(2, 3, 4) // ~5.36

對數函式

基本的自然對數函式是 `Math.log`。在某些語言中，“log” 代表 “log 基數 10”，而 “ln” 代表 “自然對數”，所以記得，在 JavaScript 中，“log” 代表 “自然對數”。為了方便，ES6 加入 `Math.log10`。

表 16-2　對數函式

函式	說明	範例	
`Math.log(x)`	x 的自然對數	`Math.log(Math.E)` `Math.log(17.5)`	`// 1` `// ~2.86`
`Math.log10(x)`	x 的 10 進位自然對數，相當於 `Math.log(x)/Math.log(10)`	`Math.log10(10)` `Math.log10(16.7)`	`// 1` `// ~1.22`
`Math.log2(x)`	x 的二進位自然對數，相當於 `Math.log(x)/Math.log(2)`	`Math.log2(2)` `Math.log2(5)`	`// 1` `// ~2.32`
`Math.log1p(x)`	1 + x 的自然對數，相當於 `Math.log(1 + x)`	`Math.log1p(Math.E - 1)` `Math.log1p(17.5)`	`// 1` `// ~2.92`

其他

表 16-3 列出其他的數字函式，可讓你執行常見的動作，例如尋找絕對值、ceiling、floor，或數字的符號，以及尋找串列中的最小或最大數字。

表 16-3　其他函式

函式	說明	範例	
`Math.abs(x)`	x 的絕對值	`Math.abs(-5.5)` `Math.abs(5.5)`	`// 5.5` `// 5.5`
`Math.sign(x)`	x 的符號：如果 x 是負數，它是 −1；如果 x 是正數，1；如果 x 是 0，0	`Math.sign(-10.5)` `Math.sign(6.77)`	`// -1` `// 1`
`Math.ceil(x)`	x 的 ceiling：大於或等於 x 的最小整數	`Math.ceil(2.2)` `Math.ceil(-3.8)`	`// 3` `// -3`
`Math.floor(x)`	x 的 floor：小於或等於 x 的最大整數	`Math.floor(2.8)` `Math.floor(-3.2)`	`// 2` `// -4`
`Math.trunc(x)`	x 的整數部分（移除所有小數位）	`Math.trunc(7.7)` `Math.trunc(-5.8)`	`// 7` `// -5`

函式	說明	範例	
Math.round(x)	*x* 被四捨五入成最接近的整數	Math.round(7.2)	// 7
		Math.round(7.7)	// 8
		Math.round(-7.7)	// -8
		Math.round(-7.2)	// -7
Math.min(x1, x2,...)	回傳最小的引數	Math.min(1, 2)	// 1
		Math.min(3, 0.5, 0.66)	// 0.5
		Math.min(3, 0.5, -0.66)	// -0.66
Math.max(x1, x2,...)	回傳最大的引數	Math.max(1, 2)	// 2
		Math.max(3, 0.5, 0.66)	// 3
		Math.max(-3, 0.5, -0.66)	// 0.5

產生偽亂數

Math.random 可產生偽亂數，它會回傳一個大於或等於 0，且小於 1 的亂數。在代數中，數字範圍通常會以方括號（包含）與括號（不包含）來表示。用這種表示法，Math.random 回傳的數字是在 [0, 1) 範圍內。

Math.random 無法提供不同範圍的亂數。表 16-4 列出一些取得其他範圍的公式。在這張表中，x 與 y 代表實數，m 與 n 代表整數。

表 16-4　產生亂數

範圍	範例
[0, 1)	Math.random()
[x, y)	x + (y-x)*Math.random()
[m, n) 內的整數	m + Math.floor((n-m)*Math.random())
[m, n] 內的整數	m + Math.floor((n-m+1)*Math.random())

JavaScript 的偽亂數產生器經常被抱怨的地方在於，它無法使用**種子**，這對測試涉及偽亂數的演算法來說很重要。如果你需要使用種子的偽亂數，可參考 David Bau 的 seedrandom. js 套件（*https://github.com/davidbau/seedrandom*）。

經常有人會將偽亂數產生器（PRNG）簡稱為“亂數產生器”（這是錯誤的說法）。PRNG 產生的數字對大部分的應用程式來說，看起來像是隨機的，但真正的亂數產生器是非常困難的問題。

三角函式

不讓人意外：你可以使用正弦、餘弦、正切與它們的相反，如表 16-5 所示。Math 的所有三角函式都使用弧度，不是角度。

表 16-5　三角函式

函式	說明	範例
Math.sin(x)	*x* 弧度的正弦值	Math.sin(Math.PI/2)　// 1 Math.sin(Math.PI/4)　// ~0.707
Math.cos(x)	*x* 弧度的餘弦值	Math.cos(Math.PI)　// -1 Math.cos(Math.PI/4)　// ~0.707
Math.tan(x)	*x* 弧度的正切值	Math.tan(Math.PI/4)　// ~1 Math.tan(0)　// 0
Math.asin(x)	*x* 的反正弦值（結果是弧度）	Math.asin(0)　// 0 Math.asin(Math.SQRT1_2)　// ~0.785
Math.acos(x)	*x* 的反餘弦值（結果是弧度）	Math.acos(0)　// ~1.57+ Math.acos(Math.SQRT1_2)　// ~0.785+
Math.atan(x)	*x* 的反正切值（結果是弧度）	Math.atan(0)　// 0 Math.atan(Math.SQRT1_2)　// ~0.615
Math.atan2(y, x0)	從 x 軸到那一點 (x, y) 的逆時針角度（弧度）	Math.atan2(0, 1)　// 0 Math.atan2(1, 1)　// ~0.785

如果你用的是角度，就必須轉換成弧度。算法很簡單：除以 180，再乘以 π。你很容易就可以寫出協助函式：

```
function deg2rad(d) { return d/180*Math.PI; }
function rad2deg(r) { return r/Math.PI*180; }
```

雙曲函式

如同三角函式，雙曲函式也是標準功能，如表 16-6 所示。

表 16-6 雙曲函式

函式	說明	範例
`Math.sinh(x)`	x 的雙曲正弦	`Math.sinh(0) // 0` `Math.sinh(1) // ~1.18`
`Math.cosh(x)`	x 的雙曲餘弦	`Math.cosh(0) // 1` `Math.cosh(1) // ~1.54`
`Math.tanh(x)`	x 的雙曲正切	`Math.tanh(0) // 0` `Math.tanh(1) // ~0.762`
`Math.asinh(x)`	x 的反雙曲正弦	`Math.asinh(0) // 0` `Math.asinh(1) // ~0.881`
`Math.acosh(x)`	x 的反雙曲餘弦	`Math.acosh(0) // NaN` `Math.acosh(1) // 0`
`Math.atanh(x)`	x 的反雙曲正切	`Math.atanh(0) // 0` `Math.atanh(0) // ~0.615`

第十七章

正規表達式

正規表達式可提供複雜的字串匹配功能。如果你想要找出“長得像”email 地址或 URL 或電話號碼的東西，正規表達式就是你的好朋友。與字串匹配對應的是字串取代，正規表達式也可以處理這件事，例如，找出長得像 email 的東西，並將它們轉換成該 email 地址的超連結。

許多介紹正規表達式的文獻都會使用深奧的例子，例如“找出 *aaaba* 與 *abaaba*，但不包含 *abba*”，這種例子的確可以將正規表達式分解成各種功能，但非常沒有意義（你真的需要找出 *aaaba* 嗎？）我會試著從頭開始，使用實際的範例來介紹正規表達式的功能。

正規表達式通常會被縮寫成“regex”或“regexp”，本書會使用較簡短的前者。

找出並替換子字串

regex 的基本工作，就是找出字串內的子字串，並視情況替換它。regex 可讓你透過強大且有彈性的方式來做這件事，所以在深入討論之前，我們先簡單地看一下非 regex 的 `String.prototype` 搜尋與替換功能，它很適合最普通的搜尋與替換。

如果你需要的，只是確定一個較大型的字串裡面有沒有某一個子字串，以下的 `String.prototype` 方法就夠用了：

```
const input = "As I was going to Saint Ives";
input.startsWith("As")         // true
input.endsWith("Ives")         // true
input.startsWith("going", 9)  // true -- 從索引 9 開始
input.endsWith("going", 14)   // true -- 將索引 14 視為字串結尾
input.includes("going")        // true
input.includes("going", 10)   // false -- 從索引 10 開始
```

```
input.indexOf("going")       // 9
input.indexOf("going", 10)   // -1
input.indexOf("nope")        // -1
```

留意，這些方法都是區分大小寫的。所以 input.startsWith("as") 將會是 false。如果你想要做不區分大小寫的比較，可以直接將輸入轉換成小寫：

```
input.toLowerCase().startsWith("as")        // true
```

留意，這不會修改原始的字串，String.prototype.toLowerCase 會回傳一個新的字串，且不會修改原始的字串（請記得，JavaScript 的字串是不可變的）。

如果我們想要進一步尋找子字串並替換它，可使用 String.prototype.replace：

```
const input = "As I was going to Saint Ives";
const output = input.replace("going", "walking");
```

同樣的，這個替換不會修改原始的字串（input）；現在 output 含有新的字串，它的 "going" 會被換成 "walking"（當然，如果我們真的想要改變 input，也可以賦值回去給 input）。

建構正規表達式

在進入複雜的 regex 中繼語言之前，我們先來討論它的建構方式，以及如何在 JavaScript 中使用它。在這些範例中，我們會與之前範例一樣尋找特定的字串—這對 regex 來說只是牛刀小試，但可讓你瞭解它們的用法。

JavaScript 的 regex 是以類別 RegExp 來表示的。雖然你可以用 RegExp 建構式來建構 regex，但 regex 的重要性，足以讓它們擁有自己的常值語法。regex 常值是以斜線來制定的：

```
const re1 = /going/;                // 可搜尋 "going" 字眼的 regex
const re2 = new RegExp("going");    // 等效的物件建構式
```

本章稍後會提到，有一種情況下，我們會使用 RegExp，但除了那個特例之外，你應該優先使用較方便的常值語法。

用正規表達式來搜尋

當我們擁有一個 regex 之後，就可以用很多方式在字串中做搜尋。

為了瞭解替換的選項，我們要稍微預覽 regex 中繼語言一在這裡使用靜態字串是很無聊的方式。我們會使用 regex `/\w{3,}/ig`，它會找出所有三個字母以上的單字（區分大小寫）。不要擔心看不懂，本章稍後會詳細說明。現在我們可以來考慮這個搜尋方法：

```
const input = "As I was going to Saint Ives";
const re = /\w{3,}/ig;

// 開始使用字串（input）
input.match(re);       // ["was", "going", "Saint", "Ives"]
input.search(re);      // 5（第一個三個字母的單字從索引 5 開始）

// 開始使用 regex (re)
re.test(input);        // true（input 至少含有一個三個字母的單字）
re.exec(input);        // ["was"]（第一個符合的）
re.exec(input);        // ["going"]（exec 會"記得"它在哪裡）
re.exec(input);        // ["Saint"]
re.exec(input);        // ["Ives"]
re.exec(input);        // null -- 沒有符合的項目了

// 留意，這些方法都可以直接使用 regex 常值
input.match(/\w{3,}/ig);
input.search(/\w{3,}/ig);
/\w{3,}/ig.test(input);
/\w{3,}/ig.exec(input);
// ...
```

在這些方法中，`RegExp.prototype.exec` 提供最多資訊，但你會發現，你在實務上不會用到它們。我發現自己最常使用的是 `String.prototype.match` 與 `RegExp.prototype.test`。

用正規表達式來替換

之前用來做簡單的字串替換的 `String.prototype.replace` 方法，也可以接收 regex，但它可以做的工作更多。我們先從一個簡單的範例開始一替換所有四個字母的單字：

```
const input = "As I was going to Saint Ives";
const output = input.replace(/\w{4,}/ig, '****');  // "As I was ****
                                                    // to **** ****"
```

之後會討論更複雜的替換方法。

輸入消化

很多人會天真地將 regex 看成“在較大字串裡面尋找子字串的東西”（通常稱為“在草堆裡找針”）。雖然這種天真的看法通常是你想要用的功能，但它會讓你無法瞭解 regex 的本質，並且限制你的能力，無法使用它更強大的功能。

較先進的方式，是將它看成**消化**（*consuming*）**輸入字串的模式**。此時，匹配（你想要的）會變成這種看法的附屬功能。

要瞭解 regex 的運作概念，你可以想像一種小孩的遊戲：從許多字母的方塊中找出單字。我們先忽略對角線與垂直的匹配，事實上，我們只考慮這個文字遊戲的一行文字：

X J A N L I O N A T U R E J X E E L N P

人類很會玩這種遊戲。當我們看到它時，可以很快地找出 LION、NATURE 與 EEL（甚至 ION）。電腦與 regex 沒有那麼聰明。我們將這文字遊戲當成 regex 的世界，我們不但可以看到 regex 如何動作，也可以看到一些必須小心的限制。

為了簡化，我們告訴 regex，我們要尋找 LION、ION、NATURE 與 EEL，換句話說，我們給它答案，看看它能不能認出這些答案。

regex 會從第一個字元 X 開始。它注意到，它要尋找的單字沒有一個是 X 開頭的，所以它說“沒有符合的”。但是，它不會就此放棄，而是繼續查看下一個字元 J。它發現 J 的狀況相同，接著看 A。在討論的過程中，我們將 regex 引擎已經看過的字母稱為它已經被**消化**了。一直到 L，情況才開始不同。regex 引擎會說“啊，這有可能是 LION ！”因為這有可能會符合目標，所以它**不會消化** *L*，這是很重要的地方，你一定要理解。regex 繼續匹配 I、接著 O，接著 N。現在它發現符合的單字，成功了！它已經發現一個符合的單字，所以會消化整個單字，現在 L、I、O 與 N 都被消化了。接下來事情比較有趣，LION 與 NATURE 是重疊的，對人類而言，這不是個問題。但 regex 非常嚴格，不會查看它已經消化的東西。所以它不會“走回頭路”，試著在它已經消化的東西中找到符合的東西。所以 regex 不會認出 NATURE，因為 N 已經被消化了，它只會找到 ATURE，但這不是它想要尋找的單字。不過，最後它會找到 EEL。

現在我們將 LION 裡面的 O 改為 X。這會發生什麼事？當 regex 到達 L 時，它同樣會發現有機會符合的目標（LION），所以不消化 L。它會前進到 I，不消化它。接著它會看到 X，此時，它發現不符合，因為要找的字沒有 LIX 開頭的。接著，regex 會回到之前它覺得會符合的地方（L），消化那個 L，再與之前一樣繼續進行。在這個案例中，它會找出 NATURE，因為 N 不是 LION 的一部分，所以它不會被消化。

圖 17-1 是這個程序的一部分。

XJANLIONATUREJXEELNP
↑有可能匹配嗎？不…消化 X

XJANLIONATUREJXEELNP
↑有可能匹配嗎？不…消化 J

XJANLIONATUREJXEELNP
↑有可能匹配嗎？不…消化 A

XJANLIONATUREJXEELNP
↑有可能匹配嗎？不…消化 N

XJANLIONATUREJXEELNP
↑有可能匹配嗎？有！不”消化 L

XJANLIONATUREJXEELNP
↑有可能匹配嗎？有！“不”消化 I

XJANLIONATUREJXEELNP
↑有可能匹配嗎？有！“不”消化 O

XJANLIONATUREJXEELNP
↑**確定匹配！**消化整個匹配的單字（LION）

XJANLIONATUREJXEELNP
↑有可能匹配嗎？不…消化 A

…繼續進行，直到所有輸入都被消化為止

圖 17-1　regex 範例

在繼續討論 regex 中繼語言的細節之前，先來考慮 regex“消化”字串時採取的演算法：

- 字串會被從左到右地消化。
- 當一個字元被消化時，regex 就不會回去查看它。
- 如果沒有符合的可能，regex 會一次前進一個字元，來尋找符合的對象。
- 如果找到符合的對象，regex 會一次消化那個對象的所有字元，並從下一個字元開始尋找（當 regex 是全域時，我們稍後會討論）。

這是一般的演算法，你應該不會對於細節如此複雜感到奇怪。尤其是，如果 regex 認為不可能有符合的對象時，演算法會提早中止。

當我們討論 regex 中繼語言的細節時，請記得這個演算法，想像你的字串被從左到右地消化，一次一個字元，直到有符合的對象為止，此時，該對象的所有單字會被同時全部消化。

分支結構

想像你將一個 HTML 網頁存在一個字串裡面，而且你想要找到所有可參考外部資源的標籤（<a>、<area>、<link>、<script>、<source>，有時是 <meta>）。此外，有一些標籤會混合使用大小寫（<Area>、 <LINKS> 等等）。正規表達式的**分支結構**（*alternations*）可解決這個問題：

```
const html = 'HTML with <a href="/one">one link</a>, and some JavaScript.' +
   '<script src="stuff.js"></script>';
const matches = html.match(/area|a|link|script|source/ig);  // 第一次嘗試
```

分隔號（|）是標示分支結構的 regex 中繼字元。ig 提示忽略大小寫（i），並全域搜尋（g）。如果沒有 g，它只會回傳第一個符合的目標。你可以將它解讀成 "尋找文字 *area*、*a*、*link*、*script* 或 *source* 的所有實例，忽略大小寫"。敏感的讀者可能想問，為什麼我們將 area 放在 a 之前？這是因為 regex 會從左到右執行分支結構。換句話說，如果字串裡面有 area 標籤，它會先找出 a，再繼續執行。接著 a 會被消化，那麼 rea 就不符合任何東西。所以你必須先匹配 area，接著 a，否則永遠找不到符合 area 的對象。

當你執行這個範例時，你會發現許多意想不到的匹配結果：單字 *link*（在 <a> 標籤裡面），與**非** HTML 標籤的字母 *a*，它只是英文的一部分。其中一種解決這種問題的方式，是將 regex 改為 /<area|<a|<link|<script|<source/（角括號不是 regex 中繼字元），但我們會用較複雜的做法。

匹配 HTML

在之前的範例中，我們用 regex 執行一個相當常見的工作：匹配 HTML。就算這是常見的工作，我也必須警告你，雖然通常你可以用 regex 來做一些實用的工作，但你不能用 regex 來**解析** HTML。**解析**的意思是將一個東西完全分解成零組件。regex 只能用來解析**正規**的語言。正規語言相當簡單，但你通常會用 regex 來處理較複雜的語言。但是，既然 regex 可以處理較複雜的語言，為什麼要提出警告？因為希望你瞭解 regex 的限制，並理解何時需要使用更強大的工具。就算我們可以使用 regex 來對 HTML 做一些實用的工作，你也很有可能會創造出讓 regex 束手無策的 HTML。為了能夠 100% 處理事情，你必須使用解析器。考慮以下的範例：

```
const html = '<br> [!CDATA[[<br>]]';
const matches = html.match(/<br>/ig);
```

這個 regex 會匹配兩個，但是，這個範例只有一個真正的 `<br>` 標籤，另一個符合的字串只是非 HTML 字元資料（CDATA），如果要用 regex 來匹配階層式結構（例如在 `<p>` 標籤裡面的 `<a>` 標籤），它的能力也十分有限。本書不會討論關於這些限制的理論，但結論是：如果你在使用 regex 來匹配很複雜的東西（例如 HTML）時覺得很掙扎，應該可以直接將 regex 視為不是正確的工具。

字元集合

字元集合提供一種紮實的方式來表示**單一字元**的分支結構（我們稍後會將它與重複中繼字元一起使用，並且看看如何將它擴充成多個字元）。例如，如果你想要找出字串中的所有數字，可以使用分支結構：

```
const beer99 = "99 bottles of beer on the wall " +
   "take 1 down and pass it around -- " +
   "98 bottles of beer on the wall.";
const matches = beer99.match(/0|1|2|3|4|5|6|7|8|9/g);
```

多麼無聊！如果你想要尋找的不是數字，而是字母呢？數字**與**字母？最後，如果你想要找出所有**非**數字的東西呢？此時就是使用字元集合的時機了。簡單來說，它們是以更紮實的方式，來表達一位數字（single-digit）的分支結構。更棒的是，你可以用它們來指定**範圍**。以下是上例的改寫方式：

```
const m1 = beer99.match(/[0123456789]/g);  // 不錯
const m2 = beer99.match(/[0-9]/g);         // 更好！
```

你甚至可以結合範圍。以下是匹配字母、數字與一些其他的標點符號的方式（這會找出原始字串中，除了空白之外的東西）：

```
const match = beer99.match(/[\-0-9a-z.]/ig);
```

留意，它的順序是無關緊要的：我們可直接寫成 `/[.a-z0-9\-]/`。我們必須將虛線轉義來找出它，否則，JavaScript 會將它視為範圍的一部分（你可以也將它放在結束的方括號之前，不用轉義）。

字元集合另一種強大的功能是它可以**否定**字元集合。否定字元集合的意思是“找出**除了**這些字元之外的其他所有東西”。要否定一個字元集合，必須在集合的第一個字元使用插入符號（^）：

```
const match = beer99.match(/[^\-0-9a-z.]/);
```

這只會匹配原始字串的空白（如果我們只想找出空白，還有更好的方式，很快就會看到）。

有名稱的字元集合

有些字元集合很常見且實用，所以它們有方便的縮寫：

有名稱的字元集	相當於	說明
\d	[0-9]	
\D	[^0-9]	
\s	[\t\v\n\r]	包括 tab、空格與垂直定位字元。
\S	[^ \t\v\n\r]	
\w	[a-zA-Z_]	留意，這不包括破折號與句點，所以它不適合網域名稱與 CSS 類別之類的東西。
\W	[^a-zA-Z_]	

在這些縮寫中，或許最常用的是空白集合（\s）。例如，空白通常會被用來排列文字，但如果你試著用程式來解析它，可能希望可以找出各種數量的空白：

```
const stuff =
   'hight:     9\n' +
   'medium:    5\n' +
   'low:       2\n';
const levels = stuff.match(/:\s*[0-9]/g);
```

（\s 之後的 * 代表“零或更多的空白”，很快就會看到。）

不要小看否定字元類別的實用性（\D、\S 與 \W），它們可以省略多餘的內容。例如，我們可以在將電話號碼存入資料庫前，先將它正規化。人們會用各種方式來輸入電話號碼：加上破折號、句點、括號與空格。在進行搜尋、輸入與辨識時，如果它們只有 10 個數字不是很好嗎？（或者更長，如果我們談的是國際電話號碼。）使用 \D 的話，這很簡單：

```
const messyPhone = '(505) 555-1515';
const neatPhone = messyPhone.replace(/\D/g, '');
```

同樣的，我通常會使用 \S 來確保在必要的欄位中有資料（它們至少必須有一個除了空白之外的字元）：

```
const field = '   something   ';
const valid = /\S/.test(field);
```

重複

“重複中繼字元”可指定某個東西要匹配的次數。考慮之前找出單一數字的範例。如果我們想要找出**數字**要怎麼辦（可能包含多個連續的數字）？使用我們已經知道的東西，可以這樣寫：

```
const match = beer99.match(/[0-9][0-9][0-9]|[0-9][0-9]|[0-9]/);
```

我們同樣必須先匹配最具體的字串（三位數）再匹配較不具體的（二位數）。它可以處理一位、二位與三位數，但當加入四位數時，我們就必須加入更多東西。幸運的是，我們有更好的處理方式：

```
const match = beer99.match(/[0-9]+/);
```

注意字元群組後面的 +：這會指明**之前的元素**必須匹配**一或多次**。“之前的元素”通常會讓初學者犯錯。重複中繼字元是**修改符號**，可修改**它們之前的東西**。它們不會（且不能）獨自存在。重複修改符號有五種：

重複修改符號	說明	範例
{n}	剛好 *n* 個	/d{5}/ 只會匹配五位數（例如郵遞區號）。
{n,}	至少 *n* 個	/\d{5,}/ 只會匹配五位數以上。
{n, m}	至少 *n* 個，最多 *m* 個	/\d{2,5}/ 只會匹配至少兩位，但不超過五位的數字。
?	零或一，相當於 {0,1}	/[a-z]\d?/i 會匹配一個數字（可有可無）且後面有一個字母。
*	零或多個（有時稱為“Klene star”或“Klene closure”）	/[a-z]\d*/i 會匹配一個數字（零或多個）且後面有一個字母。
+	一或多個	/[a-z]\d+/i 會匹配一個數字（必要，可能是多位數）且後面有一個字母。

句點中繼字元與轉義

在 regex 中，句點是個特殊字元，代表“匹配所有東西”（除了換行字元之外）。這個一網打盡的中繼字元，通常會用來消化你不在乎的輸入部分。我們來考慮一個範例，在這裡，你要尋找五位數的郵遞區號，並且不在乎那一行其餘的所有東西：

```
const input = "Address: 333 Main St., Anywhere, NY, 55532. Phone: 555-555-2525.";
const match = input.match(/\d{5}.*/);
```

你可能會經常匹配常值句點，例如網域名稱或 IP 位址內的句點。同樣的，你可能經常想要匹配屬於 regex 中繼字元的東西，例如星號與括號。要轉義**任何**特殊的 regex 字元，你只要在它前面加上一個反斜線就可以了：

```
const equation = "(2 + 3.5) * 7";
const match = equation.match(/\(\d \+ \d\.\d\) \* \d/);
```

許多讀者可能曾經用過*檔案名稱萬用字元*，或使用 `*.txt` 來搜尋所有文字檔。這裡的 `*` 是萬用中繼字元，代表它可匹配所有東西。如果你習慣用它，在 regex 中使用 `*` 可能會讓你覺得困惑，因為它代表完全不同的意思，而且不能單獨使用。regex 的句點比較接近檔案名稱萬用字元 `*`，不過它只會匹配一個字元，而不是整個字串。

真正的萬用字元

句點可匹配**除了**換行符號之外的所有字元，但你該如何匹配**包含**換行符號的所有字元？（這比你想像的還常發生。）有許多方式可以做這件事，不過最常用的應該是 `[\s\S]`。它會匹配所有空白…以及所有不是空白的東西。總之，就是所有的東西。

群組化

到目前為止，我們學到的構造只能讓我們找出一個字元（重複中繼字元可讓我們重複那個字元匹配，但它仍然是單字元的匹配）。**群組化**可讓我們建構*子運算式*（*subexpression*），我們可將它視為一個單位。

除了建構子運算式之外，群組化也可以“捕捉（capture）”群組的結果，在之後使用。這是預設的功能，但有一種方式可建立“非捕捉群組（noncapturing group）”。如果你已經有一些 regex 經驗，可能沒看過這個功能，但我鼓勵你優先使用非捕捉群組，它們的效能比較好，而且如果你之後不需要使用群組結果，應使用非捕捉群組。群組是用括號來表示的，而非捕捉群組長得像 (?:*<subexpression>*)，其中 *<subexpression>* 是你想要匹配的東西。

我們來看一些範例。想像你想要匹配網域名稱，但只限於 *.com*、*.org* 與 *.edu*：

```
const text = "Visit oreilly.com today!";
const match = text.match(/[a-z]+(?:\.com|\.org|\.edu)/i);
```

群組的另一種好處是，你可以對它們套用重複字元。一般情況下，重複字元只能套用到**單一字元**。群組可以對整個字串套用重複。以下是個常見的例子。如果你想要匹配 URL，而且只想找到以 *http://*、*https://* 或只是 *//*（非協定 URL）開頭的 URL，你可以使用"零或一"（?）的群組：

```
const html = '<link rel="stylesheet" href="http://insecure.com/stuff.css">\n' +
   '<link rel="stylesheet" href="https://secure.com/securestuff.css">\n' +
   '<link rel="stylesheet" href="//anything.com/flexible.css">';

const matches = html.match(/(?:https?)?\/\/[a-z][a-z0-9-]+[a-z0-9]+/ig);
```

看起來像一堆雜亂的字母？我也覺得如此。但這個範例有強大的功能，值得你仔細地瞭解它。我們從非捕捉群組開始：`(?:https?)?`。留意，這裡有兩個"零或一"重複中繼字元。第一個指出"*s* 是選用的"。請記得，重複字元通常只會影響它左邊的那個字元。第二個重複字元會影響它左邊的整個**群組**。所以整體來看，它會匹配空字串（`https?` 的零實例）、`http` 或 `https`。接著，我們匹配兩個斜線（我們必須將它們轉義：`\/\/`）。所以我們有一個很複雜的字元類別。顯然網域名稱裡面可以有字母與數字，但它們也會有破折號（但它們的開頭必須是字母，且結尾不能是斜線）。

這個範例並不完美。例如，它會匹配 URL *//gotcha*（沒有 TLD），如同它會匹配 *//valid.com*。但是，匹配完全有效的 URL 是更複雜的工作，也沒必要在這個範例中這麼做。

如果你已經厭倦這些告誡（"這會匹配無效的 URL"），請記得，你不一定需要一次做所有的事情。事實上，當我在掃描網站時，都會使用一個與上例很類似的 regex。我只是想要拉出*所有*的 URL 或可能有效的 URL，接著做第二回合的分析，來尋找無效的 URL、損毀的 URL 等等。不要執著於寫出完美的 regex，企圖涵蓋每一個想像得到的案例。這不但有時不可能做到，就算有可能，通常也需要付出無謂的精力。顯然我們有很多時間與空間來考慮所有可能性，例如，當你監視使用者輸入的東西，來防止注入攻擊時，你需要特別仔細，並讓 regex 更牢靠。

懶惰匹配、貪婪匹配

關於正規表達式，半吊子與專業的差別，在於他們是否瞭解懶惰匹配與貪婪匹配。在預設情況下，正規表達式是**貪婪的**，也就是說，它們在停止前，會盡可能地匹配。考慮這個典型的範例。

例如，你有一些 HTML，且你想要將 `<i>` 文字換成 `<strong>` 文字。以下是第一嘗試：

```
const input = "Regex pros know the difference between\n" +
  "<i>greedy</i> and <i>lazy</i> matching.";
input.replace(/<i>(.*)<\/i>/ig, '<strong>$1</strong>');
```

在字串裡面的 `$1`，會被換成群組 `(.*)` 的內容（稍後進一步討論）。

試著執行它，你會發現以下這個令人失望的結果：

```
"Regex pros know the difference between
<strong>greedy</i> and <i>lazy</strong> matching."
```

要瞭解這裡發生什麼事，可回想 regex 引擎的工作方式：它會消化輸入，直到它滿足匹配之後，才會繼續往前走。在預設情況下，它會以**貪婪**的方式來做事：它會尋找第一個 `<i>`，接著說“直到我看到 `</i>`，而且**在它之後，我再也不能找到其他的** `</i>` 時，我才會停止”。因為 `</i>` 有兩個，它會在第二個停止，不是第一個。

修復這個範例有很多種方式，但因為我們在討論貪婪與懶惰比對，我們會用重複中繼字元（`*`）。我們使用一個問號來解決它：

```
input.replace(/<i>(.*?)<\/i>/ig, '<strong>$1</strong>');
```

除了 `*` 中繼字元之後的問號之外，這個 regex 與上一個完全一樣。現在 regex 引擎會以這種方式來看待這個 regex：“當我看到 `</i>` 時就會停止”。所以它會在看到 `</i>` 就懶惰地停止比對，不會繼續掃描其他符合的對象。雖然我們通常對**懶惰**有負面的想法，但在這個案例中，它的行為正是我們要的。

所有的重複中繼字元—`*`、`+`、`?`、`{n}`、`{n,}` 與 `{n,m}` 後面都可以加上一個問號，來將它們標示為懶惰（不過在實務上，我只會在 `*` 與 `+` 使用它）。

反向參考

因為有群組化，我們可以使用另一種技術：**反向參考**（*backreference*）。在我的經驗中，這是最不常使用的一種 regex 功能，但它在一種情況下很好用。在討論真正好用的案例之前，我們先來考慮一個愚蠢的範例。

想像你想要比對符合 XYYX 模式的品牌名稱（我猜你可以想到一個符合這個模式的真實品牌）。所以我們想要比對 PJJP、GOOG 與 ANNA。此時，就需要用到反向參考。regex 內的每一個群組（包括子群組）都會被指派一個數字，從左到右，從 1 開始。你可以在 regex 中，使用反斜線與一個數字來參考那個群組。換句話說，`\1` 代表“符合群組 #1 的東西”。不懂？我們來看個範例：

```
const promo = "Opening for XAAX is the dynamic GOOG! At the box office now!";
const bands = promo.match(/(?:[A-Z])(?:[A-Z])\2\1/g);
```

從左到右觀察，我們可以看到它有兩個群組，接著是 `\2\1`。所以如果第一個群組匹配 `X`，且第二個群組匹配 `A`，那麼 `\2` 必須匹配 `A`，且 `\1` 必須匹配 `X`。

如果你覺得它很酷，但不是很實用，不是只有你這樣認為。我之前只有在匹配引號的時候，才會用到反向參考（除了解開謎題之外）。

在 HTML，你可以使用單引號或雙引號來代表屬性值。所以我們可以輕鬆地做出這種事情：

```
// 我們在這裡使用反引號，
// 因為我們要用單與雙引號
const html = `<img alt='A "simple" example.'>` +
        `<img alt="Don't abuse it!">`;
const matches = html.match(/<img alt=(?:['"]).*?\1/g);
```

注意，這個範例做了一些簡化，如果 `alt` 屬性不在最前面，它就無法動作，如果它沒有額外的空白，也無法工作。我們稍後會回來解決這個問題。

一如往常，第一個群組會匹配單或雙引號，之後有零或多個字元（注意，問號讓這個匹配是懶惰的），之後是 `\1`—它會是第一個符合的東西，無論是單引號或雙引號。

我們花一點時間來進一步瞭解懶惰 vs. 貪婪匹配。請移除 `*` 之後的問號，讓這個比對是貪婪的。再次執行運算式，你會看到什麼？你知道原因嗎？如果你想要充分掌握正規表達式，一定要瞭解這個重要的觀念，所以如果你還不清楚，我鼓勵你複習懶惰 vs. 貪婪匹配的那一節。

替換群組

群組有一種好處，就是它可以進行較複雜的替換。延續我們的 HTML 範例，假設我們想要拿掉 <a> 標籤的 href 之外的任何東西：

```
let html = '<a class="nope" href="/yep">Yep</a>';
html = html.replace(/<a .*?(href=".*?").*?>/, '<a $1>');
```

如同反向參考，所有群組都會被指派一個數字，從 1 開始。在 regex 本身，我們用 \1 代表第一個群組，在替換字串中，我們使用 $1。注意，這個 regex 使用懶惰限定字來避免它跨越多個 <a> 標籤。如果 href 屬性使用單引號，而不是雙引號，這個 regex 會失敗。

現在我們要來延伸這個範例。我們想要保留 class 屬性與 href，其他都不留：

```
let html = '<a class="yep" href="/yep" id="nope">Yep</a>';
html = html.replace(/<a .*?(class=".*?").*?(href=".*?").*?>/, '<a $2 $1>');
```

注意在這個 regex 中，我們將 class 與 href 的順序反過來，所以 href 一定會先出現。這個 regex 的問題在於 class 與 href 的順序必須相同，而且（如前所述）如果我們使用單引號，而不是雙引號，它會失敗。我們會在下一節看到更精密的解決方案。

除了 $1、$2 等等之外，還有 $‘（符合對象之前的所有東西）、$&（符合對象本身）與 $’（符合對象之後的所有東西）可用。如果你想要使用常值錢號，可使用 $$：

```
const input = "One two three";
input.replace(/two/, '($`)');      // "One (One ) three"
input.replace(/\w+/g, '($&)');     // "(One) (two) (three)"
input.replace(/two/, "($')");      // "One ( three) three"
input.replace(/two/, "($$)");      // "One ($) three"
```

這些替換巨集通常會被忽視，但我在很聰明的解決方案中看過它們，所以不要忘了它們！

函式替換

這是我們喜歡的 regex 功能，你通常可用它來將非常複雜的 regex 拆解成一些較簡單的 regex。

我們再來考慮一下實際的範例，修改 HTML 元素。想像你要編寫一個程式來將所有 <a> 連結轉換成非常具體的格式：你想要保留 class、id 與 href 屬性，但移除其他的東西。

問題在於，你的輸入可能很凌亂。屬性不一定存在，而且當它們存在時，你無法保證它們的順序相同。所以你必須考慮以下的輸入方式（還有許多其他的）：

```
const html =
   `<a class="foo" href="/foo" id="foo">Foo</a>\n` +
   `<A href='/foo' Class="foo">Foo</a>\n` +
   `<a href="/foo">Foo</a>\n` +
   `<a onclick="javascript:alert('foo!')" href="/foo">Foo</a>`;
```

到現在為止，你應該已經知道，用 regex 來做這件事很困難：因為有太多的變化了！但是，我們可以藉由將它拆解成**兩個** regex 來大幅度減少變化：一個用來辨識 <a> 標籤，另一個用來將 <a> 標籤的內容替換成你要的。

我們先來考慮第二個問題。如果你只有一個 <a> 標籤，而且你想要捨棄除了 class、id 與 href 之外的所有屬性，這個問題比較簡單。即使如此，如同我們之前看到的，如果我們無法保證屬性按照特定的順序出現，仍然會造成問題。解決這個問題的方法有很多種，但我們可以使用 String.prototype.split，來一次考慮一個屬性：

```
function sanitizeATag(aTag) {
   // 取得部分的標籤 ...
   const parts = aTag.match(/<a\s+(.*?)>(.*?)<\/a>/i);
   // parts[1] 是開頭的 <a> 標籤的屬性
   // parts[2] 是介於 <a> 與 </a> 標籤之間的東西
   const attributes = parts[1]
      // 接著我們拆解成獨立的屬性
      .split(/\s+/);
   return '<a ' + attributes
      // 我們只想要 class、id 與 href 屬性
      .filter(attr => /^(?:class|id|href)[\s=]/i.test(attr))
      // 用空格連結
      .join(' ')
      // 關閉開頭的 <a> 標籤
      + '>'
      // 加入內容
      + parts[2]
      // 與結束標籤
      + '</a>';
}
```

這個函式比需要的還要長，我們來將它拆解，以瞭解它的意思。注意，就算在這個函式中，我們也使用多個 regex：一個用來比對部分的 <a> 標籤，一個用來分割（使用 regex 來辨識一或多個空白字元），一個用來過濾我們想要的屬性。只用一個 regex 來做所有的事情困難多了。

接著是有趣的部分：對可能含有許多 <a> 標籤的 HTML 區塊使用 sanitizeATag。你可以輕鬆地寫出一個只匹配 <a> 標籤的 regex：

```
html.match(/<a .*?>(.*?)<\/a>/ig);
```

但我們用它來做什麼？你可以傳送一個**函式**給 String.prototype.replace 來作為替換參數。到目前為止，我們只使用字串來作為替換參數。使用函式，可以讓你在**每一次替換**時採取特別的動作。在結束範例之前，我們來使用 console.log，看看它的運作情形：

```
html.replace(/<a .*?>(.*?)<\/a>/ig, function(m, g1, offset) {
   console.log(`<a> tag found at ${offset}.  contents: ${g1}`);
});
```

你傳至 String.prototype.replace 的函式會依序接收以下的引數：

- 整個被匹配的字串（相當於 $&）。
- 被匹配的群組（如果有的話）。引數的數量會與群組一樣多。
- 原始字串的匹配位移值（數字）。
- 原始字串（很少用到）。

函式的回傳值是被回傳的字串中，被替換的東西。在我們剛才考慮的範例中，我們不會回傳任何東西，所以它會回傳轉換成字串的 undefined，並用它來作為替換物。這個範例的重點是它的機制，不是實際的替換，所以我們會直接捨棄結果字串。

現在回到我們的範例…我們已經用函式來淨化一個 <a> 標籤，與一種方式來尋找 HTML 區塊中的 <a> 標籤了，我們可以直接將它們放在一起：

```
html.replace(/<a .*?<\/a>/ig, function(m) {
   return sanitizeATag(m);
});
```

我們可以進一步簡化它—考慮 sanitizeATag 函式完全匹配 String.prototype.replace 想要的東西，我們可以擺脫匿名函式，直接使用 sanitizeATag：

```
html.replace(/<a .*?<\/a>/ig, sanitizeATag);
```

希望你可以看到這個函式的威力。當你發現自己要在大字串中尋找小字串，而且需要處理小字串時，請記得，你可以將函式傳給 String.prototype.replace！

錨定

你經常需要注意字串的開頭與結尾的東西，或整個字串（而不是只有一部分）。這時，你需要**錨點**。錨點有兩種—^ 會匹配一行字串的開頭，$ 會匹配一行的結尾：

```
const input = "It was the best of times, it was the worst of times";
const beginning = input.match(/^\w+/g);   // "It"
const end = input.match(/\w+$/g);         // "times"
const everything = input.match(/^.*$/g);  // 與輸入相同
const nomatch1 = input.match(/^best/ig);
const nomatch2 = input.match(/worst$/ig);
```

錨點有一些需要注意的細節。一般來說，它們會匹配**整個字串**的開頭與結尾，就像它裡面有換行符號。如果你想要將一個字串視為多行（以換行符號分隔），就需要使用 m（multiline）選項：

```
const input = "One line\nTwo lines\nThree lines\nFour";
const beginnings = input.match(/^\w+/mg);   // ["One", "Two", "Three", "Four"]
const endings = input.match(/\w+$/mg);      // ["line", "lines", "lines", "Four"]
```

文字邊界匹配

regex 有一種經常被忽視的實用功能—**文字邊界匹配**。如同開頭與結尾錨點，文字邊界中繼字元 \b 與它的相反 \B **不會消化輸入**。這是非常方便的特性，我們很快就會看到。

文字邊界的定義，就是有一個 \w 的匹配，它的前面或後面有個 \W（非文字）字元，或字串的開頭或結尾。想像你試著將英文文字中的 email 地址換成超連結（為了討論方便，我們假設 email 地址的開頭是字母，結尾也是字母）。想像有這幾個情況需要考慮：

```
const inputs = [
    "john@doe.com",                // 除了 email 之外沒有別的東西
    "john@doe.com is my email",    // email 在開頭
    "my email is john@doe.com",    // email 在結尾
    "use john@doe.com, my email",  // email 在中間，後面有個逗號
    "my email:john@doe.com.",      // email 被標點符號包住
];
```

要考慮的情況很多，但這些 email 地址有一個共通點：它們都在文字邊界內。文字邊界的另一個優點是，因為它們不會消化輸入，所以我們不需要"將它們放回"替換字串：

```
const emailMatcher =
   /\b[a-z][a-z0-9._-]*@[a-z][a-z0-9_-]+\.[a-z]+(?:\.[a-z]+)?\b/ig;
inputs.map(s => s.replace(emailMatcher, '<a href="mailto:$&">$&</a>'));
```

```
// 回傳 [
//    "<a href="mailto:john@doe.com">john@doe.com</a>",
//    "<a href="mailto:john@doe.com">john@doe.com</a> is my email",
//    "my email is <a href="mailto:john@doe.com">john@doe.com</a>",
//    "use <a href="mailto:john@doe.com">john@doe.com</a>, my email",
//    "my email:<a href="mailto:john@doe.com>john@doe.com</a>.",
// ]
```

這個 regex 除了使用文字邊界標記之外，也使用這一章的許多功能：它乍看之下很嚇人，但如果你花點時間好好瞭解它，很快就能充分掌握 regex（特別注意替換巨集 `$&` 沒有包含包住 email 地址的字元…因為它們不會被消化）。

當你要搜尋的文字的開頭、結尾有其他文字，或包含其他文字時，文字邊界很方便。例如，`/\bcount/` 可找到 *count* 與 *countdown*，但不會找到 *discount*、*recount* 或 *accountable*。`/\bcount\B/` 只會找到 *countdown*，`/\Bcount\b/` 會找到 *discount* 與 *recount*，而 `/\Bcount\B/` 只會找到 *accountable*。

Lookahead

如果說半吊子與專業的差別，在於是否瞭解懶惰匹配與貪婪匹配，那麼專業與大師的差別，在於是否瞭解 *lookahead*。Lookahead 不會消化輸入，這點與錨點及文字邊界相同。但是，它與錨點及文字邊界不同的地方在於，它是通用的，你可以匹配所有子運算式，且不會消化它們。與文字邊界中繼字元一樣的是，lookahead 不匹配這件事，可讓你免於"將東西放回"替換。雖然這是個很棒的技巧，但它不是必要的。如果內容有重疊，lookahead 就是必要的，而且它們可以簡化某些匹配類型。

驗證密碼是否符合規則是 lookahead 的典型範例。為了簡化，假設我們的密碼必須包含至少一個大寫字母、數字與小寫字母，而且沒有非字母、非數字的字元。當然，我們可以使用多個 regex：

```
function validPassword(p) {
    return /[A-Z]/.test(p) &&           // 至少一個大寫字母
        /[0-9]/.test(p) &&              // 至少一個數字
        /[a-z]/.test(p) &&              // 至少一個小寫字母
        ![^a-zA-Z0-9]/.test(p);         // 只有字母與數字
}
```

假設我們要將它們結合成一個正規表達式。我們第一次嘗試時失敗了：

```
function validPassword(p) {
    return /[A-Z].*[0-9][a-z]/.test(p);
}
```

它希望大寫字母在數字之前，數字在兩個小寫字母之前，何況我們還沒有測試無效的字元。而且沒有任何方法可以做到這一點，因為在 regex 的執行過程中，字元會被消化。

為了處理這個情況，lookahead 不會消化輸入，基本上，每一個 lookahead 都是一個獨立的 regex，且不會消化任何輸入。JavaScript 的 lookahead 長得像 (?=<subexpression>)。它也有"負 lookahead"：(?!<subexpression>)，這只會匹配**不是**在 subexpression 之後的東西。現在我們可以寫出單一的 regex 來驗證密碼：

```
function validPassword(p) {
    return /(?=.*[A-Z])(?=.*[0-9])(?=.*[a-z])(?!.*[^a-zA-Z0-9])/.test(p);
}
```

當你看到這堆亂七八糟的東西時，可能會想，多個 regex 函式比較好，至少比較容易閱讀。就這個範例而言，我可能會同意。但是，它展示了其中一種 lookahead（與負 lookahead）的重要用途。lookahead 當然屬於"進階的 regex"，但對處理某些問題來說非常重要。

動態建構 Regex

在這章的開頭，我說過你應該優先使用 regex 常值，而非 RegExp 建構式。優先使用 regex 常值除了可以少打四個字母之外，我們也不需要像 JavaScript 字串一樣轉義反斜線。需要使用 RegExp 建構式的時機，是在你想要**動態**建構 regex 時。例如，你可能想找出一個字串中的帳號陣列；你沒有辦法將這些帳號放入 regex 常值。這就是使用 RegExp 建構式的時機，因為它會用一個字串來建構 regex，而這個字串**可以**動態建構。我們來考慮這個範例：

```
const users = ["mary", "nick", "arthur", "sam", "yvette"];
const text = "User @arthur started the backup and 15:15, " +
   "and @nick and @yvette restored it at 18:35.";
const userRegex = new RegExp(`@(?:${users.join('|')})\\b`, 'g');
text.match(userRegex);  // [ "@arthur", "@nick", "@yvette" ]
```

這個範例的等效 regex 是 /@(?:mary|nick|arthur|sam|yvette)\b/g，但是我們試著動態地建構它。注意，我們必須在 b 之前使用兩個反斜線（文字邊界中繼字元），第一個反斜線用來轉義字串的第二個反斜線。

總結

雖然這一章已經談到 regex 的重點，但它只稍微接觸 regex 技術、範例與精密性的表面而已。想要精通 regex，你必須依靠 20% 的瞭解理論與 80% 的實作。使用強健的 regex（例如 regular expressions 101（*https://regex101.com/#javascript*））對於初學者來說會有很大的幫助（甚至當你已經具備相當的經驗時！）。這一章最重要的地方在於瞭解 regex 引擎如何消化輸入，不瞭解這一點，將會讓你遇到很多挫折。

第十八章

瀏覽器中的 JavaScript

JavaScript 在剛問世時，是瀏覽器指令碼語言，現在幾乎已經成為這個角色的不二人選了。這一章是寫給想要在瀏覽器使用 JavaScript 的人看的。我們使用的語言或許是一樣的，但在這個情境中，有一些特別的注意事項以及 API。

開發瀏覽器 JavaScript 本身就需要用一整本書來說明。這一章的目的，是介紹瀏覽器開發的核心概念，可為你紮下雄厚的基礎。在這章結束時，我會推薦一些學習資源。

ES5 或 ES6?

希望現在你已經確信 ES6 帶來的改善了。不幸的是，你還需要過一段時間，才可以在 Web 上使用強大且一致的 ES6 支援。

在伺服器端，你可以清楚地知道它提供哪些 ES6 功能（假設你可以控制 JavaScript 引擎）。在 Web 上，你要透過 HTTP(S) 傳送珍貴的程式給乙太網路，這些程式會被一些無法控制的 JavaScript 引擎執行。更糟的是，你可能無法知道使用者使用哪一種瀏覽器。

所謂的“常青”瀏覽器可解決這個問題，藉由自動更新（不詢問使用者），它們可讓新的 web 標準更快速且一致地推出。但是，這只會減少問題，而不是消除它。

除非你可以在某種程度上控制使用者的環境，否則在可見的未來，你都必須使用 ES5。但這不是世界末日：你現在仍然可透過轉譯來解決這個問題。它可能會讓你的部署與除錯比較痛苦，但這是進步的代價。

在這一章，我們會假設我們使用轉譯器，如第二章所述。這一章的範例都可以在最新版的 Firefox 正確執行，且不需要轉譯。如果你要將程式發表給更廣大的使用者，就必須轉譯，來確保程式可在許多瀏覽器上可靠地運行。

文件物件模型

文件物件模型或 DOM 是一種描述 HTML 文件結構的公約，它也是與瀏覽器互動的核心。

概念上，DOM 是個樹狀結構。樹是由**節點**組成的：每一個節點都有一個**父節點**（除了根節點）與零或多個**子節點**。根節點是**文件**，它是由一個子節點組成，也就是 <html> 元素。<html> 元素有兩個子節點：<head> 元素與 <body> 元素（圖 18-1 是一個 DOM 範例）。

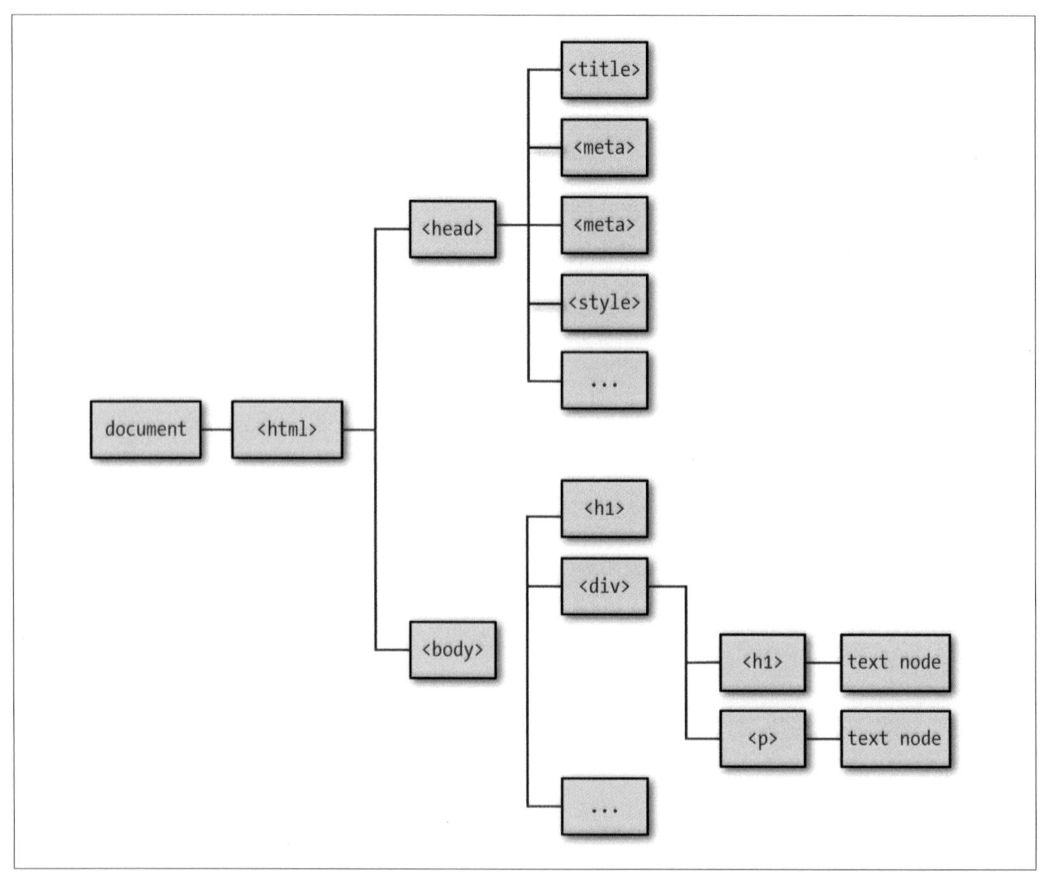

圖 18-1　DOM 樹

在 DOM 樹中的每一個節點（包括文件本身）都是一個 Node 類別的實例（不要將它與 Node.js 搞混了，Node.js 是下一章的主題）。Node 物件有一個 parentNode 與 childNodes 特性，以及識別特性，例如 nodeName 與 nodeType。

DOM 完全是節點組成的，其中只有一些是 HTML *元素*。例如，段落標籤（<p>）是一種 HTML *元素*，但它裡面的文字是一種*文字節點*。*節點*與*元素*經常會交替使用，這不會產生困擾，但在技術上是不正確的說法。在這一章，我們處理的大多是屬於 HTML 元素的節點，所以當我們提到“元素”時，指的是“元素”節點。

在接下來的範例中，我們會用一個很簡單的 HTML 檔來展示這些功能。建立一個檔案，稱為 *simple.html*：

```
<!doctype html>
<html>
    <head>
        <meta charset="utf-8">
        <title>Simple HTML</title>
        <style>
            .callout {
                border: solid 1px #ff0080;
                margin: 2px 4px;
                padding: 2px 6px;
            }
            .code {
                background: #ccc;
                margin: 1px 2px;
                padding: 1px 4px;
                font-family: monospace;
            }
        </style>
    </head>
    <body>
        <header>
            <h1>Simple HTML</h1>
        </header>
        <div id="content">
            <p>This is a <i>simple</i> HTML file.</p>
            <div class="callout">
                <p>This is as fancy as we'll get!</p>
            </div>
            <p>IDs (such as <span class="code">#content</span>)
                are unique (there can only be one per page).</p>
```

```
            <p>Classes (such as <span class="code">.callout</span>)
                can be used on many elements.</p>
            <div id="callout2" class="callout fancy">
                <p>A single HTML element can have multiple classes.</p>
            </div>
        </div>
    </body>
</html>
```

每一個節點都有特性 nodeType 與 nodeName（及其他）。nodeType 是一個整數，用來辨識節點的型態是什麼。Node 物件裡面有對應這些數字的常數。這一章主要處理的節點型態是 Node.ELEMENT_NODE（HTML 元素）與 Node.TEXT_NODE（文字內容，通常在 HTML 元素裡面）。要瞭解更多資訊，可參考 MDN 文件的 nodeType 部分（*https://developer.mozilla.org/en-US/docs/Web/API/Node/nodeType*）。

編寫一個函式來遍歷整個 DOM，並將它印到主控台是很有教育意義的練習，我們從 document 開始：

```
function printDOM(node, prefix) {
    console.log(prefix + node.nodeName);
    for(let i=0; i<node.childNodes.length; i++) {
        printDOM(node.childNodes[i], prefix + '\t');
    }
}
printDOM(document, '');
```

這個遞迴函式做的是所謂的樹狀結構**深度優先前序遍歷**。也就是說，它會一路順著分支往下走，再前往下一個分支。如果你在一個已經載入網頁的瀏覽器中執行它，你會看到整個網頁結構被印到主控台上。

雖然這是個教育性的練習，但它是種繁瑣、效能低下的 HTML 操作方式（必須遍歷整個 DOM 才能找到想要的目標）。幸運的是，DOM 有一些方法可以更直接地找到 HTML 元素。

雖然編寫你自己的遍歷函式是一種很棒的練習，但 DOM API 有 TreeWalker 物件，可讓你迭代 DOM 中的所有元素（可以選擇過濾某些元素型態）。要瞭解更多資訊，可參考 MDN 文件的 document.createTreeWalker（*https://developer.mozilla.org/en-US/docs/Web/API/Document/createTreeWalker*）。

樹狀結構術語

樹狀結構的概念是直觀且簡單的，所以它也有同樣直觀的術語。節點的父節點是它的**直接**父系（也就是，不是“祖父”）而子節點是**直接**子節點（不是“孫”）。**後代**（*descendant*）一詞指的是子，或子的子，或以此類推。**上層**（*ancestor*）指的是父、父的父，以此類推。

DOM 的“取得”方法

DOM 提供一些“取得”方法來讓你可以快速找到特定的 HTML 元素。

第一種是 `document.getElementById`。網頁的每一個 HTML 元素可能都會被指派一個獨一無二的 ID，而 `document.getElementById` 可以用元素的 ID 來抓取它：

```
document.getElementById('content');      // <div id="content">...</div>
```

瀏覽器不會理會 ID 是不是獨一無二的（雖然 HTML 驗證器會捕捉這些問題），所以你要負責確保 ID 是獨特的。只不過網頁的結構愈來愈複雜（其元件來自許多地方），我們也愈來愈難以避免重複的 ID。因此，我建議你細心且謹慎地使用它們。

`document.getElementsByClassName` 會回傳具有指定的名稱的元素集合：

```
const callouts = document.getElementsByClassName('callout');
```

而 `document.getElementsByTagName` 會回傳具有指定的標籤名稱的元素集合：

```
const paragraphs = document.getElementsByTagName('p');
```

所有回傳集合的 DOM 方法都不會回傳 JavaScript 陣列，而是 `HTMLCollection` 的實例，它是一個類似陣列的物件。你可以使用 `for` 迴圈來迭代它，但 `Array.prototype` 方法不行（例如 `map`、`filter` 與 `reduce`）。你可以用擴張運算子來將 `HTMLCollection` 轉換成陣列：`[...document.getElementsByTagName(`*p*`)]`。

查詢 DOM 元素

getElementById、getElementsByClassName 與 getElementsByTagName 都很好用，但有一種更通用（且強大）的方法，不但可以用單一條件（ID、類別或名稱）來找出元素，也可以用元素**與其他元素的關係**來尋找。document 方法 querySelector 與 querySelectorAll 可讓你使用 *CSS* **選擇器**。

CSS 選擇器可讓你透過元素的名稱（<p>、<div>）、類別（或類別組合）或任何組合來找出它們。要用名稱來找出元素，你只要使用該元素的名稱即可（不含角括號）。所以 a 會找出 DOM 的所有 <a> 標籤，br 會找出所有
 標籤。要用元素的類別找出元素，你要在類別名稱前面加上一個句點：.callout 會找出所有擁有類別 callout 的元素。要找出多個類別，你只要用句點來分隔它們：.callout.fancy 可匹配所有擁有類別 callout 與 fancy 的元素。最後，你可以結合它們：例如，a#callout2.callout.fancy 會匹配具有 ID callout2 與類別 callout 與 fancy 的 <a> 元素（同時使用元素名稱、ID 與類別的選擇器很罕見，但有可能發生）。

要掌握 CSS 選擇器，最好的方法是在瀏覽器載入這一章的 HTML 範例，開啟瀏覽器的主控台，並用 querySelectorAll 來試試。例如，在主控台輸入 **document.querySelectorAll('.cal lout')**。使用 querySelectorAll，這一節的所有範例都會至少產生一個結果。

到目前為止，我們已經討論過如何找出特定的元素，無論它們在 DOM 的何處。我們也可以用 CSS 選擇器來利用元素在 DOM 中的位置找出它們。

如果你用空格來分開多個元素選擇器，就可以用特定的祖系來選擇節點。例如，#content p 會選擇 ID 為 content 的元素的**後代** <p> 元素。同樣的，#content div p 會選擇位於 ID 為 content 的元素裡面的 <div> 裡面的 <p> 元素。

如果你用大於符號（>）來將多個元素選擇器分開，可以選擇**直接子元素**的節點。例如，#content > p 會選擇 ID 為 content 的元素的子元素 <p>（與 “"#content p” 比較）。

注意，你可以結合祖系與直接子節點選擇器。例如，body .content > p 會選擇 <body> 後代，content 類別的元素的直接子節點 <p> 標籤。

此外還有更複雜的選擇器，但這裡討論的是最常見的。如果你想知道所有選擇器，可參考 MDN 文件的選擇器部分（*http://mzl.la/1Pxcg2f*）。

操作 DOM 元素

現在我們已經知道如何遍歷、取得以及查詢元素了，那麼我們要用它們來做什麼？我們從修改內容開始。每一個元素都有兩個特性：textContent 與 innerHTML，你可以用它們來存取（及改變）元素的內容。textContent 會去除所有 HTML 標籤，只提供文字資料，而 innerHTML 可讓你建立 HTML（產生新的 DOM 節點）。我們來看一下如何存取與修改範例的第一段：

```
const para1 = document.getElementsByTagName('p')[0];
para1.textContent;     // "This is a simple HTML file."
para1.innerHTML;       // "This is a <i>simple</i> HTML file."
para1.textContent = "Modified HTML file";       // 在瀏覽器查看修改結果
para1.innerHTML = "<i>Modified</i> HTML file";  // 在瀏覽器查看修改結果
```

執行 textContent 與 innerHTML 是一種破壞性的動作，它會將元素中的東西換掉，無論它有多大或多複雜。例如，你可以設定 <body> 元素的 innerHTML 來換掉整個網頁的內容。

建立新的 DOM 元素

我們已經看過如何設定元素的 innerHTML 特性來暗中建立新的 DOM 節點。我們也可以使用 document.createElement 來明確地建立新的節點。這個函式會建立一個新的元素，但是不會將它加到 DOM，你必須採取另一個動作來做這件事。我們來建立兩個新的段落元素，一個會變成 <div id="content"> 內的第一個段落，其他會變成它之後的段落。

```
const p1 = document.createElement('p');
const p2 = document.createElement('p');
p1.textContent = "I was created dynamically!";
p2.textContent = "I was also created dynamically!";
```

為了將新建立的元素加至 DOM，我們要使用 insertBefore 與 appendChild 方法。我們需要取得 DOM 父元素的參考（<divid="content">），與它的第一個子元素：

```
const parent = document.getElementById('content');
const firstChild = parent.childNodes[0];
```

現在我們可以插入新建立的元素：

```
parent.insertBefore(p1, firstChild);
parent.appendChild(p2);
```

insertBefore 會先接收要插入的元素，接著是一個“參考節點”，我們要在它前面插入。appendChild 很簡單，會將指定的元素附加為最後一個子節點。

造型元素

使用 DOM API，你可以完全控制元素造型的細節。但是，一般來說，使用 CSS 類別是比較好的做法，而不是修改各個元素的特性。也就是說，如果你想要更改元素的樣式，可建立一個新的 CSS 類別，接著將那個類別套用到你想要更改樣式的元素。使用 JavaScript，你可以輕鬆地套用既有的 CSS 類別給某個元素。例如，如果我們想要突出顯示含有文字 *unique* 的段落，可先建立一個新的 CSS 類別：

```
.highlight {
    background: #ff0;
    font-style: italic;
}
```

之後，我們可以找出所有的 <p> 標籤，如果它們含有文字 *unique*，就加上 highlight 類別。每個元素都有一個 classList 特性，裡面含有該元素的所有類別（如果有的話）。classList 有一個 add 方法，可讓你加入其他的類別。本章稍後會再使用這個範例，所以我們將它放入函式 highlightParas：

```
function highlightParas(containing) {
    if(typeof containing === 'string')
        containing = new RegExp(`\\b${containing}\\b`, 'i');
    const paras = document.getElementsByTagName('p');
    console.log(paras);
    for(let p of paras) {
        if(!containing.test(p.textContent)) continue;
        p.classList.add('highlight');
    }
}
highlightParas('unique');
```

如果之後我們想要移除凸顯，可使用 classList.remove：

```
function removeParaHighlights() {
    const paras = document.querySelectorAll('p.highlight');
    for(let p of paras) {
        p.classList.remove('highlight');
    }
}
```

當我們移除 highlight 類別時，可以重複使用相同的 paras 變數，並直接對每一個段落元素呼叫 remove('highlight')，如果元素沒有該類別，它就不會做任何事情。但是，這個移除的動作可能會在未來的某個時候出現，而且其他的程式也有可能加入凸顯的段落，如果我們的目標是清除所有凸顯，執行查詢是比較安全的方法。

資料屬性

HTML5 加入**資料屬性**，可讓你在 HTML 元素中任意加入資料；這個資料不會被瀏覽器顯示，而是要讓你對容易被 JavaScript 讀取與修改的元素添加資訊。我們來修改 HTML，加入一個按鈕，最後它會被連接到 highlightParas 函式，以及另一個會被連接到 removeParaHighlights 的按鈕：

```
<button data-action="highlight" data-containing="unique">
    Highlight paragraphs containing "unique"
</button>
<button data-action="removeHighlights">
    Remove highlights
</button>
```

我們將資料屬性稱為 action 與 contains（名稱由我們決定），而且我們可以使用 document.querySelectorAll 來找尋所有 action 是 "highlight" 的元素：

```
const highlightActions = document.querySelectorAll('[data-action="highlight"]');
```

這裡加入一個新的 CSS 選擇器型態。到目前為止，我們已經看過可以匹配特定標籤、類別與 ID 的選擇器了。方括號語法可讓我們以任何屬性來匹配元素…在這裡，我們使用特定的資料屬性。

因為我們只有一個按鈕，所以可以使用 querySelector 來取代 querySelectorAll，但這讓我們可以設定多個元素來觸發同一個動作（這很常見：想像一下，你可以在同一個網頁上，用選單、連結或工具列來操作同一個動作）。如果我們看一下 highlightActions 內的其中一個元素，可以看到它有一個 dataset 特性：

```
highlightActions[0].dataset;
// DOMStringMap { containing: "unique", action: "highlight" }
```

DOM API 會將資料屬性值存成字串（如同類別 DOMStringMap 所暗示的），也就是說，你無法儲存物件資料。jQuery 擴充資料屬性功能的方式，是藉由提供一個介面來讓你將物件存成資料屬性，我們會在第十九章學到。

我們也可以用 JavaScript 來修改或添加資料屬性。例如，如果我們想要凸顯含有文字 *giraffe* 段落，並指明我們想要找出符合大小寫的，可以這樣做：

```
highlightActions[0].dataset.containing = "giraffe";
highlightActions[0].dataset.caseSensitive = "true";
```

事件

DOM API 描述大約 200 個事件，且每一種瀏覽器會進一步實作非標準的事件，我們當然無法在這裡討論所有事件，但會討論你需要知道的。我們從最容易瞭解的事件開始：`click`。我們會使用 `click` 事件來將 "highlight" 按鈕與 `highlightParas` 函式連結：

```
const highlightActions = document.querySelectorAll('[data-action="highlight"]');
for(let a of highlightActions) {
    a.addEventListener('click', evt => {
        evt.preventDefault();
        highlightParas(a.dataset.containing);
    });
}

const removeHighlightActions =
    document.querySelectorAll('[data-action="removeHighlights"]');
for(let a of removeHighlightActions) {
    a.addEventListener('click', evt => {
        evt.preventDefault();
        removeParaHighlights();
    });
}
```

每一個元素都有一個 `addEventListener` 方法，可讓你指定那一個事件發生時要呼叫的函式。那個函式會接收一個引數，一個型態為 `Event` 的物件。事件物件含有所有與該事件有關的資訊，它們是該事件的型態專屬的資訊。例如，`click` 事件具有特性 `clientX` 與 `clientY`，它們可告訴使用者按下的地方，以及 `target`，它是發出 `click` 事件的元素。

事件模型的設計，可讓多個處理器處理相同的事件。許多事件都有預設的處理器，例如，如果使用者按下 `<a>` 連結，瀏覽器會處理那個事件，載入被請求的網頁。如果你想要防止這種行為，可對事件物件呼叫 `preventDefault()`。大部分你寫的事件處理器都會呼叫 `preventDefault()`（除非你明確地想要做一些預設處理器之外的事情）。

為了添加我們的凸顯效果，我們呼叫 `highlightParas`，傳入按鈕的 `containing` 資料元素的值：這可讓我們直接更改 HTML，來更改要尋找的文字！

捕捉事件與事件反昇

因為 HTML 是階層結構，所以事件可能會在許多地方處理。例如，如果你按下按鈕，按鈕本身可以處理事件，按鈕的上一代，上一代的上一代也可以。許多元素都有機會處理事件，問題是“各個元素有機會回應事件的順序是什麼？”

基本上，有兩個選項。一個是從最遙遠的上層開始。這稱為**捕捉**（*capturing*）。在我們的例子中，按鈕是 `<div id="content">` 的子系，`<div id="content">` 又是 `<body>` 的子系。因此，`<body>` 有機會“捕捉”按鈕的事件。

另一個選項是從發生事件的元素開始，在階層中往上前進，所以所有上層都有機會回應。這稱為**反昇**（*bubbling*）。

為了支援這兩種選項，HTML5 事件的傳遞，可讓處理器捕捉事件（從最遙遠的上層開始，並往下前進，到目標元素），接著事件會從目標元素反昇到最遙遠的祖系。

任何處理器都可以選擇做三件事之一，來影響另外呼叫處理器的方式（以及是否呼叫）。我們已經看過，第一種也是最常見的，就是 `preventDefault`，它會**取消**事件。被取消的事件會繼續傳播，但它們的 `defaultPrevented` 特性會被設為 `true`。瀏覽器內建的事件處理器會尊重 `defaultPrevented` 特性，不採取行動。你編寫的事件處理器可以（且通常會）選擇忽視這個特性。第二種方法是呼叫 `stopPropagation`，它會阻止傳播至目前的元素之外的元素（所有被指派給目前元素的處理器都會被呼叫，但被指派給其他的元素的處理器不會）。最後 `stopImmediatePropagation` 會防止呼叫任何其他的處理器（就算它們是目前的元素的）。

為了瞭解它們的動作，考慮以下的 HTML：

```
<!doctype html>
<html>
    <head>
        <title>Event Propagation</title>
        <meta charset="utf-8">
    </head>
    <body>
        <div>
            <button>Click Me!</button>
        </div>
        <script>

            // 這會建立一個事件處理器並回傳它
            function logEvent(handlerName, type, cancel,
```

```
                    stop, stopImmediate) {
                // 這是實際的事件處理器
                return function(evt) {
                    if(cancel) evt.preventDefault();
                    if(stop) evt.stopPropagation();
                    if(stopImmediate) evt.stopImmediatePropagation();
                    console.log(`${type}: ${handlerName}` +
                        (evt.defaultPrevented ? ' (canceled)' : ''));
                }
            }

            // 這會將一個事件記錄器加到元素
            function addEventLogger(elt, type, action) {
                const capture = type === 'capture';
                elt.addEventListener('click',
                    logEvent(elt.tagName, type, action==='cancel',
                    action==='stop', action==='stop!'), capture);
            }

            const body = document.querySelector('body');
            const div = document.querySelector('div');
            const button = document.querySelector('button');

            addEventLogger(body, 'capture');
            addEventLogger(body, 'bubble');
            addEventLogger(div, 'capture');
            addEventLogger(div, 'bubble');
            addEventLogger(button, 'capture');
            addEventLogger(button, 'bubble');

        </script>
    </body>
</html>
```

當你按下按鈕時，會在主控台看到：

```
capture: BODY
capture: DIV
capture: BUTTON
bubble: BUTTON
bubble: DIV
bubble: BODY
```

我們可以清楚地看到捕捉傳播之後的反昇傳播。注意，在真正引發事件的元素上，處理器會按照它們被加入的順序來呼叫，無論它們是捕捉或反昇事件（如果我們將加入捕捉與反昇事件處理器的順序相反，將會看到反昇在捕捉之前被呼叫）。

接著我們來看，如果我們取消傳播，將會發生什麼事。修改範例，來取消 <div> capture 的傳播：

```
addEventLogger(body, 'capture');
addEventLogger(body, 'bubble');
addEventLogger(div, 'capture', 'cancel');
addEventLogger(div, 'bubble');
addEventLogger(button, 'capture');
addEventLogger(button, 'bubble');
```

我們現在可以看到傳播繼續進行，但事件會被標成 canceled：

```
capture: BODY
capture: DIV (canceled)
capture: BUTTON (canceled)
bubble: BUTTON (canceled)
bubble: DIV (canceled)
bubble: BODY (canceled)
```

現在在 <button> capture 停止傳播：

```
addEventLogger(body, 'capture');
addEventLogger(body, 'bubble');
addEventLogger(div, 'capture', 'cancel');
addEventLogger(div, 'bubble');
addEventLogger(button, 'capture', 'stop');
addEventLogger(button, 'bubble');
```

我們可以看到那個傳播會在 <button> 事件之後停止。<button> bubble 事件仍然會觸發，只是 capture 會先觸發，再停止傳播。然而，<div> 與 <body> 元素不會收到它們的反昇事件：

```
capture: BODY
capture: DIV (canceled)
capture: BUTTON (canceled)
bubble: BUTTON (canceled)
```

最後，我們在 <button> capture 立刻停止：

```
addEventLogger(body, 'capture');
addEventLogger(body, 'bubble');
addEventLogger(div, 'capture', 'cancel');
addEventLogger(div, 'bubble');
addEventLogger(button, 'capture', 'stop!');
addEventLogger(button, 'bubble');
```

我們現在可以看到傳播會在 <button> capture 完全停止，不會有進一步的傳播：

```
capture: BODY
capture: DIV (canceled)
capture: BUTTON (canceled)
```

addEventListener 改成使用一種古老的方式來添加事件：使用 "on" 特性。例如，你可能會用 `elt.onclick = function(evt){ /* handler */ }` 來將 click 處理器加到元素。這種方法主要的缺點是，它一次只能註冊一個處理器。

雖然你應該不需要控制事件的傳播，但這是一個會讓初學者困惑的主題。充分掌握事件傳播的細節，可讓你從容應對。

使用 jQuery 監聽器，明確地讓處理器回傳 `false` 相當於呼叫 `stopPropagation`；這是一種 jQuery 慣例，但這種簡便的做法在 DOM API 中是無效的。

事件種類

MDN 有一個傑出的文獻，將所有 DOM 事件按照種類來分組（*https://developer.mozilla.org/en-US/docs/Web/Events#Categories*）。常用的事件種類包括：

拖曳事件

　可用 `dragstart`、`drag`、`dragend`、`drop` 及其他事件來實作拖曳並放下的介面。

聚焦事件

　讓你可在使用者與可編輯的元素（例如表單欄位）互動時，採取行動。當使用者 "進入" 一個欄位（透過按下滑鼠、按下 Tab，或觸控）時，會發出 `focus`，當使用者 "離開" 欄位時（按下其他的地方、按下 Tab，或觸碰其他的地方），會發出 `blur`。當使用者對欄位進行修改時，會發出 `change` 事件。

表單事件

　當使用者提交表單時（按下 Submit 按鈕，或在正確的地方按下 Enter），表單會發出 `submit` 事件。

輸入設備事件

　我們已經看過 `click` 了，但除此之外還有其他的滑鼠事件（`mousedown`、`move`、`mouseup`、`mouseenter`、`mouseleave`、`mouseover`、`mousewheel`）與鍵盤事件（`keydown`、`keypress`、`keyup`）。留意，"觸控" 事件（觸控設備的）的優先權比滑鼠事件高，但

如果觸控事件沒有被處理，就會產生滑鼠事件。例如，如果使用者觸摸一個按鈕，且觸碰事件沒有被明確地處理，就會發出 `click` 事件。

媒體事件

可讓你追蹤使用者與 HTML5 視訊及音訊播放器的互動（暫停、播放等等）。

進度事件

通知你瀏覽器的進度載入內容。最常見的是 `load`，它會在瀏覽器載入元素與它的所有相關資源時觸發。`error` 也很實用，可讓你在元素不可使用時採取行動（例如，壞掉的圖像連結）。

觸控事件

觸控事件完善地支援可以觸控的設備。它允許多個同時發生的觸按（尋找事件中的 `touches` 特性），可處理精細的觸碰動作，例如支援手勢（捏合、拂動等等）。

Ajax

Ajax（原本是“Asynchronous JavaScript and XML”的縮寫）可與伺服器進行非同步通訊，可用來自伺服器的資料更新網頁的元素，而不需要載入整個網頁。這種創新的做法，在 2000 年代初期的 `XMLHttpRequest` 物件問世之後才有可能實現，並開創了所謂的“Web 2.0”。

Ajax 的核心概念很簡單：瀏覽器的 JavaScript 會對伺服器發出 HTTP 請求，伺服器回傳資料，通常是 JSON 格式（在 JavaScript 中，它比 XML 好用多了）。那個資料會被用來啟用瀏覽器的功能。雖然 Ajax 是以 HTTP 為基礎（如同非 Ajax 網頁），但它可減少傳輸與顯示網頁的成本，可讓 web 應用程式的執行速度更快，至少從使用者的觀點來看正是如此。

要使用 Ajax，我們必須有一個伺服器。我們會用 Node.js 來編寫一個非常簡單的伺服器（這是第二十章的預告），來展示 Ajax **端點**（特定的設備，公開給其他設備或應用程式使用）。建立一個稱為 *ajaxServer.js* 的檔案：

```
const http = require('http');

const server = http.createServer(function(req, res) {
    res.setHeader('Content-Type', 'application/json');
    res.setHeader('Access-Control-Allow-Origin', '*');
    res.end(JSON.stringify({
        platform: process.platform,
        nodeVersion: process.version,
```

```
        uptime: Math.round(process.uptime()),
    }));
});

const port = 7070;
server.listen(port, function() {
    console.log(`Ajax server started on port ${port}`);
});
```

這會建立一個非常簡單的伺服器，它會回報平台（“linux”、“darwin”、“win32”等等）與伺服器運行時間。

Ajax 有一種功能可能導致資訊安全漏洞，稱為**跨來源資源共享**（*cross-origin resource sharing*，*CORS*）。在這個範例中，我們加入一個 header `Access-Control-Allow-Origin`，它的值是 `*`，可提示用戶端（瀏覽器）不要因為安全的考量而防止呼叫。在產品伺服器上，你可能會使用相同的協定、網域與連接埠（預設允許），或明確地指出哪個協定、網域與連接埠可存取端點。但是，就展示的目的而言，你可以像這樣安全地停用 CORS 檢查。

要啟動這個伺服器，你只要執行：

```
$ babel-node ajaxServer.js
```

當你在瀏覽器中載入 *http://localhost:7070* 時，可以看到伺服器的輸出。現在我們有一個伺服器了，我們可以在 HTML 示範網頁中寫一個 Ajax 程式（你可以使用這一章用過的）。我們先在將會接收資訊的內文中加入一個預留位置：

```
<div class="serverInfo">
    Server is running on <span data-replace="platform">???</span>
    with Node <span data-replace="nodeVersion">???</span>.  It has
    been up for <span data-replace="uptime">???</span> seconds.
</div>
```

現在我們有一個位置可放置來自伺服器的資料，我們可使用 `XMLHttpRequest` 來執行 Ajax 呼叫。在你的 HTML 檔案的下面（在結束的 `</body>` 標籤之前），加入以下的指令碼：

```
<script type="application/javascript;version=1.8">
    function refreshServerInfo() {
        const req = new XMLHttpRequest();
        req.addEventListener('load', function() {
            // 待辦：將這些值放至 HTML
            console.log(this.responseText);
```

```
        });
        req.open('GET', 'http://localhost:7070', true);
        req.send();
    }
    refreshServerInfo();
</script>
```

這個指令碼會執行基本的 Ajax 呼叫。我們先建立一個新的 XMLHttpRequest 物件，接著加入一個監聽器來監聽 load 事件（這是當 Ajax 呼叫式成功時，會被呼叫的東西）。現在，我們只會在主控台印出伺服器回應（在 this.responseText 裡面）。接著我們呼叫 open，它是實際連結伺服器的東西。我們指定它是個 HTTP *GET* 請求，這個方法與你用瀏覽器造訪網頁時使用的方法一樣（此外還有 *POST* 與 *DELETE* 方法，以及其他），我們提供 URL 給伺服器。最後，我們呼叫 send，它會實際執行請求。在這個範例中，我們沒有明確地傳送任何資料給伺服器，但我們可以這樣做。

如果你執行這個範例，可以在主控台看到伺服器回傳的資料。我們的下一步是將這個資料插入 HTML。我們之前已經設計過 HTML，所以只要查看任何具有資料屬性 replace 的元素，並將那個元素的內容換成回傳的物件的資料。要做這件事，我們迭代伺服器回傳的特性（使用 Object.keys），如果有任何元素具有 replace 資料屬性，就換掉它們的內容：

```
req.addEventListener('load', function() {
    // this.responseText 是個包含 JSON 的字串；
    // 我們使用 JSON.parse 來將它轉換成物件
    const data = JSON.parse(this.responseText);

    // 在這個範例中，我們只想要換掉 <div> 內，
    // 類別 "serverInfo" 的文字
    const serverInfo = document.querySelector('.serverInfo');

    // 迭代伺服器回傳的物件中的鍵
    // ("platform", "nodeVersion", and "uptime"):
    Object.keys(data).forEach(p => {
        // 尋找元素來取代這個特性（如果有的話）
        const replacements =
            serverInfo.querySelectorAll(`[data-replace="${p}"]`);
        // 將所有元素換成伺服器回傳的值
        for(let r of replacements) {
            r.textContent = data[p];
        }
    });
});
```

因為 `refreshServerInfo` 是個函式，所以我們可以隨時呼叫它。尤其是，我們可能想要定期更新伺服器資訊（這也是加入 `uptime` 欄位的原因之一）。例如，如果我們想要每秒更新伺服器五次（每 200 毫秒），可以加入以下程式：

```
setInterval(refreshServerInfo, 200);
```

如此一來，我們就可以在瀏覽器上看到伺服器運行時間不斷增加！

在這個範例中，當網頁一開始載入時，`<div class=".serverInfo">` 裡面有預留位置的問號。在緩慢的 Internet 連線中，使用者可能會在問號被換成伺服器的資訊前看到它們。這是一種 "無樣式內容閃現（flash of unstyled content，FOUC）" 問題。其中一種解決方式，是讓伺服器用正確的值來顯示初始網頁。另一種方式是隱藏整個元素，直到它的內容更新為止，這或許也會產生一種奇怪的效果，但應該比莫名其妙的問號更容易被接受。

這一章只討論發出 Ajax 請求的基本概念，要進一步瞭解，可參考 MDN 文章 "Using XMLHttpRequest"（*https://developer.mozilla.org/en-US/docs/Web/API/XMLHttpRequest/Using_XMLHttpRequest*）。

總結

你可以在本章看到，web 開發涉及許多 JavaScript 語言本身沒有的概念與複雜性。這裡只討論皮毛，如果你是 web 開發人員，我推薦 Semmy Purewal 的 *Learning Web App Development*。如果你想進一步學習 CSS，Eric A. Meyer 的所有著作都很棒。

第十九章

jQuery

jQuery 是一種受歡迎的程式庫，它的用途是處理 DOM 與執行 Ajax 請求。DOM API 沒辦法做的事情，jQuery 就沒辦法做（畢竟，jQuery 是建構在 DOM API 之上），但它提供三個主要的好處：

- jQuery 能讓你免於擔心不同的瀏覽器有不同的 DOM API 實作方式（特別是舊的瀏覽器）。
- jQuery 提供較簡單的 Ajax API（這很受歡迎，因為現今的網站重度使用 Ajax）。
- jQuery 對內建的 DOM API 進行許多強大且紮實的改善。

愈來愈多的 web 開發者的社群認為，因為 DOM API 與瀏覽器品質的改善，jQuery 已經沒有必要性了。這個社群吹捧"vanilla JavaScript"的效能與純粹性。確實，三個好處的第一點已經沒有那麼必要了（瀏覽器的實作方式），但它尚未完全消失。我覺得 jQuery 仍然有其必要，它也有許多功能用 DOM API 來實作是非常耗時的。無論你是否要用 jQuery，它的無處不在，讓你很難完全不接觸它，所以聰明的開發人員會去瞭解它的基本知識。

萬能的金錢（符號）

jQuery 是第一種利用"JavaScript 將錢號視為識別碼"這一點的程式庫。或許當它做出這個決定時有些傲慢，但看看現今 jQuery 無處不在的情況，這個決定似乎有先見之明。當你在專案中加入 jQuery 時，你可以使用變數 `jQuery` 或更簡短的 `$`[1]。在這裡，我們會使用 `$`。

1 如果 jQuery 的 `$` 與其他程式庫衝突，有一種方式可以防止 jQuery 使用 `$`，見 jQuery.noConflict（*https://api.jquery.com/jquery.noconflict/*）。

加入 jQuery

加入 jQuery 最簡單的方式是使用 CDN：

```
<script src="//code.jquery.com/jquery-2.1.4.min.js"></script>
```

jQuery 2.x 已不再支援 Internet Explorer 6、7 與 8。如果你需要支援這些瀏覽器，就必須使用 jQuery 1.x。jQuery 2.x 是被視為較精簡的版本，因為它不需要支援這些年邁的瀏覽器。

等待 DOM 載入

瀏覽器讀取、解譯與顯示 HTML 檔案的方式很複雜，且許多粗心的 web 開發人員都會在瀏覽器有機會載入 DOM 元素之前，試著用程式存取它們，因而發生意外。

jQuery 可讓你將程式放在回呼裡面，這個回呼只會在瀏覽器已經完全載入網頁，且建構 DOM 的時候被呼叫。

```
$(document).ready(function() {
    // 這裡的程式會在所有 HTML 都已被載入，
    // 且 DOM 已建構完成之後才執行
});
```

你可以安全地使用這個技術很多次，這可讓你將 jQuery 程式放在不同的地方，同時仍然可以安全地等待 DOM 載入。另外也有一種簡便的版本：

```
$(function() {
    // 這裡的程式會在所有 HTML 都已被載入，
    // 且 DOM 已建構完成之後才執行
});
```

使用 jQuery 時，將所有程式放在這種區塊裡面是常見的做法。

用 jQuery 包裝的 DOM 元素

以 jQuery 來操作 DOM，主要是使用**以 *jQuery* 包裝的 *DOM* 元素**。所有以 jQuery 來操作 DOM 的技術，都是先從建立一個 jQuery 物件，"包裝" 一個 DOM 元素集合（記得，這個集合可以是空的，或只有一個元素）開始。

jQuery 函式（$ 或 jQuery）會建立一個 jQuery 包裝的 DOM 元素集合（我們從這裡開始直接將它稱為"jQuery 物件"，你只要記得，jQuery 物件會保存一個 DOM 元素集合！）。呼叫 jQuery 函式的方式主要有兩種：用 CSS 選擇器，或 HTML。

使用 CSS 選擇器來呼叫 jQuery，會回傳一個匹配該選擇器的 jQuery 物件（類似 document.querySelectorAll 回傳的東西）。例如，要取得匹配所有 <p> 標籤的 jQuery 物件，你只要：

```
const $paras = $('p');
$paras.length;              // 匹配的段落標籤數量
typeof $paras;              // "object"
$paras instanceof $;        // true
$paras instanceof jQuery;   // true
```

另一方面，用 HTML 來呼叫 jQuery，會根據你提供的 HTML 來建立一個新的 DOM 元素（類似當你設定元素的 innerHTML 產生的結果）：

```
const $newPara = $('<p>Newly created paragraph...</p>');
```

你可以發現，在這兩個範例中，被指派 jQuery 物件的變數的開頭是錢號。這不是必要的，但它是一種可以遵循的慣例，可以讓你快速認出屬於 jQuery 物件的變數。

操作元素

現在我們已經有一些 jQuery 物件了，那麼，我們可以用它們來做什麼？jQuery 可讓你很輕鬆地添加與移除內容。執行這些範例最簡單的方式，就是在瀏覽器載入 HTML 範例，並且在主控台執行這些範例。請準備載入檔案，我們會肆意移除、添加與修改內容。

jQuery 提供 text 與 html 方法，它們大致相當於對 DOM 元素的 textContent 與 innerHTML 特性賦值。例如，要將每一個段落換成同一段文字：

```
$('p').text('ALL PARAGRAPHS REPLACED');
```

同樣的，我們可以使用 html 來使用 HTML 內容：

```
$('p').html('<i>ALL</i> PARAGRAPHS REPLACED');
```

這裡有一個重點：jQuery 可讓你輕鬆地同時操作多個元素。使用 DOM API，document.querySelectorAll() 會回傳多個元素，但是否要迭代它們，或執行其他操作，都由我們決定。jQuery 可為你處理所有迭代，而且在預設情況下，會假設你想要對 jQuery 物件裡面的每一個元素採取行動。如果你只想要修改第三段時怎麼辦？jQuery 提供一個方法 eq，它會回傳一個新的 jQuery 物件，裡面有一個元素：

```
$('p')          // 匹配所有段落
    .eq(2)      // 第三段（從零開始索引）
    .html('<i>THIRD</i> PARAGRAPH REPLACED');
```

要移除元素，你只要呼叫 jQuery 物件的 remove 即可。要移除所有段落：

```
$('p').remove();
```

這說明另一個 jQuery 開發的重要做法：**鏈結**。所有 jQuery 方法都會回傳一個 jQuery 物件，可讓你**鏈結**呼叫式，如同我們剛才的做法。鏈結可產生非常強大且緊湊的多元素操作。

jQuery 提供許多加入新內容的方法。其中一種方法是 append，它會將你提供的內容附加到 jQuery 物件內的每一個元素。例如，如果我們想要在每一個段落中加入註腳，可輕鬆地做到：

```
$('p')
    .append('<sup>*</sup>');
```

append 會對符合的元素加入一個子節點，我們也可以在它之前或之後插入同層節點。這個範例會在每一個段落之前與之後加入 <hr> 元素：

```
$('p')
    .after('<hr>')
    .before('<hr>');
```

插入方法也包括 appendTo、insertBefore、與 insertAfter，它們在一些情況下很好用。例如：

```
$('<sup>*</sup>').appendTo('p');  // 相當於 $('p').append('<sup>*</sup>')
$('<hr>').insertBefore('p');      // 相當於 $('p').before('<hr>')
$('<hr>').insertAfter('p');       // 相當於 $('p').after('<hr>');
```

jQuery 也可以讓你非常輕鬆地修改元素的樣式。你可以用 addClass 來加入類別，用 removeClass 來移除類別，或用 toggleClass 來**切換**類別（它會在元素沒有該類別時加入類別，有該類別時移除類別）。你也可以用 css 方法直接操作樣式。我們也會介紹 :even 與 :odd 選擇器，它們可讓你選擇所有其他的元素。例如，如果我們想要讓所有其他的段落變成紅色的，可以這樣做：

```
$('p:odd').css('color', 'red');
```

在 jQuery 鏈結中，有時我們需要選擇符合條件的元素子集合。我們已經看過 eq 了，它可讓我們將 jQuery 物件減少為一個元素，但我們也可以使用 filter、not 與 find 來修改被選取的元素。filter 會將集合減少，只剩下符合指定的選擇器的元素。例如，我們可以在鏈結中使用 filter，在我們修改每一個段落之後讓所有其他段落變成紅色：

```
$('p')
    .after('<hr>')
    .append('<sup>*</sup>')
    .filter(':odd')
    .css('color', 'red');
```

not 基本上是 filter 的相反。例如，如果我們想要在每一個段落後面加上一個 <hr>，並且將所有無 highlight 類別的段落縮排：

```
$('p')
    .after('<hr>')
    .not('.highlight')
    .css('margin-left', '20px');
```

最後，find 會回傳符合指定查詢條件的元素的**後代**集合（與 filter 相反，它會篩選既有的集合）。例如，如果我們想要在每一個段落前加入一個 <hr>，接著將具有類別 code 的元素（在我們的範例中，是段落的後代）的字型大小增加。

```
$('p')
    .before('<hr>')
    .find('.code')
    .css('font-size', '30px');
```

展開 jQuery 物件

如果我們需要"展開"jQuery 物件（來存取底層的 DOM 元素），可以用 get 方法來做。要取得第二段 DOM 元素：

```
const para2 = $('p').get(1);       // 第二個 <p>（從零算起）
```

取得含有所有段落 DOM 元素的陣列：

```
const paras = $('p').get();        // 所有 <p> 元素的陣列
```

Ajax

jQuery 提供一些方便的方法來讓你更容易使用 Ajax 呼叫。jQuery 公開一種 ajax 方法，可讓你精細地控制 Ajax 呼叫。它也提供一些方便的方法：get 與 post，來執行最常見的 Ajax 呼叫型態。雖然這些方法都提供回呼，但它們也會回傳 promise，建議你用這種方式來處理伺服器回應。例如，我們可以使用 get 來改寫之前的 refreshServerInfo 範例：

```
function refreshServerInfo() {
    const $serverInfo = $('.serverInfo');
    $.get('http://localhost:7070').then(
        // 成功回傳
        function(data) {
            Object.keys(data).forEach(p => {
                $(`[data-replace="${p}"]`).text(data[p]);
            });
        },
        function(jqXHR, textStatus, err) {
            console.error(err);
            $serverInfo.addClass('error')
                .html('Error connecting to server.');
        }
    );
}
```

你可以看到，jQuery 可大大地簡化 Ajax 程式。

總結

jQuery 的未來還不明朗。JavaScript 與瀏覽器 API 的改善，會讓 jQuery 退出舞台嗎？"vanilla JavaScript" 純粹主義者會獲得平反嗎？只有時間知道答案。我認為 jQuery 仍然很適用，在可見的未來也會如此。jQuery 仍然有很多人使用，具有遠見的開發人員至少都應該好好地瞭解它的基本知識。

如果你想要進一步瞭解 jQuery，我推薦 Earle Castledine 與 Craig Sharkie 合著的 *jQuery: Novice to Ninja*。jQuery 的線上文件（*http://api.jquery.com/*）也很棒。

第二十章

Node

直到 2009 年之前，JavaScript 幾乎是唯一的瀏覽器指令碼語言[1]。在 2009 年，因為受挫於伺服器端的選項很少，一位 Joyent 開發人員，叫做 Ryan Dahl 的人建立了 Node。很快地，許多人開始使用 Node，它甚至成功佔領企業市場。

對於喜歡 JavaScript 語言的人來說，Node 可讓它們使用這種語言來做一般必須用其他語言才能做到的工作。對 web 開發者來說，它的吸引力不是只有多一個語言選擇。可以在伺服器端編寫 JavaScript，代表它是**一致性**的語言—不需要改變思維模式，減少對專家的依賴，以及（或許是最重要的）可以在伺服器與用戶端執行相同的程式碼。

雖然 Node 的問世，是為了可以進行 web 應用程式開發，但它跳到伺服器，無意中啟動另一種非傳統的用法，例如桌上型應用程式開發與系統指令碼。在某種意義上，Node 讓 JavaScript 得以長大成人。

Node 基礎知識

如果你可以編寫 JavaScript，你就可以編寫 Node 應用程式。但這不代表你可以直接用 Node 來執行所有瀏覽器端的 JavaScript 程式：瀏覽器端的 JavaScript 使用的 API 是瀏覽器專用的。尤其是，Node 沒有 DOM（這很合理，因為那裡沒有 HTML）。同樣的，有一些 API 是 Node 專用的，不會出現在瀏覽器上。有一些 API，例如作業系統與檔案系統支援，因為安全上的考量，在瀏覽器是不能使用的（你可以想像，如果駭客可以從

1 曾經有人試著在 Node 之前做出伺服器端的 JavaScript，值得一提的是，Netscape Enterprise Server 早在 1995 年就已經提供伺服器端 JavaScript 了。但是，直到 Node 在 2009 年問世之前，伺服器端的 JavaScript 都未得到太大的注意。

瀏覽器刪除你的檔案的話，他們會造成多大的傷害嗎？）。其他的 API，例如建立 web 伺服器的功能，在瀏覽器上並不是很實用。

瞭解什麼是 *JavaScript*，與什麼是 *API* **的一部分**是很重要的。一直都在編寫瀏覽器端程式的程式員，可能會合理地認為 window 與 document 都是 JavaScript 的一部分。但是，有一些 *API* 是在瀏覽器環境下才能使用的（我們已在第十八章討論）。在這一章，我們會討論 Node 提供的 API。

如果你還沒有安裝的話，請安裝 Node 與 npm（見第二章）。

模組

模組（*Module*）是包裝程式碼與指定它的**命名空間**的機制。命名空間是一種避免**名稱衝突**的方法。例如，如果 Amanda 與 Tyler 都寫出一個名為 calculate 的函式，而你只是將它們的函式剪下貼到你的程式裡，第二個函式會取代第一個。命名空間可讓你以某種方式參考"Amanda 的 calculate"與"Tyler 的 calculate"。我們來看 Node 模組如何解決這個問題。建立一個檔案，將它命名為 *amanda.js*：

```
function calculate(a, x, n) {
    if(x === 1) return a*n;
    return a*(1 - Math.pow(x, n))/(1 - x);
}

module.exports = calculate;
```

與一個名為 *tyler.js* 的檔案：

```
function calculate(r) {
    return 4/3*Math.PI*Math.pow(r, 3);
}

module.exports = calculate;
```

我們可以合理地認為 Amanda 與 Tyler 都懶得為他們的函式取一個得體的名稱，但就這個範例而言，我們就先視而不見。在這兩個檔案中，modules.export = calculate 是很重要的一行。module 是一個特殊的物件，Node 用它來讓你可以實作模組。你指派給它的 exports 特性的東西，就是從模組**匯出**的東西。現在我們已經寫出兩個模組了，接著來看一下如何在第三個程式中使用它們。我們先建立一個名為 *app.js* 檔案，接著要來**匯入**這些模組：

```
const amanda_calculate = require('./amanda.js');
const tyler_calculate = require('./tyler.js');

console.log(amanda_calculate(1, 2, 5));   // logs 31
console.log(tyler_calculate(2));          // logs 33.510321638291124
```

留意，名稱是我們隨意選擇的（amanda_calculate 與 tyler_calculate），它們只是變數。它們接收的值，是 Node 處理 require 函式的結果。

數學很厲害的讀者可能已經知道這兩個計算式了：Amanda 提供的是幾何級數的總和 $a+ax+ax^2+...+ax^{n-1}$，Tyler 提供的是半徑 r 的球體的體積。既然如此，我們可以對 Amanda 與 Tyler 不好的命名方式搖搖頭，在 *app.js* 中選擇適當的名稱：

```
const geometricSum = require('./amanda.js');
const sphereVolume = require('./tyler.js');

console.log(geometricSum(1, 2, 5));     // logs 31
console.log(sphereVolume(2));           // logs 33.510321638291124
```

模組可以匯出任何型態的值（甚至基本型態，雖然沒有什麼理由要這樣做）。你會經常希望模組裡面的函式不是只有一個，而是許多個，此時，你可以匯出一個物件，裡面有許多函式特性。想像 Amanda 是位代數專家，他想要提供相當好用的代數函數與幾何總和給我們：

```
module.exports = {
    geometricSum(a, x, n) {
        if(x === 1) return a*n;
        return a*(1 - Math.pow(x, n))/(1 - x);
    },
    arithmeticSum(n) {
        return (n + 1)*n/2;
    },
    quadraticFormula(a, b, c) {
        const D = Math.sqrt(b*b - 4*a*c);
        return [(-b + D)/(2*a), (-b - D)/(2*a)];
    },
};
```

這是較傳統的命名空間做法—我們為回傳的東西取一個名稱，但回傳的東西（物件）裡面有它自己的名稱：

```
const amanda = require('./amanda.js');
console.log(amanda.geometricSum(1, 2, 5));          // logs 31
console.log(amanda.quadraticFormula(1, 2, -15));    // logs [ 3, -5 ]
```

這裡沒有什麼神奇的地方：模組只是匯出一個普通的物件，裡面有函式特性（不要被 ES6 的縮寫語法搞混了，它們只是函式）。這個模式很常見，所以它有一個簡化的語法，使用一種特殊變數，稱為 `exports`。我們可以用更紮實的方式（但等效）來改寫 Amanda 的匯出：

```
exports.geometricSum = function(a, x, n) {
    if(x === 1) return a*n;
    return a*(1 - Math.pow(x, n))/(1 - x);
};

exports.arithmeticSum = function(n) {
    return (n + 1)*n/2;
};

exports.quadraticFormula = function(a, b, c) {
    const D = Math.sqrt(b*b - 4*a*c);
    return [(-b + D)/(2*a), (-b - D)/(2*a)];
};
```

`exports` 縮寫只能用來匯出物件，如果你想要匯出函式或其他的值，就必須使用 `module.exports`。此外，混合使用這兩者沒什麼意義，你只使用其中一種就好。

核心模組、檔案模組與 npm 模組

modules 有三種，核心模組、檔案模組與 *npm* 模組。核心模組是 Node 本身提供的預留模組名稱，例如 `fs` 與 `os`（本章稍後會討論）。我們已經看過檔案模組了：我們會建立一個檔案，指派給 `module.exports`，接著要求那個檔案。npm 模組只是位於特殊目錄 *node_modules* 的檔案模組。當你使用 `require` 函式時，Node 會以你傳入的字串來判定模組的型態（列於表 20-1）。

表 20-1　模組型態

型態	傳給 require 的字串	範例

核心	不是以 /、./ 或 ../ 開頭的	`require('fs')`
		`require('os')`
		`require('http')`
		`require('child_process')`

檔案	以 /、./ 或 ../ 開頭的	`require('./debug.js')`
		`require('/full/path/to/module.js')`
		`require('../a.js')`
		`require('../../a.js')`

npm	不是核心模組，
	且不是以 /、./ 或 ../ 開頭的
		`require('debug')`
		`require('express')`
		`require('chalk')`
		`require('koa')`
		`require('q')`

有些核心模組，例如 process 與 buffer 都是全域的，一定可以用，而且不需要明確地使用 require 陳述式。表 20-2 列出核心模組。

表 20-2　核心模組

模組	全域	說明
assert	否	測試用。
buffer	是	用於操作輸入 / 輸出（I/O）（主要是檔案與網路）。
child_process	否	執行外部程式（Node 及其他）的函式。
cluster	否	可讓你利用多個處理序來提升效能。
crypto	否	內建的加密程式庫。
dns	否	網域名稱系統（DNS）函式，用來解析網域名稱。
domain	否	可將 I/O 與其他非同步操作分組，來隔離錯誤。
events	否	支援非同步事件的公用程式。
fs	否	檔案系統操作。
http	否	HTTP 伺服器與相關的公用程式。
https	否	HTTPS 伺服器與相關的公用程式。
net	否	非同步通訊端網路 API。
os	否	作業系統公用程式。
path	否	檔案系統路徑名稱公用程式。

模組	全域	說明
punycode	否	使用有限的 ASCII 子集合來編碼 Unicode。
querystring	否	解析與建構 URL 查詢字串的公用程式。
readline	否	互動式 I/O 公用程式；主要用於指令列程式。
smalloc	否	可明確配置記憶體來做緩衝。
stream	是	串流式資料傳輸。
string_decoder	否	將緩衝器轉換成字串。
tls	否	傳輸層安全性（TLS）通訊公用程式。
tty	否	底層 TeleTYpewriter（TTY）函式。
dgram	否	使用者資料包通訊協定（UDP）網路公用程式。
url	是	解析公用程式。
util	否	網際網路節點公用程式。
vm	否	虛擬（JavaScript）機器：可進行中繼編程與環境創建。
zlib	否	壓縮公用程式。

討論所有模組已超出本書的範圍了（我們會在這一章討論最重要的），但這個清單可以讓你開始查詢更多資訊。你可以在 Node API 文件中，找到這些模組的詳細說明（*https://nodejs.org/api/*）。

最後是 *npm* 模組。npm 模組是具有特定命名規範的檔案模組。如果你需要一些模組 x（x 不是核心模組），Node 會在目前的目錄中尋找名為 *node_modules* 的子目錄。如果找到它，它會在該目錄中尋找 x。如果找不到它，它會到上層目錄，尋找名為 *node_modules* 的模組，並重複這個程序，直到找到模組或到達根目錄為止。例如，如果你的專案位於 */home/jdoe/test_project*，當你在應用程式檔中呼叫 require('x') 時，Node 會在以下的位置中尋找模組 x（按照順序）：

- */home/jdoe/test_project/node_modules/x*
- */home/jdoe/node_modules/x*
- */home/node_modules/x*
- */node_modules/x*

在大部分的專案中，應用程式根目錄會有一個 *node_modules* 目錄。此外，你不應該在那個目錄中，親手添加或移除任何東西，而是要讓 npm 負責所有繁重的工作。儘管如此，瞭解 Node 如何解析模組匯入是很有幫助的，特別是當你需要對第三方模組進行除錯時。

至於你自己編寫的模組，不要將它們放在 *node_modules* 裡面。雖然這樣做是有效果的，但 *node_modules* 的重點在於，它是一個可以隨時刪除的目錄，且 npm 可以用 *package.json*（見第二章）列舉的依賴關鍵重新建立它。

當然，你也可以公開你自己的 npm 模組，並用 npm 來管理那個模組，但你應避免直接在 *node_modules* 直接編輯東西！

使用 Function 模組來自訂模組

模組經常會匯出物件，有時會匯出一個函式。另外還有一種很常見的模式：由模組匯出一個要被立刻呼叫的函式。你要使用的是該函式的回傳值（可能是函式本身）（換句話說，你不會使用被回傳的函式，你會呼叫那個函式，並使用它回傳的東西）。這個模式的使用時機，是當模組需要用某種方式來訂製，或接收封閉環境的資訊時。我們來考慮這個現實世界的 npm 套件 debug。當你匯入 debug 時，它會接收一個字串，這個字串會被當成記錄的開頭文字，讓你可以分辨程式的各個部分的記錄。它的用法像：

```
const debug = require('debug')('main'); // 注意，我們立刻呼叫
                                        // 模組回傳的函式

debug("starting");                      // 會 log "main starting +0ms"
                                        // 如果啟用除錯的話
```

要用 debug 程式庫來啟用除錯功能，你可以設定 DEBUG 環境變數。在我們的範例中，會設定 DEBUG=main。你也可以設定 DEBUG=* 來啟用所有除錯訊息。

從這個範例中，我們可以清楚看到，debug 模組會回傳一個函式（因為我們馬上將它當成函式來呼叫）…而且那個函式本身會回傳一個函式，它會“記得”來自第一個函式的字串。基本上，我們已經將值“植入”那個模組了。我們來看一下如何實作自己的 debug 模組：

```
let lastMessage;

module.exports = function(prefix) {
    return function(message) {
        const now = Date.now();
        const sinceLastMessage = now - (lastMessage || now);
        console.log(`${prefix} ${message} +${sinceLastMessage}ms`);
        lastMessage = now;
    }
}
```

這個模組會匯出一個函式，它的設計，是可以讓你直接呼叫，將 prefix 的值植入模組中。注意，我們也有另一個值 lastMessage，它是最後一個被記錄的訊息的時戳，我們用它來計算訊息之間的時間。

這裡有一個重點：當你匯入模組很多次時，會發生什麼事？例如，如果我們將自製的 debug 模組匯入兩次：

```
const debug1 = require('./debug')('one');
const debug2 = require('./debug')('two');

debug1('started first debugger!')
debug2('started second debugger!')

setTimeout(function() {
    debug1('after some time...');
    debug2('what happens?');
}, 200);
```

你可能以為會看到這種東西：

```
one started first debugger! +0ms
two started second debugger! +0ms
one after some time... +200ms
two what happens? +200ms
```

但你真正看到的是（加減幾毫秒）：

```
one started first debugger! +0ms
two started second debugger! +0ms
one after some time... +200ms
two what happens? +0ms
```

事實上，Node 只會匯入給定的模組一次（每次 Node app 執行時）。所以就算我們匯入 debug 兩次，Node 也會記得我們已經匯入它了，並使用同一個實例。因此，就算 debug1 與 debug2 有獨立的函式，它們都有同一個 lastMessage 的參考。

這種行為是安全且合理的。基於效能、記憶體使用、維護的考量，最好只加入模組一次。

我們編寫自製的 debug 模組的方式，類似 npm debug 的工作方式。但是，如果我們想要讓多個除錯記錄有不同的時間，可將 lastMessage 時戳移到模組回傳的函式的本文；接著每當記錄器被建立時，它會收到一個新的、獨立的值。

操作檔案系統

許多入門的程式設計書籍都會討論**檔案系統操作**，因為它被視為“正常的”程式很重要的一部分。可憐的 JavaScript：在 Node 出現之前，它還沒辦法加入檔案系統俱樂部。

這一章的範例，會假設你的專案根目錄是 */home/<jdoe>/fs*，它是 Unix 系統的典型路徑（將 *<jdoe>* 換成你的帳號名稱）。Windows 系統也一樣（你的專案根目錄應該是 *C:\Users\<JohnDoe>\Documents\fs*）。

建立檔案的方式是使用 fs.writeFile。在你的專案根目錄中建立一個名為 *write.js* 的檔案：

```
const fs = require('fs');

fs.writeFile('hello.txt', 'hello from Node!', function(err) {
    if(err) return console.log('Error writing to file.');
});
```

當你執行 *write.js* 時，會在你所處的目錄中建立一個檔案（假設你對該目錄有足夠的權限，而且目錄裡面還沒有名為 *hello.txt* 的目錄或唯讀檔案）。當你呼叫 Node 應用程式時，它會繼承你執行它的**時候的工作目錄**（可能會與檔案的位置不一樣）。例如：

```
$ cd /home/jdoe/fs
$ node write.js             # 目前的工作目錄是 /home/jdoe/fs
                            # 建立 /home/jdoe/fs/hello.txt

$ cd ..                     # 目前的工作目錄是 /home/jdoe
$ node fs/write.js          # 建立 /home/jdoe/hello.txt
```

Node 提供一種特殊的變數 __dirname，它一定會將目錄設定在原始檔案所在之處。例如，我們可將範例改成：

```
const fs = require('fs');

fs.writeFile(__dirname + '/hello.txt',
```

```
        'hello from Node!', function(err) {
    if(err) return console.error('Error writing to file.');
});
```

現在 *write.js* 一定會在 */home/<jdoe>/fs* 裡面建立 *hello.txt*（*write.js* 的位置）。如果我們使用字串串接功能來連結 `__dirname` 與檔名，它有可能在有些平台上是無效的，例如，可能會在 Windows 機器上造成問題。Node 的 `path` 模組提供可在各種平台使用的路徑名稱公用程式，所以我們可以將這個模組改寫為比較容易在所有平台上使用的版本：

```
const fs = require('fs');
const path = require('path');

fs.writeFile(path.join(__dirname, 'hello.txt'),
        'hello from Node!', function(err) {
    if(err) return console.error('Error writing to file.');
});
```

`path.join` 會使用適合作業系統的目錄分隔符號來結合目錄元素，且通常是一種好的做法。

如果我們想要讀回檔案的內容怎麼辦？可以使用 `fs.readFile`。建立 *read.js*：

```
const fs = require('fs');
const path = require('path');

fs.readFile(path.join(__dirname, 'hello.txt'), function(err, data) {
    if(err) return console.error('Error reading file.');
    console.log('Read file contents:');
    console.log(data);
});
```

當你執行這個範例時，可能會不滿意它的結果：

```
Read file contents:
<Buffer 68 65 6c 6c 6f 20 66 72 6f 6d 20 4e 6f 64 65 21>
```

如果你將這些十六進位碼轉換成對應的 ASCII/Unicode，你會發現它其實是 `hello from Node!`，但顯然這個程式不是很人性化。如果你沒有告知 `fs.readFile` 所使用的編碼，它會回傳一個緩衝器，裡面存有原始的二進位資料。雖然我們沒有明確地在 *write.js* 中指定編碼，但預設的字串編碼是 UTF-8（Unicode 編碼）。我們可以修改 *read.txt* 來指定 UTF-8，並取得期望的結果：

```
const fs = require('fs');
const path = require('path');

fs.readFile(path.join(__dirname, 'hello.txt'),
```

```
        { encoding: 'utf8' }, function(err, data) {
    if(err) return console.error('Error reading file.');
    console.log('File contents:');
    console.log(data);
});
```

fs 的所有函式都有同步版的等效函式（名稱結尾是 "Sync"）。在 *write.js* 中，我們可以改用同步等效函式：

```
fs.writeFileSync(path.join(__dirname, 'hello.txt'), 'hello from Node!');
```

在 *read.js* 中：

```
const data = fs.readFileSync(path.join(__dirname, 'hello.txt'),
    { encoding: 'utf8' });
```

使用同步版本的時候，我們是用例外來處理錯誤來讓範例更強固，我們會將它們包在 try/catch 區塊裡面。例如：

```
try {
    fs.writeFileSync(path.join(__dirname, 'hello.txt'), 'hello from Node!');
} catch(err) {
    console.error('Error writing file.');
}
```

同步檔案系統函式是相當容易使用的。但是，如果你要編寫 web 伺服器或網站應用程式，記得 Node 的效能來自非同步執行，此時你一定要使用非同步版本。如果你要編寫指令列公用程式，使用同步版本通常沒有什麼問題。

你可以用 fs.readdir 來列出目錄中的檔案。建立一個 *ls.js* 檔：

```
const fs = require('fs');

fs.readdir(__dirname, function(err, files) {
    if(err) return console.error('Unable to read directory contents');
    console.log(`Contents of ${__dirname}:`);
    console.log(files.map(f => '\t' + f).join('\n'));
});
```

fs 模組含有許多其他的檔案系統函式，你可以刪除檔案（fs.unlink），移除檔案或更改檔名（fs.rename），取得檔案與目錄的資訊（fs.stat），及其他。要瞭解更多資訊，請參考 Node API 資訊（*https://nodejs.org/api/fs.html*）。

程序

每一個正在執行的 Node 程式都會存取一個稱為 process 的變數，可讓程式取得它自己的執行情況的資訊，以及控制執行。例如，如果你的應用程式遇到一個很嚴重的錯誤，無法或沒必要繼續執行（通常稱為**嚴重錯誤**（*fatal error*）），你可以呼叫 process.exit 來立刻停止執行。你也可以提供一個數值的**結束代碼**，指令碼會用它來判斷你的程式是否成功結束。傳統上，結束代碼為 0 代表"沒有錯誤"，非 0 的結束代碼代表有錯誤。考慮有一個指令碼會處理子目錄 *data* 內的 *.txt* 檔案：如果沒有檔案需要處理，就沒有事情可做，所以程式會立刻結束，但那不是一種錯誤。另一種情況，如果子目錄 *data* 不存在，我們必須考慮這個較嚴重的問題，程式應該結束，並產生錯誤。以下是這段程式的樣子：

```
const fs = require('fs');

fs.readdir('data', function(err, files) {
    if(err) {
        console.error("Fatal error: couldn't read data directory.");
        process.exit(1);
    }
    const txtFiles = files.filter(f => /\.txt$/i.test(f));
    if(txtFiles.length === 0) {
        console.log("No .txt files to process.");
        process.exit(0);
    }
    // 處理 .txt 檔 ...
});
```

process 物件也可讓你存取要傳給程式的陣列，這個陣列含有**指令列引數**。當你執行 Node 應用程式時，可視情況提供指令列引數。例如，我們可以寫一個程式，讓它以指令列引數的方式來接收許多檔名，並印出每一個檔案的文字行數。我們可能會這樣呼叫程式：

```
$ node linecount.js file1.txt file2.txt file3.txt
```

指令列引數在 process.argv 陣列裡面 [2]。在我們計算檔案中的行數之前，先印出 process.argv，來瞭解我們取得什麼東西：

```
console.log(process.argv);
```

2 argv 的 *v* 指的是**向量**，類似陣列。

除了 *file1.txt*、*file2.txt* 與 *file3.txt* 之外，你會在陣列的開頭看到一些其他元素：

```
[ 'node',
  '/home/jdoe/linecount.js',
  'file1.txt',
  'file2.txt',
  'file3.txt' ]
```

第一個元素是**解譯器**，或解譯來源檔案的程式（在我們的例子中，是 node）。第二個元素是要執行的指令碼的完整路徑，其餘的元素是被傳給程式的所有引數。因為我們不需要這種額外的資訊，我們會在計算檔案行數之前，先使用 Array.slice 來移除它：

```
const fs = require('fs');

const filenames = process.argv.slice(2);

let counts = filenames.map(f => {
    try {
        const data = fs.readFileSync(f, { encoding: 'utf8' });
        return `${f}: ${data.split('\n').length}`;
    } catch(err) {
        return `${f}: couldn't read file`;
    }
});

console.log(counts.join('\n'));
```

process 也可以讓你透過 process.env 物件來存取環境變數。環境變數是有名稱的系統變數，主要用於指令列程式。在大部分的 Unix 系統中，你可以輸入 export VAR_NAME=*some value* 來設定環境變數（傳統上，環境變數都是大寫的）。在 Windows，你可以使用 set VAR_NAME=some value。環境變數通常會被用來設定程式的某些行為（所以你不需要在每次執行程式時，都得在指令列上提供一些值）。

例如，我們可能想要使用環境變數來控制程式究竟要 log 除錯資訊，或“默默地執行”。我們會用環境變數 DEBUG 來控制除錯行為，如果我們想要除錯，就將它設為 1（任何其他值都會關閉除錯）：

```
const debug = process.env.DEBUG === "1" ?
    console.log :
    function() {};

debug("Visible only if environment variable DEBUG is set!");
```

在這個範例中，我們建立一個函式 debug，如果你設定環境變數 DEBUG，它只是 console.log 的別稱，以及一個 *null* 函式——一個不會做其他事情的函式（如果我們讓 debug 是 undefined，當我們試著使用它時，將會產生錯誤！）。

在上一節，我們談到目前的工作目錄時提過：它的預設位置，就是你執行程式時的目錄（不是程式的所在目錄）。process.cwd 會告訴你目前的工作目錄在哪裡，你可以用 process.chdir 來改變它。例如，如果你想要印出程式開始時的目錄，接著將目前的工作目錄切換到程式本身所在的目錄，可以這樣做：

```
console.log(`Current directory: ${process.cwd()}`);
process.chdir(__dirname);
console.log(`New current directory: ${process.cwd()}`);
```

作業系統

os 模組可提供運行 app 的電腦平台資訊。這個範例展示 os 公開的，最實用的資訊（以及在我的雲端式開發機器上，它們的值）：

```
const os = require('os');

console.log("Hostname: " + os.hostname());          // prometheus
console.log("OS type: " + os.type());               // Linux
console.log("OS platform: " + os.platform());       // linux
console.log("OS release: " + os.release());         // 3.13.0-52-generic
console.log("OS uptime: " +
    (os.uptime()/60/60/24).toFixed(1) + " days");   // 80.3 days
console.log("CPU architecture: " + os.arch());      // x64
console.log("Number of CPUs: " + os.cpus().length); // 1
console.log("Total memory: " +
    (os.totalmem()/1e6).toFixed(1) + " MB");        // 1042.3 MB
console.log("Free memory: " +
    (os.freemem()/1e6).toFixed(1) + " MB");         // 195.8 MB
```

子處理序

child_process 模組可讓你的 app 執行其他的程式，包括其他的 Node 程式、可執行檔，或其他語言的指令碼。本書不會討論所有處理子處理序的細節，但我們會說明一個簡單的範例。

child_process 公開三個主要的函式：exec、execFile 與 fork。如同 fs，這些函式也有同步版本（execSync、execFileSync 與 forkSync）。exec 與 execFile 可執行你的作業系統所提供的所有可執行檔。exec 會呼叫一個殼層（它是作業系統的指令列的基礎，如果你可以從指令列執行它，就可以從 exec 執行它）。execFile 可讓你直接執行可執行檔，它提供略有改進的記憶體與資源使用方式，但通常需要加倍小心。最後，fork 可讓你執行其他的 Node 指令碼（也可以用 exec 來做）。

fork 會呼叫獨立的 Node 引擎，所以你付出的資源代價與使用 exec 一樣；但是，fork 可讓你進行一些處理序之間的通訊項目。進一步資訊，可參考官方文件（*http://bit.ly/1PxcnL9*）。

因為 exec 是最常用的，也是最寬鬆的，所以這一章會使用它。

為了展示起見，我們會執行指令 dir，它會顯示目錄列表（但 Unix 使用者比較習慣 ls，在大部分的 Unix 系統上，dir 是 ls 的別名）：

```
const exec = require('child_process').exec;

exec('dir', function(err, stdout, stderr) {
    if(err) return console.error('Error executing "dir"');
    stdout = stdout.toString(); // 將 Buffer 轉成字串
    console.log(stdout);
    stderr = stderr.toString();
    if(stderr !== '') {
        console.error('error:');
        console.error(stderr);
    }
});
```

因為 exec 會滋生一個殼層，所以我們不需要提供 dir 執行檔的所在路徑。如果我們想要呼叫一個特定的程式，它無法從你的系統的殼層執行，你就需要提供執行檔的完整路徑。

被呼叫的回呼會從 stdout（程式的正常輸出）與 stderr（錯誤輸出，有的話）接收兩個 Buffer 物件。在這個範例中，因為我們不希望 stderr 有任何輸出，所以會先檢查，看看是否有任何錯誤輸出，再將它印出來。

exec 會接收一個選用的 options 物件，可讓我們指定工作目錄、環境變數等東西。進一步資訊可參考官方文件（*https://nodejs.org/api/child_process.html*）。

注意我們匯入 exec 的方式。我們直接將 exec 取一個別名，而不是用 `const child_process = require('child_process')` 匯入 child_process，再以 child_process.exec 呼叫 exec。你可以採取這兩種做法，但我們的做法很常見。

串流

串流是 Node 一種很重要的概念。串流是一種以串流的形式（如同它的名稱）處理資料的物件（串流（*stream*）會讓你想到流（*flow*），因為流是一種與時間有關的東西，所以你可以合理地將它視為非同步）。

串流可能是**讀取串流**、**寫入串流**或兩者（稱為**雙向串流**）。當資料流會在一段時間內發生時，就是適合使用串流的時機。例如使用者在鍵盤上打字，或 web 服務與用戶端來回通訊。檔案的存取也經常使用串流（雖然我們也可以不使用串流來讀取與寫入檔案）。我們會使用檔案串流來展示如何建立讀取與寫入串流，及如何將串流**接管**。

我們先來建立一個寫入串流，並寫入它：

```
const ws = fs.createWriteStream('stream.txt', { encoding: 'utf8' });
ws.write('line 1\n');
ws.write('line 2\n');
ws.end();
```

end 可選擇接收一個資料引數，它相當於呼叫 write。因此，如果你只傳送一次資料，可以直接呼叫 end，並使用你想傳送的資料。

在呼叫 end 之前，我們的寫入串流（`ws`）可用 `write` 來寫入，呼叫 end 時，串流會被關閉，如果之後再呼叫 `write`，將會產生錯誤。因為你在呼叫 end 之前，可以呼叫任意次數的 `write`，所以寫入串流很適合在一段時間之內寫入資料。

同樣的，我們可以建立一個讀取串流，在資料到達時讀取它：

```
const rs = fs.createReadStream('stream.txt', { encoding: 'utf8' });
rs.on('data', function(data) {
    console.log('>> data: ' + data.replace('\n', '\\n'));
});
rs.on('end', function(data) {
    console.log('>> end');
});
```

在這個範例中，我們只是將檔案內容記錄到主控台（為了整潔，將換行換掉）。你可以將這兩個範例放在同一個檔案中，讓寫入串流對檔案進行寫入，並且用讀取串流讀取它。

雙向串流不常見，本書不會討論它。你可以呼叫 `write` 來將資料寫入雙向串流，以及監聽 `data` 與 `end` 事件。

因為資料會"流"經串流，而且你可以將流出讀取串流的資料立刻寫至寫入串流。這個程序稱為**接管**（*piping*）。例如，我們可以將讀取串流接到寫入串流，來將一個檔案的內容複製到另一個檔案：

```
const rs = fs.createReadStream('stream.txt');
const ws = fs.createWriteStream('stream_copy.txt');
rs.pipe(ws);
```

留意，在這個範例中，我們不需要指定編碼：`rs` 只是從 *stream.txt* 將 bytes 接管到 `ws`（它會將它們寫到 *stream_copy.txt*），編碼在解譯資料時才會用到。

接管是常見的資料移動技術。例如，你可以將檔案的內容接管到 web 伺服器的回應。或者將壓縮過的資料接管到解壓縮引擎，接著由它將資料接管至檔案寫入程式。

Web 伺服器

雖然現在許多應用程式都會使用 Node，但它原本的目的，是為了提供 web 伺服器使用，所以不討論這種用法是不負責任的。

如果你曾經設置 Apache 或 IIS，或任何其他 web 伺服器，你會嚇一跳，因為用它來建立可運行的 web 伺服器很簡單。`http` 模組（與它的安全版本，`https` 模組）公開了一種 `createServer` 方法，可用來建立一個基本的 web 伺服器。你只要提供一個回呼函式來處理被傳入的請求即可。要啟動伺服器，你只要呼叫它的 `listen` 方法，並且給它一個連接埠：

```
const http = require('http');

const server = http.createServer(function(req, res) {
    console.log(`${req.method} ${req.url}`);
    res.end('Hello world!');
});

const port = 8080;
server.listen(port, function() {
```

```
    // 你可以傳遞一個回呼來監聽
    // 可讓你知道伺服器已經啟動的東西
    console.log(`server startd on port ${port}`);
});
```

基於安全的原因，大部分的作業系統都不允許你在沒有權限的情況下監聽預設的 HTTP 埠（80）。事實上，你需要取得較高的權限，才可以監聽低於 1024 的所有連接埠。當然，取得權限很簡單，如果你可使用 sudo，可以用 sudo 執行伺服器來取得較高的權限，並監聽 80 埠（只要沒有其他的東西）。在開發與測試的時候，通常會監聽大於 1024 的連接埠。通常我們會選擇 3000、8000、3030 與 8080 等埠，因為它們比較容易記得。

當你執行這個程式，並造訪 *http://localhost:8080* 時，可以看到 `Hello world!`。在主控台，我們會 log 所有的請求，包含一個方法（有時稱為**動詞**（*verb*））與一個 URL 路徑。看到每當你在瀏覽器中前往該 URL ，都有兩個請求時，你可能會很驚訝：

```
GET /
GET /favicon.ico
```

大部分的瀏覽器會請求一個可在 URL 列或標籤上顯示的圖示，瀏覽器會暗地裡做這件事，這就是我們會在主控台的 log 中看到它的原因。

Node web 伺服器的核心，就是你提供的回呼函式，它會回應所有進來的請求。它會接收兩個引數，一個 `IncomingMessage`（通常縮寫成 `req`）與一個 `ServerRequest` 物件（通常縮寫成 `res`）。`IncomingMessage` 物件含有關於 HTTP 請求的所有資訊：哪個 URL 被請求、被傳送的所有標頭、被傳入內文的任何資料，及其他。`ServerResponse` 物件含有一些特性與方法，這些特性與方法可控制即將回傳給用戶端（通常是瀏覽器）的回應。如果你看到我們呼叫 `req.end`，不知道 `req` 究竟是不是寫入串流，可前往類別的標頭。`ServerResponse` 物件有可寫入的串流介面，你可以用它來將資料寫至用戶端。因為 `ServerResponse` 物件是一種寫入串流，你可以用它輕鬆地傳送檔案…我們可以直接建立一個檔案讀取串流，並將它接管至 HTTP 回應。例如，如果你有一個 *favicon.ico* 檔案可讓網站更好用，可以偵測這個請求，並直接傳送這個檔案：

```
const server = http.createServer(function(req, res) {
    if(req.method === 'GET' && req.url === '/favicon.ico') {
        const fs = require('fs');
        fs.createReadStream('favicon.ico');
        fs.pipe(res);       // 這會取代呼叫 'end'
    } else {
        console.log(`${req.method} ${req.url}`);
```

```
        res.end('Hello world!');
    }
});
```

這是一個很精簡的 web 伺服器，也不是個有趣的案例。使用 IncomingRequest 裡面的資訊，你可以擴充這個模組，建立你想要的任何網站類型。

如果你使用 Node 來提供網站，或許可以使用一些框架來避免從頭開始建立 web 伺服器的麻煩，例如 Express（*http://expressjs.com/*）與 Koa（*http://koajs.com/*）。

Koa 是非常熱門的 Express 的接班人，這不是偶然的：它們都是 TJ Holowaychuk 的作品。如果你已經很熟悉 Express，就會覺得 Koa 用起來很順手，不過你會在開發 web 的過程中，享受更多 ES6 做法帶來的樂趣。

總結

我們已經討論過最重要的 Node API 的皮毛了。我們把焦點放在幾乎所有應用程式都會看到的 API（例如 fs、Buffer、process 與 stream），但還有許多 API 可供學習。官方的文件很詳盡（*https://nodejs.org/en/docs/*），但是對初學者來說可能很深奧。如果你對 Node 開發有興趣，Shelley Power 的 *Learning Node* 是很好的起點。

第二十一章

物件特性設置與代理器

存取特性：Getter 與 Setter

物件的特性有兩種：**資料特性**與**存取器特性**。我們已經看過這兩者了，但存取器特性被隱藏在一些 ES6 語法糖果（我們在第九章稱它為“動態特性”）底下。

我們已經熟悉函式特性（或方法）了；存取器特性與它很像，但它們有**兩種**函式：*getter* 與 *setter*，而且當你使用它們時，它們的行為比較像資料特性，而不是函式。

我們來回顧一下動態屬性。想像你有一個 `User` 類別，裡面有方法 `setEmail` 與 `getEmail`。我們選擇使用“get”與“set”方法，而不是只使用一個叫做 `email` 的特性，是為了防止使用者取得無效的 email 地址。我們的類別很簡單（為了簡化，我們會將所有具備 @ 符號的字串視為有效的 email 地址）：

```
const USER_EMAIL = Symbol();
class User {
    setEmail(value) {
        if(!/@/.test(value)) throw new Error(`invalid email: ${value}`);
        this[USER_EMAIL] = value;
    }
    getEmail() {
        return this[USER_EMAIL];
    }
}
```

在這個範例中，唯一吸引我們使用兩個方法（而不是一個特性）的原因，是防止 `USER_EMAIL` 特性接收一個無效的 email 地址。我們在這裡使用一個符號（symbol）特性，來避免不小心直接存取特性（如果我們使用一個稱為 `email`，甚至是 `_email` 的字串，很容易就會無意中直接存取它們）。

這是一種常見的做法，而且它的效果很好，但它可能會比我們想像的還要拙劣。以下是這個類別的使用範例：

```
const u = new User();
u.setEmail("john@doe.com");
console.log(`User email: ${u.getEmail()}`);
```

雖然它可以動作，但這樣寫比較自然：

```
const u = new User();
u.email = "john@doe.com";
console.log(`User email: ${u.email}`);
```

輸入存取器特性：它們可讓我們取得前者的好處，並使用後者的自然語法。使用存取器特性來改寫我們的類別：

```
const USER_EMAIL = Symbol();
class User {
   set email(value) {
      if(!/@/.test(value)) throw new Error(`invalid email: ${value}`);
      this[USER_EMAIL] = value;
   }
   get email() {
      return this[USER_EMAIL];
   }
}
```

我們已經有兩個不一樣的函式了，但它們都有一個特性，稱為 `email`。如果特性被賦值，那麼 *setter* 就會被呼叫（用第一個引數將賦值的值傳入），如果特性被拿來計算，那麼 *getter* 就會被呼叫。

你可以只提供 getter，而不提供 setter，例如，考慮一個提供矩形周長的 getter：

```
class Rectangle {
    constructor(width, height) {
        this.width = width;
        this.height = height;
    }
    get perimeter() {
        return this.width*2 + this.height*2;
    }
}
```

我們不提供周長的 setter，是因為你無法篤定地用周長來推算矩形的寬與高，所以讓它成為唯讀特性是合理的。

你也可以只提供 setter，不提供 getter，只不過這種情況比較罕見。

物件特性屬性

此時，我們已經有許多物件特性的使用經驗了。我們知道，它們有一個鍵（可能是字串或符號），與一個值（可能是任何型態）。我們也知道，你無法保證特性在物件中的順序為何（這是你在陣列或 Map 中可做的事情）。我們知道兩種物件特性的存取方式（使用句點來存取成員，與使用方括號來存取演算過的成員）。最後，我們知道三種用物件常值標記法來建立特性的方式（使用識別碼鍵的普通特性，可使用非縮排文字與符號的演算特性名稱，及方法縮寫）。

但是，特性還有許多需要瞭解的地方。尤其是，有一些特性具有**屬性**，這些屬性可控制特性在它們所屬的物件環境中的行為。我們先來使用學過的技術來建立一個特性，接著使用 `Object.getOwnPropertyDescriptor` 來檢視它的屬性：

```
const obj = { foo: "bar" };
Object.getOwnPropertyDescriptor(obj, 'foo');
```

這會回傳以下結果：

```
{ value: "bar", writable: true, enumerable: true, configurable: true }
```

特性屬性（*property attribute*）、特性說明（*property descriptor*），與特性設定（*property configuration*）等名詞可交互使用，它們指的是同一個東西。

這說明特性有三種屬性：

可寫性

控制特性的值是否可以變更。

可枚舉性

當你枚舉物件的特性時（使用 `for...in`、`Object.keys` 或擴張運算子），控制該特性會不會被納入枚舉。

可設定性

控制你是否可在物件中刪除該特性，或修改它的屬性。

我們可以用 Object.defineProperty 來控制特性屬性，你可以用它來建立新的特性，或修改既有的特性（只要該特性是可設定的）。

例如，如果我們想要讓 obj 的 foo 特性是唯讀的，可使用 Object.defineProperty：

```
Object.defineProperty(obj, 'foo', { writable: false });
```

如果我們試著指派一個值給 foo，將會得到一個錯誤：

```
obj.foo = 3;
// TypeError: Cannot assign to read only property 'foo' of [object Object]
```

試著設定唯讀特性，只會在嚴格模式下產生錯誤。在非嚴格模式下，這個賦值不會成功，但不會有錯誤。

我們也可以使用 Object.defineProperty 來將新特性加到物件。這對屬性特性特別實用，因為與資料特性不同的是，我們無法在物件建立之後加入存取器特性。我們來將一個 color 特性加到 o（這次我們不費心處理符號或驗證）：

```
Object.defineProperty(obj, 'color', {
    get: function() { return this.color; },
    set: function(value) { this.color = value; },
});
```

要建立資料特性，你要將 value 特性提供給 Object.defineProperty。我們來將 name 與 greet 特性加到 obj：

```
Object.defineProperty(obj, 'name', {
    value: 'Cynthia',
});
Object.defineProperty(obj, 'greet', {
    value: function() { return `Hello, my name is ${this.name}!`; }
});
```

Object.defineProperty 經常用來讓特性在陣列中無法枚舉。我們之前提過，在陣列中使用字串或符號特性是不智的做法（因為它與陣列的用法衝突），但如果你小心且考慮周到地使用，它會很實用。我們也不鼓勵在陣列中使用 for...in 或 Object.keys（應使用 for、for...of 或 Array.prototype.forEach），但你無法防止別人做這種事情。因此，如果你在陣列中加入非數值特性，應將它們設為不可枚舉，以防止有人（不明智地）對陣列使用 for..in 或 Object.keys。以下是在陣列中加入 sum 與 avg 方法的範例：

```
const arr = [3, 1.5, 9, 2, 5.2];
arr.sum = function() { return this.reduce((a, x) => a+x); }
arr.avg = function() { return this.sum()/this.length; }
Object.defineProperty(arr, 'sum', { enumerable: false });
Object.defineProperty(arr, 'avg', { enumerable: false });
```

我們可以一個特性一個特性地做：

```
const arr = [3, 1.5, 9, 2, 5.2];
Object.defineProperty(arr, 'sum', {
    value: function() { return this.reduce((a, x) => a+x); },
    enumerable: false
 });
Object.defineProperty(arr, 'avg', {
    value: function() { return this.sum()/this.length; },
    enumerable: false
});
```

最後，還有一個 Object.defineProperties（注意複數），可接收一個可將特性名稱對應至特性定義的物件。所以，我們可以將上例改寫為：

```
const arr = [3, 1.5, 9, 2, 5.2];
Object.defineProperties(arr,
    sum: {
        value: function() { return this.reduce((a, x) => a+x); },
        enumerable: false
     }),
    avg: {
        value: function() { return this.sum()/this.length; },
        enumerable: false
    })
);
```

保護物件：凍結、封存與防止擴展

JavaScript 的靈活特性相當強大，但它可能造成你的麻煩。因為任何地方的任何程式通常都可以用它想要的任何方式來修改物件，所以很容易就會不小心寫出危險的程式，甚至故意寫出惡意程式。

JavaScript 提供三種機制來防止不小心修改程式（並且讓刻意的修改更困難）：凍結、封存與防止擴展。

凍結可防止對某個物件做的*所有*改變。當你凍結一個物件時，你就無法：

- 設定該物件的特性的值。
- 呼叫可修改該物件的特性值的方法。
- 呼叫該物件的 setter（可修改物件特性值）。
- 添加新特性。
- 添加新方法。
- 改變既有的特性或方法的設定。

基本上，凍結物件就是讓它無法被改變。它最適合只含有資料的物件，因為凍結含有方法的物件，會讓可修改該物件狀態的任何方法都失效。

要凍結物件，可使用 `Object.freeze`（你可以呼叫 `Object.isFrozen` 來得知一個物件是否已被凍結）。例如，想像你用一個物件來儲存程式的不變資訊（例如公司、版本、組建 ID 與取得版權資訊的方法）：

```
const appInfo = {
    company: 'White Knight Software, Inc.',
    version: '1.3.5',
    buildId: '0a995448-ead4-4a8b-b050-9c9083279ea2',
    // 這個函式只會讀取特性，
    // 所以不會被凍結影響
    copyright() {
        return `© ${new Date().getFullYear()}, ${this.company}`;
    },
};
Object.freeze(appInfo);
Object.isFrozen(appInfo);   // true

appInfo.newProp = 'test';
// TypeError: Can't add property newProp, object is not extensible

delete appInfo.company;
// TypeError: Cannot delete property 'company' of [object Object]

appInfo.company = 'test';
// TypeError: Cannot assign to read-only property 'company' of [object Object]

Object.defineProperty(appInfo, 'company', { enumerable: false });
// TypeError: Cannot redefine property: company
```

封存物件可防止它被加入新特性，或既有的特性被重新設定或移除。封存可用於類別的實例，因為操作物件特性的方法仍然可以生效（只要它們不試著重新設定特性）。你可以用 Object.seal 來封存物件，及呼叫 Object.isSealed 來得知一個物件是否已被封存：

```
class Logger {
    constructor(name) {
        this.name = name;
        this.log = [];
    }
    add(entry) {
        this.log.push({
            log: entry,
            timestamp: Date.now(),
        });
    }
}

const log = new Logger("Captain's Log");
Object.seal(log);
Object.isSealed(log);    // true

log.name = "Captain's Boring Log";          // OK
log.add("Another boring day at sea....");   // OK

log.newProp = 'test';
// TypeError: Can't add property newProp, object is not extensible

log.name = 'test';       // OK

delete log.name;
// TypeError: Cannot delete property 'name' of [object Object]

Object.defineProperty(log, 'log', { enumerable: false });
// TypeError: Cannot redefine property: log
```

最後是最弱的保護機制，它會讓一個物件無法被擴展，只會防止物件被加入新特性，它的特性仍然可以可被賦值、刪除與重新設定。我們再次使用 Logger 類別來展示 Object.preventExtensions 與 Object.isExtensible：

```
const log2 = new Logger("First Mate's Log");
Object.preventExtensions(log2);
Object.isExtensible(log2);    // true

log2.name = "First Mate's Boring Log";        // OK
log2.add("Another boring day at sea....");    // OK
```

```
log2.newProp = 'test';
// TypeError: Can't add property newProp, object is not extensible

log2.name = 'test';                // OK
delete log2.name;                  // OK
Object.defineProperty(log2, 'log',
    { enumerable: false });        // OK
```

我發現自己不常使用 `Object.preventExtensions`。如果我想要防止一個物件被擴展，通常也會想要防止它被刪除及重新設定，所以通常會選擇封存物件。

表 21-1 是保護選項的摘要。

表 21-1　物件保護選項

動作	一般物件	被凍結的物件	被封存的物件	不可擴展的物件
添加特性	可	不可	不可	不可
讀取特性	可	可	可	可
設定特性值	可	不可	可	可
設定特性	可	不可	不可	可
刪除特性	可	不可	不可	可

代理

代理是 ES6 的新功能，它提供額外的中繼編程功能（中繼編程是可讓程式修改自己的能力）。

物件代理其本上有能力解譯與（可選）修改物件的動作。我們從一個簡單的範例開始：修改特性存取。我們先從一個具有多個特性的一般物件開始：

```
const coefficients = {
    a: 1,
    b: 2,
    c: 5,
};
```

想像這個物件內的特性代表數學方程式的係數。我們可以這樣使用它：

```
function evaluate(x, c) {
    return c.a + c.b * x + c.c * Math.pow(x, 2);

}
```

到目前為止沒什麼問題…我們接著可以在一個物件中儲存二次方程式的係數，並用任何一個 x 值來計算方程式。但如果我們傳入的物件缺少一些係數？

```
const coefficients = {
    a: 1,
    c: 3,
};
evaluate(5, coefficients);      // NaN
```

我們可以將 `coefficients.b` 設為 `0` 來解決這個問題，但代理提供一個更好的選項。因為代理可以解譯物件的動作，我們可以確保未定義的特性會回傳 `0` 值。我們來建立一個 `coefficients` 物件的代理：

```
const betterCoefficients = new Proxy(coefficients, {
    get(target, key) {
        return target[key] || 0;
    },
});
```

當我寫到這裡時，Babel 還沒有提供代理。但是，目前的 Firefox 支援它們，而且這些範例程式都是用 Firefox 來測試的。

`Proxy` 建構式的第一個引數是**目標**，或被代理的物件。第二個引數是**處理器**，指定要攔截的動作。在這裡，我們只攔截特性的存取，以 `get` 函式來表示（這與 `get` 特性存取器不同：這可處理一般的特性與 get 處理器）。 `get` 函式有三個引數（我們只使用前兩個）：目標、特性鍵（字串或符號）與接收器（代理本身，或由它衍生的東西）。

在這個範例中，我們只會查看目標是否設定鍵，如果沒有，就回傳 `0` 值。我們來試試：

```
betterCoefficients.a;           // 1
betterCoefficients.b;           // 0
betterCoefficients.c;           // 3
betterCoefficients.d;           // 0
betterCoefficients.anything;    // 0;
```

我們基本上已建立一個 coefficients 物件的代理，看起來有無限數量的特性（除了我們定義的之外，都被設為 0）！

我們可以進一步修改代理，來只代理一個小寫字母：

```
const betterCoefficients = new Proxy(coefficients, {
    get(target, key) {
        if(!/^[a-z]$/.test(key)) return target[key];
        return target[key] || 0;
    },
});
```

如果 target[key] 是數字之外的東西，我們可以回傳 0，而不用檢查 target[key] 是不是 truthy…這留給讀者練習。

同樣的，我們可以攔截被 set 處理器設定的特性（或存取器）。我們來考慮一個例子，它的物件有一些危險的特性。我們想要避免這些特性被設定，以及方法被呼叫，但不使用額外的步驟。我們會使用的額外步驟是用一個 setter，稱為 allowDangerousOperations，你必須在存取危險的功能之前，先將它設為 true：

```
const cook = {
    name: "Walt",
    redPhosphorus: 100,         // 危險
    water: 500,                 // 安全
};
const protectedCook = new Proxy(cook, {
    set(target, key, value) {
        if(key === 'redPhosphorus') {
            if(target.allowDangerousOperations)
                return target.redPhosphorus = value;
            else
                return console.log("Too dangerous!");
        }
        // 其他的特性都是安全的
        target[key] = value;
    },
});

protectedCook.water = 550;          // 550
protectedCook.redPhosphorus = 150;  // 太危險了！

protectedCook.allowDangerousOperations = true;
protectedCook.redPhosphorus = 150;  // 150
```

這裡只稍微討論可以用代理來做的事情。要進一步瞭解，我建議從 Axel Rauschmayer 的文章"Meta Programming with ECMAScript 6 Proxies"（*http://www.2ality.com/2014/12/es6-proxies.html*）開始，再閱讀 MDN 文件（*http://mzl.la/1QZKM7U*）。

總結

在這一章，我們揭開隱藏 JavaScript 的物件機制的面紗，並詳細瞭解物件特性的工作原理，以及如何重新設定其行為。我們也學到如何避免物件被修改。

最後，我們學到一種 ES6 相當好用的新觀念：代理。代理可讓你使用強大的中繼編程技術，我覺得，當更多人使用 ES6 時，會出現一些相當有趣的代理用法。

第二十二章

其他資源

雖然我早就領悟 JavaScript 是一種具有表現力且強大的語言了，但是在寫這本書的過程中，我更加篤定我的想法。JavaScript 不是一種可以等閒視之的“玩具語言”或“入門語言”。如同你在這本書中看到的，它真的很棒！

這本書的目標，不是詳盡地解釋 JavaScript 語言的每一種功能，更不是要解釋每一種重要的程式設計技術。如果 JavaScript 是你的主要語言，這只是你的旅途的開端。我希望這本書可以為你打下紮實的基礎，讓你日後成為一位專家。

這一章大部分都參考我的第一本書 *Web Development with Node and Express*（O'Reilly）。

線上文獻

提到 JavaScript、CSS 與 HTML 文獻，Mozilla Developer Network（MDN）（*https://developer.mozilla.org*）是無與倫比的。如果我需要 JavaScript 文件，我會直接在 MDN 搜尋，或在我的搜尋字串中加上“mdn”。否則，w3school 一定會出現在搜尋結果中。負責管理 w3school SEO 的人是個天才，但我建議你避免使用這個網站，我發現它的文件通常都嚴重缺乏。

雖然 MDN 是個很棒的 HTML 參考處，但如果你是 HTML5 菜鳥（甚或你不是），可閱讀 Mark Pilgrim 的 *Dive Into HTML5*（*http://diveintohtml5.info*）。WHATWG 負責維護一個傑出的 HTML5“即時標準”規格（*http://developers.whatwg.org*），在處理非常難以回答的 HTML 問題時，我通常會先查看這個網站。最後，HTML 與 CSS 的官方規格位於 W3C 網站（*http://www.w3.org*）；它們是枯燥、難讀的文件，但如果你要處理最困難的問題，有時它是唯一的資源。

ES6 遵 循 ECMA-262 ECMAScript 2015 Language Specification（*http://www.ecma-international.org/ecma-262/6.0/*）。要追蹤 Node 中（與各種瀏覽器）的 ES6 功能，可參考 @kangax 維護的傑出指南（*http://kangax.github.io/es5-compat-table/es6*）。

jQuery（*http://api.jquery.com*）與 Bootstrap（*http://getbootstrap.com*）都有非常優秀的線上文件。

Node 文件（*http://nodejs.org/api*）的品質很高，而且很詳盡，它是 Node 模組（例如 `http`、`https` 與 `fs`）的權威文件。npm 文件（*https://npmjs.org/doc*）很詳盡且很實用，談到 *package.json* 檔案的網頁（*https://npmjs.org/doc/json.html*）更是如此。

期刊

你絕對需要註冊一些免費的期刊，並且在每週詳細閱讀：

- JavaScript Weekly（*http://javascriptweekly.com*）
- Node Weekly（*http://nodeweekly.com*）
- HTML5 Weekly（*http://html5weekly.com*）

這三份期刊可讓你掌握最新的訊息、服務、部落格及教程。

部落格與教程

要即時瞭解 JavaScript 的發展，部落格是很棒的地方。我通常在讀取這些部落格時，有“恍然大悟”的時刻：

- Axel Rauschmayer 的部落格（*http://www.2ality.com/*）有很棒的 ES6 及相關技術的文章。Rauschmayer 博士從學術界電腦科學的角度來理解 JavaScript，但他的文章很平易近人且易讀，具有電腦科學背景的人，會很感謝他提供的細節。
- Nolan Lawson 的部落格（*http://nolanlawson.com/*）有許多很詳細的文章討論真實世界的 JavaScript 開發。他的“We Have a Problem with Promises”（*http://bit.ly/problem-promises*）是必讀的一篇。
- David Wals 的部落格（*https://davidwalsh.name/*）有很棒的文章說明 JavaScript 開發及相關的技術。如果你很難理解第十四章的內容，他的文章“The Basics of ES6 Generators”（*https://davidwalsh.name/es6-generators*）是必讀的。

- @kangax 的部落格 Perfection Kills（*http://perfectionkills.com/*）充滿很棒的教程、練習與測驗。相當推薦給初學者與專家。

現在你已經讀完這本書了，這些線上課程與教程對你來說應該很簡單。如果你仍然覺得自己還有些不懂一些基本觀念，或想要練習基本技術，我推薦以下的資源：

- Lynda.com JavaScript 教程（*http://bit.ly/lynda_js_training*）
- Treehouse JavaScript 播放軌（*https://teamtreehouse.com/learn/javascript*）
- Codecademy 的 JavaScript 課程（*https://www.codecademy.com/learn/javascript*）
- Microsoft Virtual Academy 的 JavaScript 介紹課程（*http://bit.ly/ms_js_intro*），如果你是在 Windows 上編寫 JavaScript，我建議你在這裡學習使用 Visual Studio 來做 JavaScript 開發。

Stack Overflow

很有可能你已經用過 Stack Overflow（SO）了。自從它在 2008 年成立之後，已經變成程式員線上 Q&A 網站的龍頭了，要解決你的 JavaScript 問題（與任何其他本書討論到的技術），它是最好的資源。Stack Overflow 是一個社群維護、講求聲譽的 Q&A 網站。聲譽模式是維持這個網站的品質以及讓它持續成功的關鍵。使用者可以藉由提供問題或回答得到 "upvoted "，或提出被認可的答案而提升聲譽。提出問題不需要任何聲譽，且帳號是免費註冊的。但是，這一節會說明，你可以做一些事情來讓問題更有機會被回答。

聲譽是 Stack Overflow 的貨幣，雖然有很多真心想要協助你的人，但如果協助你的同時還可以提升聲譽，那就更好了。SO 有許多真正的天才，看到你的問題之後，他們爭先恐後地提供第一個或最好的正確答案（而且，它也可以防止有人很快就提供不良的答案）。你可以採取以下的做法，來提升取得良好解答的機率：

明智地使用 *SO*

觀看 SO 教程（*http://stackoverflow.com/tour*），接著閱讀 "How do I ask a good question?"（*http://stackoverflow.com/help/how-to-ask*）。如果你很有心，可以繼續閱讀所有的說明文件（*http://stackoverflow.com/help*）。你會在全部讀完之後得到一枚徽章！

不要詢問已經有人回答的問題

善盡責任地尋找是否有人已經問過你的問題了。如果你問的問題很容易在 SO 找到答案，你的問題很快就會被當成重複問題而關閉，而且大家通常會 downvote 你，對你的聲譽有不好的影響。

不要叫別人幫你寫程式

如果你只是問“我該怎麼做 *X*？”，很快就會發現你的問題被 downvote 並關閉。SO 社群希望你先努力解決自己的問題再求助 SO。試著在你的問題中，說明你曾經嘗試怎麼做，以及為何它是無效的。

一次問一個問題

一個詢問很多事情的問題：“我該怎麼做這件事，接著該怎麼做那件事，接著其他的事情，以及最佳的做法是什麼？”是難以回答，且應避免的。

幫你的問題做一個小型的示範

我回答過許多 SO 問題，但有一種幾乎會自動跳過的問題，那就是有三頁程式碼的問題（或以上！）。將你那 5,000 行的檔案直接貼到 SO，不太能讓人回答你的問題（但很多人都會做這種事）。這是種懶惰的做法，通常不會受到鼓勵。你不但比較沒有機會得到實際的答案，而且當你刪除**不會**造成問題的程式時，或許可以自己解決這個問題（如此一來，你就不需要在 SO 上問問題）。建構精簡的範例，對你的除錯技巧很有幫助，也可以培養你的批判性思考能力，並且讓你成為一位 SO 好公民。

學習 *Markdown*

Stack Overflow 使用 Markdown 來將問題與答案格式化。具有良好格式的問題，被回答的機會比較高，所以你應該投資時間來學習這種好用且愈來愈普及的標記語言（*http://stackoverflow.com/help/formatting*）。

接受並 *upvote* 解答

如果你很滿意別人對你的問題提供的回答，你應該 upvote 並接受它，這會提升解答的聲譽，而聲譽是促進 SO 發展的要素。如果有許多人提供可接受的答案，你應該選擇你認為最好的那一個，並接受它，並 upvote 你覺得也提供實用解答的其他人。

如果你在別人回答之前先找出自己的問題的答案，可以回答自己的問題

SO 是個社群資源，如果你遇到問題，很有可能別人也有這個問題。如果你找出答案，請回答你自己的問題，來幫助其他人。

如果你喜歡協助社群，可考慮自己回答問題：它很有趣，也可以獲得回報，而且有可能得到比取得聲譽分數還要實在的利益。如果你的問題經過兩天之後沒有收到實用的答案，可以使用自己的聲譽來**懸賞**（*bounty*）問題。聲譽會立刻從你的帳號扣除，而且是不可反悔的。如果有人提出令你滿意的解答，而且你接受他們的解答，他們將會收到賞金。當然，重點在於你必須有足夠的聲譽來懸賞，最少需要 50 個聲譽點數。雖然當你回答有品質的問題時也會得到聲譽，但提供有品質的解答，通常較快得到聲譽。

回答別人的問題也是很棒的學習方式。我經常覺得，當我回答別人的問題時，學到的東西比自己的問題被回答還要多。如果你真的想要徹底學習一門技術，可以先學習基本功，然後開始在 SO 試著解決別人的問題。一開始，你或許會不如已經成為專家的人，但經過一段時間之後，你會發現自己**已**經成為專家的一員了。

最後，放心使用你的聲譽來發展你的職業生涯。良好的聲譽絕對值得放在履歷表上。這對我來說很有用，現在我會自己面試開發人員，我一向喜歡看到良好的 SO 聲譽（我認為超過 3,000 是"良好的" SO 聲譽，五位數的聲譽**很棒**）。良好的 SO 聲譽可讓我知道有人不但充分掌握他的領域，也具備良好的溝通能力，且通常會帶來幫助。

貢獻開放原始碼專案

貢獻開放原始碼專案是很好的學習方式：你不但會面對超出自己能力的挑戰，你的程式碼也會被社群同好審查，這可讓你成為更好的程式員。它在履歷表上也是個很好的經驗。

如果你是初學者，對文件做出貢獻是很好的起點。很多開放原始碼專案的文件部門不是很好，身為初學者，你處於一個絕佳的地位：你可以學到一些東西，並且用可以幫助其他初學者的方式來解釋它們。

有時開放原始碼社群很嚴苛，但如果你堅持下去，並對建設性的批評抱持開放的態度，你會發現，你的貢獻是受歡迎的。你可以先閱讀 Scot Hanselman 的傑出部落格文章"Bringing Kindness Back to Open Source"（*http://bit.ly/hanselman_kindness*）。他在這篇文章中推薦網站 Up for Grabs（*http://up-for-grabs.net*），這個網站可協助連結程式員與開放原始碼專案。搜尋"JavaScript"標籤，你會發現許多開放原始碼專案正在尋求協助。

總結

恭喜你正式踏上成為 JavaScript 開發者的旅程！本書有些內容很有挑戰性，如果你花時間徹底瞭解它，你將會為這個重要的語言紮下雄厚基礎。如果你有很難消化的地方，不要灰心！ JavaScript 是一種複雜、強大的語言，不可能在一夕之間學會（甚至一年）。如果你是程式新手，未來或許可以複習本書的一些內容，屆時你會對一開始覺得很難的地方有新的見解。

ES6 帶來新世代的程式員，伴隨而來的是許多美妙的點子。我鼓勵你盡可能地閱讀，與每一位 JavaScript 程式員對談，並且透過你找到的所有資源來學習。JavaScript 開發社群的深度與創造力將會有爆炸性的成長，我誠心希望你會是其中的一份子。

附錄 A

保留字

以下的單字無法當成 JavaScript 的識別碼來使用（變數名稱、常數、特性或函式）：

- await（保留供未來使用）
- break
- case
- class
- catch
- const
- continue
- debugger
- default
- delete
- do
- else
- enum（保留供未來使用）
- export
- extends
- false（常值）
- finally
- for
- function
- if
- implements（保留供未來使用）
- import
- in
- instanceof
- interface（保留供未來使用）
- let
- new
- null（常值）
- package（保留供未來使用）
- private（保留供未來使用）
- protectd（保留供未來使用）
- public（保留供未來使用）

- return
- super
- static（保留供未來使用）
- switch
- this
- throw
- true（常值）
- try
- typeof
- var
- void
- while
- with
- yield

以下的單字是 ECMAScript 規格 1-3 的保留字。它們已不再是保留字了，但我不鼓勵使用它們，因為 JavaScript 版本可能會（錯誤地）將它們視為保留字：

- abstract
- boolean
- byte
- char
- double
- final
- float
- goto
- int
- long
- native
- short
- synchronized
- transient
- volatile

附錄 B

運算子優先順序

表 B-1 是從 Mozilla Developer Network（*http://mzl.la/1TSIkTt*）轉載來供你參考的。這裡省略 ES7 運算子。

表 B-1　運算子優先順序，從最高（19）到最低（0）

優先順序	運算子型態	結合方向	個別運算子
19	群組化	n/a	`( … )`
18	成員存取	由左到右	`… . …`
	已計算成員存取	由左到右	`… [ … ]`
	new（使用引數串列）	n/a	`new … ( … )`
17	函式呼叫	由左到右	`… ( … )`
	new（不使用引數串列）	由右到左	`new …`
16	延後遞增	n/a	`… ++`
	延後遞減	n/a	`… --`
15	邏輯 NOT	由右到左	`! …`
	位元 NOT	由右到左	`~ …`
	一元正數	由右到左	`+ …`
	一元負數	由右到左	`- …`
	預先遞增	由右到左	`++ …`
	預先遞減	由右到左	`-- …`
	typeof	由右到左	`typeof …`
	void	由右到左	`void …`

優先順序	運算子型態	結合方向	個別運算子
	delete	由右到左	delete ...
14	乘法	由左到右	... * ...
	除法	由左到右	... / ...
	餘數	由左到右	... % ...
13	加法	由左到右	... + ...
	減法	由左到右	... - ...
12	位元左移	由左到右	... << ...
	位元右移	由左到右	... >> ...
	不帶符號位元右移	由左到右	... >>> ...
11	小於	由左到右	... < ...
	小於或等於	由左到右	... <= ...
	大於	由左到右	... > ...
	大於或等於	由左到右	... >= ...
	in	由左到右	... in ...
	instanceof	由左到右	... instanceof ...
10	相等	由左到右	... == ...
	不相等	由左到右	... != ...
	嚴格相等	由左到右	... === ...
	嚴格不相等	由左到右	... !== ...
9	位元 AND	由左到右	... & ...
8	位元 XOR	由左到右	... ^ ...
7	位元 OR	由左到右	... | ...
6	邏輯 AND	由左到右	... && ...
5	邏輯 OR	由左到右	... || ...
4	條件	由右到左	... ? ... : ...
3	賦值	由右到左	... = ...
			... += ...
			... -= ...
			... *= ...
			... /= ...

優先順序	運算子型態	結合方向	個別運算子
			`... %= ...`
			`... <<= ...`
			`... >>= ...`
			`... >>>= ...`
			`... &= ...`
			`... ^= ...`
			`... |= ...`
2	`yield`	由右到左	`yield ...`
1	擴張	n/a	… `...`
0	逗號 / 順序	由左到右	`... , ...`

索引

※ 提醒您：由於翻譯書排版的關係，部分索引名詞的對應頁碼會和實際頁碼有一頁之差。

符號

A

B

C

D

E

F

G

H

I

J

K

L

M

N

O

P

Q

R

S

T

U

V

W

X

Y

作者簡介

Ethan Brown 是 Pop Art（Portland 的互動營銷公司）的資深軟體工程師，他在那裡負責架構與製作網站及 web 服務，客戶從小型的業務機構，到國際化的企業。他有超過 20 年的程式設計經驗，從嵌入式程式到 Web，並選擇使用 JavaScript 堆疊來作為未來的 web 平台。

出版記事

本書的封面動物是黑（或鉤唇）犀牛的幼獸（*Diceros bicornis*）。黑犀牛是非洲兩種犀牛的其中一種。牠的體重大約 1.5 噸，體型比白（或方唇）犀牛小。黑犀牛住在熱帶草原、開闊的林地，與非洲的西南、中南與東部區域的山地森林。牠們比較喜歡獨居，而且會積極捍衛自己的領土。

黑犀牛的上唇有一個勾狀凸出，可輕鬆地從樹木與灌木摘下葉子、樹枝與嫩芽。牠比其他的草食動物更善於食用粗糙的植物。

黑犀牛是奇蹄類動物，牠們每隻腳有三隻腳趾。牠的灰皮很厚，無毛。牠與非洲另一種犀牛最明顯的差別，在於牠有兩隻角，事實上，它是由厚毛形成的，而不是骨頭。犀牛會使用牠的角來對抗獅子、老虎與鬣狗，或追求雌性對象。牠的求愛儀式通常很粗暴，經常用角造成嚴重的傷害。

雌犀與雄犀在交配之後就不會在一起了。雌犀的懷孕期是 14 至 18 個月，牠會養育幼犀一年，雖然幼犀幾乎在出生之後就會吃植物了。幼犀可能會與母犀一起生活四年之後才離開家庭。

近年來，犀牛被大量獵殺，已經瀕臨絕種了。科學家估計，在 100 年前，非洲大約有 100 萬頭黑犀牛，但現在只剩 2400 多頭。世上的五種犀牛，包括印度、爪哇、蘇門答臘犀牛，全部都瀕臨絕種。一般認為，人類是牠們最大的天敵。

O'Reilly 書籍封面的動物大多是瀕危的，牠們對這個世界來說都很重要。如果你想要知道你可以提供什麼協助，可造訪 *animals.oreilly.com*。

封面圖像來自 *Cassell's Natural History*。

JavaScript 學習手冊第三版

作　　者：Ethan Brown
譯　　者：賴屹民
企劃編輯：蔡彤孟
文字編輯：王雅雯
設計裝幀：陶相騰
發 行 人：廖文良

發 行 所：碁峰資訊股份有限公司
地　　址：台北市南港區三重路 66 號 7 樓之 6
電　　話：(02)2788-2408
傳　　真：(02)8192-4433
網　　站：www.gotop.com.tw
書　　號：A451
版　　次：2016 年 11 月初版
　　　　　2024 年 07 月初版二十五刷
建議售價：NT$580

國家圖書館出版品預行編目資料

JavaScript 學習手冊 / Ethan Brown 原著；賴屹民譯. -- 二版. --
臺北市：碁峰資訊, 2016.11
面；　公分
譯自：Learning JavaScript, 3rd Edition
ISBN 978-986-476-246-0(平裝)
1.Java Script(電腦程式語言)
312.32J36　　105020585